国家科学技术学术著作出版基金资助出版

新型微波滤波器的理论与设计

褚庆昕 涂治红 陈付昌 王 欢 著

科学出版社

北 京

内 容 简 介

　　本书介绍了作者及其团队近年来在微波滤波器领域的研究成果,主要包括广义 Chebyshev 滤波器和电磁混合耦合滤波器的综合理论、可控电磁混合耦合滤波器的理论与设计、多频滤波器的理论与设计以及超宽带滤波器的理论与设计。这些成果所涉及的课题也是近年来电磁场与微波技术学科的研究热点。本书力求从机理、分析、仿真和实现几个方面进行充分的论述,以便读者阅读、理解和掌握。

　　本书可作为高等院校电子信息类专业的研究生和高年级本科生微波电路课程的参考教材,也可作为相关科技人员的参考书籍。

图书在版编目(CIP)数据

新型微波滤波器的理论与设计/褚庆昕等著. —北京:科学出版社,2016
ISBN 978-7-03-049859-5

Ⅰ. ①新… Ⅱ.①褚… Ⅲ. ①微波滤波器 Ⅳ.①TN713

中国版本图书馆 CIP 数据核字(2016)第 214884 号

责任编辑:裴 育 陈 婕 王 苏 / 责任校对:杜伟利
责任印制:吴兆东 / 封面设计:蓝正设计

科 学 出 版 社 出版
北京东黄城根北街 16 号
邮政编码:100717
http://www.sciencep.com

北京华宇信诺印刷有限公司印刷
科学出版社发行　　各地新华书店经销
*
2016 年 9 月第 一 版　　开本:720×1000　1/16
2024 年 9 月第八次印刷　　印张:18 1/2
字数:360 000

定 价:150.00 元
(如有印装质量问题,我社负责调换)

序 一

受作者所托，要为其学术著作《新型微波滤波器的理论与设计》写一份提纲挈领的序。

任何一本学术著作，作为高层次的概括，均可归纳为：思想、内容、方法和应用几大部分。目前强调的创新，关键在于思想创新。

一般来说，思想创新就是学术思想之创新。但是，褚庆昕教授这本著作进入了更高的层次——在一定意义上达到了哲学思想的创新。

现在，信息论的最高目标是获得尽可能多的独立、高质量信息传输通道。而在这本书中概括性地归纳成频率坐标中两个相近零点可构成一信息通道。

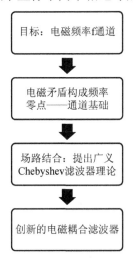

众所周知，在电磁领域中一直存在——场的理论和路的理论这"两条大道"。而褚庆昕基于哲学思想认为两者是统一且同一的。事实证明：由这一思想引出了广义 Chebyshev 综合，并已获得了最坚实的工程应用。对于我国的实际情况，作者的创新思想很难自己表述，否则会被人认为是自吹，但这恰恰又是学习该书最重要的核心。由此，我简要地表述了上述思想，是为序。

2016 年 7 月
于西安电子科技大学

序　二

Microwave filtering technologies are key to controlling the spectrum of signals and tackling interference issues in many wireless systems including mobile and satellite communications. There is an increasing demand for research and development of advanced microwave filters to meet more stringent requirements for future wireless system applications. To this end, Prof. Chu's group has made valuable contributions to this field. As a result, this book is based on the authors' research work containing interesting concepts and designs. The book covers a variety of microwave filter design examples, some of which are dealt with a great detail, demonstrating the art of this engineering approach. The book, written in Chinese, will be most useful to Chinese students and researchers engaged in microwave filter designs.

Jiasheng Hong
August 2016 in Fuzhou

前　　言

本书汇集了本人及指导的研究生近年来在微波滤波器领域的研究成果。

全书内容包含四部分。本书的第一部分介绍微波滤波器的综合理论：在传统滤波器综合理论的基础上，重点研究广义 Chebyshev 滤波器和电磁混合耦合滤波器的综合理论。随着无线通信的快速发展，频谱资源越来越拥挤，信道也越来越窄，如何抑制各信道间的干扰对微波滤波器的选择提出了更高的要求。广义 Chebyshev 滤波器由此应运而生，它在传统 Chebyshev 滤波器中引入有限频率传输零点，在不增加谐振器的条件下提高了滤波器的选择性。为了实现广义 Chebyshev 滤波器，传统的方法是采用交叉耦合滤波器。但是，交叉耦合滤波器为了实现 N 个传输零点，至少要有 $N+2$ 个谐振器，因此要实现 1 个传输零点，至少要有 3 个谐振器。众所周知，微波耦合结构可以同时存在电耦合和磁耦合。而研究表明，合理地控制电耦合和磁耦合，两个谐振器组成的滤波器也可以产生一个传输零点，这对于减小滤波器的体积、降低成本是很有吸引力的。本书提出的电磁混合耦合滤波器的综合理论就是解决这类滤波器的综合设计问题。第一部分的内容体现在本书的第 2 章。

有了滤波器的综合理论，对于微波滤波器而言，更重要也更具挑战性的是滤波器的设计与实现，尤其是如何通过物理结构实现电耦合和磁耦合在一定范围的有效控制。本书的第二部分就是关于可控电磁混合耦合滤波器的设计与实现，书中给出了多款微带平面结构、同轴腔结构和介质谐振器结构的可控电磁混合耦合滤波器的设计实例。这些内容都可以在第 3 章中看到。

本书的第三部分介绍多频滤波器，它是针对多标准、多模式的一体化通信系统。现代无线通信系统，尤其是手持终端，一方面希望体积小、成本低，另一方面希望功能多，可以兼容多个频率的标准和模式，相当于多个通信系统集成一体，这势必又增加了体积和成本。由于制约系统体积的瓶颈主要是射频前端（含天线），如果一个射频前端能够同时工作于多个频率，就相当于多个射频前端，必然可以有效地减小体积和成本。因此，近年来，多频射频器件的研究一直是业内研究的热点。本书第 4 章集中介绍本人团队在小型平面多频滤波器方面的研究成果，包括基于 SIR 结构、SLR 结构、CR 结构、组合谐振器结构、多通路谐振器结构的多频滤波器的分析、设计和实例。

本书的第四部分介绍超宽带滤波器的研究成果，包括几种结构的分析、设计和实例，主要体现在第 5 章。自 2002 年美国联邦通信委员会（FCC）把 3.1～10.6GHz 频段开放给超宽带通信系统以来，作为系统重要部件的超宽带滤波器的研究已成为业内重点研究的内容。

　　本书 80%以上的内容都是我们团队的研究成果，除了署名的作者外，还有许多研究生的贡献，他们是吴小虎博士、林学明硕士、计明钟硕士、李舒涛硕士、田旭坤硕士、黎志辉硕士、欧阳霄硕士和朱贺硕士等。许多研究成果已发表在国内外著名的刊物上，包括微波领域顶级刊物 *IEEE Transactions on Microwave Theory and Techniques* 和 *IEEE Microwave and Wireless Component Letters* 等。

　　与本书内容有关的研究工作得到了国家自然科学基金重点项目（U0635004）的资助，在此，向国家自然科学基金委表示衷心的感谢。

　　本书的主要内容都是近几年的研究成果，内容新的同时，也难免有不成熟和瑕疵的地方。真诚希望读者从书中得到帮助的同时，更能不吝赐教，提出宝贵的意见。

褚庆昕

2015 年 11 月

于广州华南理工大学校园

目　　录

序一

序二

前言

第1章　绪论 ··· 1

1.1　滤波器发展简史 ··· 1

1.2　滤波器综合理论 ··· 3

1.3　电磁混合耦合滤波器 ··· 3

1.4　多频带滤波器 ··· 4

1.5　超宽带滤波器 ··· 5

参考文献 ··· 6

第2章　滤波器综合理论 ·· 11

2.1　引言 ··· 11

2.1.1　网络函数的实现条件 ··· 13

2.1.2　网络函数的零极点 ··· 14

2.1.3　传输零点 ··· 16

2.1.4　传输系数、反射系数和特征函数 ··································· 18

2.1.5　滤波器的函数逼近 ··· 20

2.2　传统滤波器综合理论 ··· 23

2.2.1　基本概念 ··· 23

2.2.2　低通原型滤波器 ··· 24

2.2.3　频率变换 ··· 27

2.2.4　变形低通原型 ··· 32

2.3　广义 Chebyshev 函数滤波器的综合理论 ······································ 35

2.3.1　传输零点的提取 ··· 36

2.3.2　广义 Chebyshev 函数的传输和反射多项式推导 ····················· 52

2.3.3　由传输和反射多项式推导导纳参数 ································· 58

2.3.4　耦合矩阵综合 ··· 60

2.3.5　耦合矩阵化简 ··· 66

2.3.6　综合实例 ··· 70

2.4　混合电磁耦合滤波器的综合理论 ·· 77

2.4.1　传统定义的耦合系数 ··· 78

2.4.2 混合电磁耦合的定义 ······· 82
2.4.3 混合电磁耦合滤波器的耦合矩阵综合 ······· 87
2.4.4 综合实例 ······· 91
参考文献 ······· 93

第3章 可控混合电磁耦合滤波器 ······· 96
3.1 混合电磁耦合平面滤波器 ······· 96
3.1.1 耦合传输线的电磁耦合 ······· 97
3.1.2 矩形开口环滤波器 ······· 105
3.1.3 三角形开路环滤波器 ······· 111
3.1.4 发夹梳滤波器 ······· 114
3.2 混合电磁耦合同轴腔滤波器 ······· 119
3.2.1 同轴腔中的电磁场模式 ······· 120
3.2.2 传统同轴腔的等效传输线模型 ······· 124
3.2.3 混合电磁耦合同轴腔滤波器设计 ······· 125
3.3 电磁耦合 $TE_{01\delta}$ 模介质谐振器滤波器 ······· 139
3.3.1 $TE_{01\delta}$ 模介质谐振器 ······· 139
3.3.2 $TE_{01\delta}$ 模介质谐振器的新耦合机制 ······· 144
3.3.3 基于新耦合机制的 $TE_{01\delta}$ 模介质谐振器滤波器 ······· 149
3.3.4 混合电磁耦合 $TE_{01\delta}$ 模介质谐振器滤波器 ······· 155
参考文献 ······· 156

第4章 多频带滤波器 ······· 159
4.1 基于阶跃阻抗谐振器的多频滤波器设计 ······· 159
4.1.1 SIR 的谐振特性 ······· 159
4.1.2 基于两节 SIR 的双频滤波器设计 ······· 168
4.1.3 基于三节 SIR 的三频滤波器设计 ······· 179
4.2 基于多通带谐振器的多频滤波器设计 ······· 181
4.2.1 利用半波长和四分之一波长谐振器设计双频滤波器 ······· 181
4.2.2 利用半波长和四分之一波长谐振器设计三频滤波器 ······· 183
4.3 基于组合谐振器的多频滤波器设计 ······· 185
4.3.1 基于组合谐振器的双频滤波器设计 ······· 186
4.3.2 基于组合谐振器的三频滤波器设计 ······· 192
4.3.3 基于组合谐振器的四频滤波器设计 ······· 201
4.4 基于枝节线加载谐振器的多频滤波器设计 ······· 207
4.4.1 基于开路枝节线加载谐振器的双频滤波器设计 ······· 207
4.4.2 基于短路枝节线加载谐振器的双频滤波器设计 ······· 212
4.4.3 基于单枝节加载谐振器的三频滤波器设计 ······· 218

　　　　4.4.4　基于十字谐振器的三频滤波器设计··223

　　4.5　基于多枝节线加载谐振器的高阶双频滤波器设计·····························233

　　　　4.5.1　多枝节加载谐振器谐振特性分析···233

　　　　4.5.2　耦合特性分析···235

　　　　4.5.3　实例设计···240

　　参考文献···244

第5章　超宽带滤波器的设计···247

　　5.1　引言···247

　　5.2　基于枝节加载的超宽带滤波器设计···247

　　　　5.2.1　基于中间非对称阶跃阻抗枝节加载的超宽带滤波器设计·············247

　　　　5.2.2　基于双枝节加载型谐振器的超宽带滤波器·····························253

　　　　5.2.3　基于多枝节加载的高选择性超宽带滤波器设计·····················260

　　　　5.2.4　基于多枝节加载的宽阻带超宽带滤波器设计·························264

　　5.3　具有陷波特性的超宽带特性研究···268

　　　　5.3.1　基于弯折 T 形枝节加载谐振器的陷波超宽带滤波器·············269

　　　　5.3.2　基于内嵌谐振单元的超宽带滤波器陷波设计·······················276

　　参考文献···281

第1章 绪 论

1.1 滤波器发展简史

在电信发展的早期，滤波器在电路中就扮演着重要的角色，并随着通信技术的发展而不断发展[1]。1910 年，一种新颖的多路通信系统即载波电话系统的出现，在电信领域引发了一场彻底的技术革命，开创了电信的新纪元。新的通信系统要求发展一种能在特定的频带内提取和检出信号的新技术，而这种技术的发展更进一步加速了滤波器技术的研究和发展。

1915 年，德国科学家 Wagner 开创了一种以"Wagner 滤波器"闻名于世的滤波器设计方法。与此同时，美国的 Canbel 发明了一种以镜像参数法而知名的设计方法。随着这些技术的突破，许多知名的科研人员包括 Zobel、Foster、Cauer 和 Norton 开始积极地和系统地研究采用集总元件的滤波器设计理论。随后，1940 年出现了包括两个特定设计步骤的精确的滤波器设计方法：第一步是确定符合特性要求的传递函数；第二步是由先前的传递函数所估定的频率响应构成。该方法的效率和结果是相当不错的，现在所采用的很多滤波器设计技术[2-8]就基于此早期的设计方法。不久，滤波器设计由原先的集总元件 LC 谐振器扩展到一个新的领域，即分布元件同轴谐振器和波导谐振器[3, 7-9]。同时，滤波器材料领域取得了很大的进步，极大地推动了滤波器的发展。1939 年，Richtmeyer 报道了介质谐振器，它利用了介质块（六面体、圆柱、圆盘等形状）的电磁波谐振，有小尺寸和高 Q 值两个显著的特点，然而，当时的材料温度稳定性不高使这种滤波器不足以实际应用。20 世纪 70 年代，各种具有优异的温度稳定性和高 Q 值的陶瓷材料的发展增加了介质滤波器实际应用的可行性[10-12]。随着陶瓷材料的发展，介质滤波器的应用得到迅速的发展。在现有的射频和微波通信设备中，介质滤波器已成为最重要、最常见的元件之一。此外，有专家认为，采用 20 世纪 80 年代出现的高温超导材料极有可能制造出极低损耗和极小尺寸的新颖微波滤波器[13-16]，因此许多研发人员致力于其实际应用。21 世纪初，左手媒质滤波器出现，这种材料的滤波器具有体积更小和群延迟更小的特性[17,18]。

在滤波器发展的早期，滤波器的设计主要集中在以电感电容组合为主的无源电路上，它是一种线性谐振器系统。许多早期的研究人员认为基于非集总/分布元件电路物理原理的谐振器系统也能实现滤波性能。1933 年，Mason 展示了一种石英晶体滤波器，这种滤波器由于其优异的温度稳定性和低损耗特性在不久以后成为通信器材中不可或缺的重要元件。同晶体谐振器一样，陶瓷谐振器系统采用体声波。虽然陶瓷滤波器的某些性能没有晶体滤波器优异，但由于其低生产成本而得到实际应用。采用如 $LiNbO_3$、$LiTaO_3$ 等单晶体材料的声表面波的谐振器也被用作滤波器元件。声表面波滤波器比体声波滤波器可在更高的频率范围内得以实际应用。向铁氧体单晶施加偏置磁场所得到的静磁模的谐振器系统也有可能用于滤波器。例如，钇铝铁石榴石（YIG）球微波滤波器已得到实际运用，这种滤波器的特点是能通过调整磁场强度来改变其中心频率。

虽然前面提到的滤波器都采用了线性谐振系统，但在滤波器发展早期，研究者也意识到了可以用其他方法获得滤波响应。这种想法产生的主要原因是滤波器作为一种功能器件，是通过给出的传递函数来实现性能的。采用有源电路的滤波器件就是一个典型的例子。在真空电子管时代，没有 LC 电抗电路的有源 RC 滤波器得到了广泛的研究和发展，其研究成果已在滤波器技术中得到应用。这样的有源滤波器包括采用回放器获得 LC 等效电路的一般技术和通过采用带有反馈电路的运算放大器以实现需要的传递函数响应的技术等。半导体模拟集成电路的发展促进了这类有源滤波器的进步、实际应用和推广。

除了前面提到的技术之外，还有更直接地实现滤波器传递函数的数字技术。数字滤波技术的一般步骤是：先把输入的模拟信号转换成数字信号，随后根据传递函数进行数字运算，最后通过数模转换获得输出信号。虽然数字滤波器的想法出现得很早，但实际工业应用直到 20 世纪 70 年代数字大规模集成电路取得了显著的发展以后才得以实现。最近，几乎所有的数字通信系统都采用数字滤波器作为基带滤波器。另外，硬件水平的提高和高速运算算法的改进不断地扩展着应用频率的上限。

如前所述，滤波器及其设计方法的发展已有相当长的历史，滤波器已成为电信领域，同时也是许多其他电子设备中不可或缺的器件[19-25]。随着信息产业和无线通信系统的蓬勃发展，微波频带出现相对拥挤的状态，频带资源的划分更加精细，分配到各类通信系统的频率间隔越来越密，对滤波器的性能提出了更高的要求。卫星和无线基站通信系统则需要体积小、损耗低、功率容量大、造价低的滤波器和多工器。集成多通信系统中的微波集成电路（MIC）和单片微波集成电路（MMIC）要求滤波器具有小型化、多通带和高性能的特点。超宽带通信系统则要求滤波器具有宽带、高抑制、陷波等特性。要满足这些要求，就需要在滤波器的设计理论和实现形式上有所创新。基于这一要求，本书致力于建立新的滤波器综合理论，提出新的分析和设计方法，创造新型的滤波器结构。

滤波器是近几十年来经久不衰的研究课题，在本学科顶级刊物 *IEEE Transaction on Microwave Theory and Techniques*、*IEEE Microwave and Wireless Component Letters* 的每一期都有滤波器相关文章的专区（filter and multiplexer）。滤波器综合技术[26-35]、电磁混合耦合滤波器[36-45]、多频滤波器[46-57]和超宽带滤波器[58-76]作为其中的重要分支，近 10 年广受科研工作者的青睐。

1.2　滤波器综合理论

射频/微波滤波器是现代微波中继通信、卫星通信、无线通信和电子对抗等系统必不可少的组成部分，同时也是最为重要和技术含量最高的微波无源器件。随着现代通信需求的高速发展，可利用的频谱资源日益紧张，因此对滤波器频率选择特性的要求越来越高。为了提高通信容量和避免相邻信道间的干扰，要求滤波器必须有陡峭的带外抑制；为了提高信噪比，要求通带内要有低的插入损耗；而为了减小信号的失真，要求通带内有平坦的幅频特性和群时延特性；为了满足现代通信终端的小型化趋势，要求滤波器有更小的体积与重量。传统的 Butterworth 滤波器和 Chebyshev 滤波器已经难以满足这些要求，引入具有有限传输零点的交叉耦合结构的滤波器是目前最常用，也是最佳的选择。与传统滤波器相比，这种滤波器不仅能够满足通带外的高选择特性，同时能够减少谐振腔的个数，降低设计成本和滤波器体积。

本书第 2 章系统地介绍现代交叉耦合滤波器的综合理论，并将其分成三大部分：传输零点特性、耦合谐振结构特性和求取滤波器耦合矩阵方法（综合方法和优化方法）。求取描述滤波器特性和结构的耦合矩阵的方法是交叉耦合滤波器综合理论的核心，而根据滤波器指标确定的滤波器阶数和传输零点则是耦合矩阵综合必不可少的前提条件。耦合谐振结构的耦合系数和滤波器外部 Q 值的提取则是根据耦合矩阵实现滤波器物理结构的基础。

1.3　电磁混合耦合滤波器

要满足苛刻的通信指标就必须采用具有有限频率传输零点的准椭圆滤波器；要实现有限传输零点就要在滤波器中构造多耦合路径。本书第 3 章介绍电磁意义上的多耦合路径的思想，它是比物理结构上的多耦合路径更广义的概念。传统耦合滤波器设计中，两个谐振器之间的一条物理耦合路径要么是电耦合，要么是磁耦合，因此在电磁意义上，耦合路径也是一条；而在混合电磁耦合滤波器中，两个谐振器之间的一条物理耦合路径在电磁意义上却是两条耦合路径，因此，从电磁意义上来讲，采用混合电磁耦合实现滤波器可以使耦合路径翻倍，如图 1-1 所示。交叉耦合滤波器可以实现准椭圆滤波响应，但它的耦合拓扑结构复杂，在滤波器应用中受到很多物理限制，而混合电磁耦合滤波器可以实现具有直线耦合拓扑和独立可控传输零点的准椭圆函数滤波器，在滤波器应用中常常优于交叉耦合滤波器。在传统滤波器设计中，人们总是使一个耦合结构只实现单一极性的电耦合或磁耦合，而尽量避免另一极性的耦合，主要原因是当电磁耦合纠缠在一起时，缺乏适当的方法将电耦合和磁耦合从混合电磁耦合中分离出来，并独立地控制。本书第 3 章将解决这些问题，直接将谐振器通过混合电磁耦合级联起来构造多款具有阵线耦合拓扑结构的性能优良的准椭圆函数滤波器。

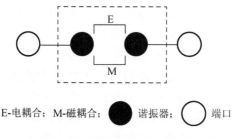

E-电耦合；M-磁耦合；● 谐振器；○ 端口

图 1-1　电磁混合耦合滤波器耦合结构

1.4　多频带滤波器

当今社会，无线通信技术向着高速、宽带以及大容量的趋势迅速发展，这对传统的单频段通信系统无疑是一个巨大的挑战。一个典型的单频段通信接收机的基本框图如图 1-2 所示，其由天线、滤波器、低噪声放大器（low noise amplifier，LNA）、混频器和基带信号处理模块等构成。天线接收的信号经过滤波器选出有用的信号，经过 LNA 放大，再经过混频器与射频（radio frequency，RF）本振信号混频，混频之后的信号经过中频（intermediate frequency，IF）滤波器取出有用的中频信号，得到的中频信号再经过 IF 放大器放大，然后经过混频器与 IF 本振信号混频得到基带信号，送入基带信号处理模块进行信号处理。单频段通信系统因为只能接收和处理单一频段的信号，大大限制了通信容量。

提高系统通信容量的直接方法就是设计能够兼容现有的各种频段资源的双频甚至多频通信系统，这也是当今无线通信技术发展的重要方向。例如，全球移动通信系统（GSM）同时工作在 900MHz 和 1800MHz 两个频段；无线局域网（WLAN）同时工作在 2.4GHz 和 5.2GHz 频段等。

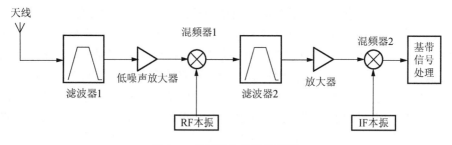

图 1-2　单频接收机结构框图

为了实现能够在双频段同时工作的通信系统，一般需要采用两套独立的单频段通信系统。两套独立的系统各自含有天线、滤波器、放大器和混频器等，可以分别处理两个不同频段的信号，然而这种做法在增加系统容量的同时却带来了很多其他问题：因为其实质是两个单频通信系统的简单叠加，所以体积比较大，不利于集成和小型化；额外购买基站、站址、铁塔等费用以及双倍数量的各个器件，大大提高了成本；此外，两套通信系统还存在着互调引起的性能问题。随着移动和无线通信技术的快速发展，要求在一个通信系统里能够兼容两个甚至多个通信制式，实现真正意义上的双频通信系统，已经成为减少无线通信设备成本和减小其体积的一个重要途径。

新型的双频通信系统在这种情况下应运而生，如图 1-3 所示，它由宽带天线[28-32]、双频滤波器、双频低噪声放大器、双频段镜像抑制下变频器（双频混频器）等组成。这样，一个通信系统就可以同时包含两个频段的信号，信号的处理和传输由各个双频段器件单元来完成，整个双频通信系统设备的体积仅为原来的一半，并且性能也有了很大的提高[52]。

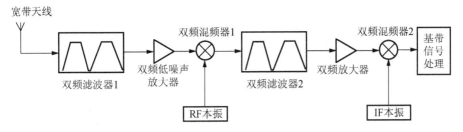

图 1-3 双频接收机结构框图

多频滤波器作为多频通信系统的关键器件，其性能优劣和体积大小是人们关注的焦点，它的研究与设计越来越得到人们的重视。双频滤波器作为一个二端口器件，它的传输特性是同时包括相距一定频率范围的两个通带，并且两个通带之间留有很好的隔离度，信号经过这个二端口器件后，阻带部分的信号被抑制，两个通带范围的信号保留了下来，这样就增加了系统的通信容量。在当今无线通信系统向着多制式、大容量、超宽带方向发展的背景下，作为其关键器件的多频滤波器的研究和设计具有极其重要的意义。本书第 4 章将专门介绍多频滤波器的理论设计与实现。

1.5 超宽带滤波器

超宽带技术早在 1940 年就已经出现，源于时域电磁学中用某类微波网络固有的冲激响应描述其瞬时特性。1960 年，超宽带技术用于雷达技术领域。1972 年，超宽带脉冲检测器申请了美国专利。1978 年，出现了最初的超宽带通信系统。1984

年，超宽带通信系统成功地进行了 10km 的试验。1990 年，美国国防部高级计划局开始对超宽带技术进行验证。2002 年 2 月，美国 FCC 发布了关于超宽带技术的"First Report and Order"，允许超宽带技术的商业应用，这是超宽带技术发展的一个重要里程碑。从此，超宽带技术，特别是超宽带无线通信开始受到比较广泛的关注。

超宽带无线通信的主要特点有：隐蔽性好、处理增益高、多径分辨能力强、传输速率高、空间容量大、穿透能力强、多功能一体化等。超宽带无线通信在民用领域具有巨大的市场。美国 FCC 预言，超宽带技术可能会带来一个全新的产业。目前，为满足低廉的宽带 Internet 无线接入和宽带多媒体业务增长的需要，民用超宽带无线通信的研究主要是建立短距离的高速连接和高速无线个域网（wireless personal area net，WPAN）。美国 FCC 已经批准超宽带技术的部分应用领域，相应的频段划分见表 1-1。

表 1-1 FCC 授权的超宽带技术的应用领域和使用频段

应用领域	使用频段
透地雷达成像系统	960MHz 以下，3.1～10.6GHz
墙内成像系统	960MHz 以下，3.1～10.6GHz
穿墙成像系统	960MHz 以下，1.99～10.6GHz
医疗系统	3.1～10.6GHz
监视系统	1.99～10.6GHz
汽车雷达系统	24.075GHz 以上
通信与测量系统	3.1～10.6GHz

作为超宽带系统的关键器件之一，超宽带滤波器也得到了长足的发展。为了适应微波集成电路小型轻便化的要求，滤波器不仅要性能好，而且要体积小、结构紧凑。这对于波长只有厘米级的超宽带系统而言，的确是一个棘手的难题。本书第 5 章所研究的课题正是基于这一背景提出来的，研究所涉及的内容包括阶跃阻抗谐振器、枝节线加载谐振器谐振特性的理论分析，基于阶跃阻抗形式的高性能、小型化超宽带微带带通滤波器的研究与设计。

参 考 文 献

[1] Makimoto M, Yamashita S. 无线通信中的微波谐振器与滤波器. 赵宏锦,译. 北京:国防工业出版社, 2002.

[2] van Valkenburg M E. Introduction to Network Synthesis. New York: Wiley, 1966.

[3] Hunter I C. Theory and design of microwave filters. IET Electromagnetic Waves Series, 2001,48:49-100.

[4] Rhodes J D. Theory of Electrical Filters. New York: Wiley, 1975.

[5] Rhodes J D, Zabalawi I H. Design of selective linear phase filters with equiripple amplitude characteristics. IEEE Transaction on Circuits System,1978, 25:989-1000.

[6] Levy R, Snyder R V, Matthaei G. Design of microwave filters. IEEE Transactions on Microwave Theory and Techniques,2002, 50(1): 783-793.

[7] Matthaei G L, Young L, Jones E M T. Microwave Filters, Impendence-Matching Networks, and Coupling Structures. New York: McGraw-Hill, 1964.

[8] Scanlan J O. Theory of microwave coupled-line networks. Proceedings of the IEEE, 1980, 68: 209-231.

[9] Marcuvitz N. Waveguide Handbook. Stevenage: IEE, 1986.

[10] Cohn S B. Microwave bandpass filters containing high-Q dielectric resonators. IEEE Transactions on Microwave Theory and Techniques, 1968, 16(4): 218-227.

[11] Fiedziuszko S J. Dual-mode dielectric resonator loaded cavity filters. IEEE Transactions on Microwave Theory and Techniques,1982, 30: 1311-1316.

[12] Fiedziuszko S J, Hunter I C, Itoh T, et al. Dielectric materials, devices, and circuits. IEEE Transactions on Microwave Theory and Techniques, 2002, 50(1): 706-720.

[13] Matthaei G L, Hey-Shipton G L. Concerning the use of high-temperature superconductivity in planar microwave filters. IEEE Transactions on Microwave Theory and Techniques, 1994, 42(7): 1287-1294.

[14] Lancaster M J. Passive Microwave Device Applications of High-Temperature Super-Conductors. Cambridge: Cambridge University Press, 1997.

[15] Mansour R R, Ye S, Peik S, et al. HTS filter technology for space applications. IEEE MTT-S International Microwave Symposium Digest, 1998.

[16] Lascaux C, Rouchaud F, Madrangeas V, et al. Planar Ka-band high temperature superconducting filters for space applications. IEEE MTT-S International Microwave Symposium Digest, 2001: 487-490.

[17] Antoniades M A, Eleftheriades V. Compact linear lead/lag metamaterial phase shifters for broadband application. IEEE Antennas and Wireless Propagation Letters, 2003, 2: 103-106.

[18] Garcia-Garcia J, Martin F, Bonache J, et al. Spurious passband suppression in microstrip coupled line band pass filters by means of split ring resonators. IEEE Microwave and Wireless Components Letters, 2004, 14(9): 416-418.

[19] 甘本祓, 吴万春. 现代微波滤波器的结构与设计(上、下册). 北京: 科学出版社, 1973.

[20] 黄席椿, 高顺泉. 滤波器综合法设计原理.北京: 人民邮电出版社, 1978.

[21] 吴万春. 集成固体微波电路. 北京: 国防工业出版社, 1981.

[22] 吴万春. 毫米波集成电路的设计及其应用. 西安: 西安电子科技大学出版社, 1989.

[23] 李嗣范. 微波元件原理与设计. 北京: 人民邮电出版社, 1982.

[24] 吴万春, 梁昌洪. 微波网络及其应用. 北京: 国防工业出版社, 1980.

[25] Hong J S, Lancaster M J. Microstrip Filters for RF/Microwave Applications. New York: Wiley, 2001.

[26] Cameron R J. General coupling matrix synthesis methods for Chebyshev filtering function. IEEE Transactions on Microwave Theory and Techniques, 1999, 47(4): 433-442.

[27] Cameron R J. Advanced coupling matrix synthesis techniques for microwave filters. IEEE Transactions on Microwave Theory and Techniques, 2003, 51(1): 1-10.

[28] Cameron R J. Harish A R, Radcliffe C J. Synthesis of advanced microwave filters without

diagonal cross-couplings. IEEE Transactions on Microwave Theory and Techniques, 2002, 50(12): 2862-2872.

[29] Rhodes J D, Cameron R J. General extracted pole synthesis technique with applications to low-loss TE$_{011}$ mode filters. IEEE Transactions on Microwave Theory and Techniques,1980, 28(9): 1018-1028.

[30] Levy R. Theory of direct-coupled cavity filters. IEEE Transactions on Microwave Theory and Techniques, 1967, 15: 340-348.

[31] Levy R. Direct synthesis of cascaded quadruplet (CQ) filters. IEEE Transactions on Microwave Theory Techniques, 1995, 43(12): 2940-2944.

[32] Macchiarella G. Accurate synthesis of inline prototype filters using cascaded triplet and quadruplet sections. IEEE Transactions on Microwave Theory and Techniques, 2002, 50: 1779-1783.

[33] Gajaweera R N, Lind L F. Rapid coupling matrix reduction for longitudinal and cascaded quadruplet microwave filters. IEEE Transactions on Microwave Theory and Techniques, 2003, 50: 1578-1583.

[34] Gajaweera R N, Lind L F. Coupling matrix extraction for cascaded-triplet (CT) topology. IEEE Transactions on Microwave Theory and Techniques,2004, 52(3): 768-772.

[35] Amari S. Synthesis of cross-coupled resonator filters using an analytical gradient-based optimization technique. IEEE Transactions on Microwave Theory and Techniques,2000, 48(9): 1559-1564.

[36] Levy R, Cohn S B. A history of microwave filter research, design, and development. IEEE Transactions on Microwave Theory and Techniques, 1984, 32: 1055-1067.

[37] Chu Q X, Wang H. A compact open-loop filter with mixed electric and magnetic coupling. IEEE Transactions on Microwave Theory and Techniques, 2008, 56(2): 431- 439.

[38] Wang H, Chu Q X. An EM-coupled triangular open-loop filter with transmission zeros very close to passband. IEEE Microwave and Wireless Components Letters, 2009, 19(2): 71-73.

[39] Wang H, Chu Q X. A narrow-band hairpin-comb two-pole filter with source-load coupling. IEEE Microwave and Wireless Components Letters, 2010, 20(7):372-374.

[40] Wang H, Chu Q X. An inline coaxial quasi-elliptic filter with controllable mixed electric and magnetic coupling. IEEE Transactions on Microwave Theory and Techniques, 2009, 57(3): 667-673.

[41] Hong J S, Lancaster M J. Couplings of microstrip square open-loop resonators for cross-coupled planar microwave filters. IEEE Transactions on Microwave Theory and Techniques, 1996, 44(21): 2099-2109.

[42] Hong J S. Couplings of asynchronously tuned coupled microwave resonators. IEE Proceedings on Microwaves, Antennas and Propagation,2000, 147(5): 354-358.

[43] Thomas J B. Cross-coupling in coaxial cavity filters—A tutorial overview. IEEE Transactions on Microwave Theory and Techniques, 2003, 51(4): 1376-1398.

[44] Abbagh M E, Zaki K A, Yao H W, et al. Full-wave analysis of coupling between combline resonators and its application to combline filters with canonical configurations. IEEE

Transactions on Microwave Theory and Techniques, 2001, 49(12): 2384-2393.

[45] Zhang Y. Modeling and Design of Microwave-Millimeter Wave Filters and Multiplexers. Washington: University of Maryland, 2006.

[46] Chang S F R, Chen W L, Chang S C, et al. A dual-band RF transceiver for multistandard WLAN applications. IEEE Transactions on Microwave Theory and Techniques, 2005, 53(3): 1048-1055.

[47] Lin Y S, Liu C C, Li K M, et al. Design of an LTCC tri-band transceiver module for GPRS mobile applications. IEEE Transactions on Microwave Theory and Techniques, 2004, 52(1): 2718-2724.

[48] Tsai L C, Hsue C W. Dual band bandpass filters using equal-length coupled-serial-shunted lines and Z-transform technique. IEEE Transactions on Microwave Theory and Techniques, 2004, 52(4): 1111-1117.

[49] Chen C Y, Hsu C Y. A simple and effective method for microstrip dual-band filters design. IEEE Microwave and Wireless Components Letters, 2006, 16(5): 246-248.

[50] Chen C F, Huang T Y, Wu R B. Design of dual- and triple-passband filters using alternately cascaded multiband resonators. IEEE Transactions on Microwave Theory and Techniques, 2006, 54(9): 3550-3558.

[51] Sun S, Zhu L. Compact dual-band microstrip bandpass filter without external feeds. IEEE Microwave and Wireless Components Letters, 2005, 15(10): 644-646.

[52] Kuo J T, Yeh T H, Yeh C C. Design of microstrip bandpass filters with a dual-passband response. IEEE Transactions on Microwave Theory and Techniques, 2005, 53(4): 1331-1337.

[53] Zhang Y P, Sun M. Dual-band microstrip bandpass filter using stepped-impedance resonators with new coupling schemes. IEEE Transactions on Microwave Theory and Techniques, 2006, 54(10): 3779-3785.

[54] Zhang X Y, Chen J X, Xue Q. Dual-band bandpass filter using stub-loaded resonators. IEEE Microwave and Wireless Components Letters, 2007, 17(8): 583-585.

[55] Mondal P, Mandal M K. Design of dual-band bandpass filters using stub-loaded open-loop resonators. IEEE Transactions on Microwave Theory and Techniques, 2008, 56(1): 150-155.

[56] Chen F C, Chu Q X, Tu Z H. Tri-band bandpass filter using stub loaded resonators. Electronics Letters, 2008, 44(12): 747-748.

[57] Chu Q X, Chen F C, Tu Z H, et al. A novel crossed resonator and its applications to bandpass filters. IEEE Transactions on Microwave Theory and Techniques, 2009, 57(7): 1753-1759.

[58] Federal Communications Commission. Revision of part 15 of the commission's rules regarding ultra-wideband transmission system first report and order. Tech. Rep. ET: FCC, 2002.

[59] Fonta R. Recent system applications of short-Pulse ultra-wideband (UWB) technology. IEEE Transactions on Microwave Theory and Techniques, 2004, 52(9):2087-2104.

[60] 蔡鹏.超宽带带通滤波器的设计理论及其小型化研究.上海:上海大学博士学位论文, 2007.

[61] Wong W T, Lin Y S, Wang C H, et al. Highly selective microstrip bandpass filters for ultra-wideband (UWB) applications. Asia-Pacific Microwave Conference Proceedings, 2005, 5:2850-2853.

[62] Yang G M, Jin R H, Geng J P. Planar microstrip UWB bandpass filter using U-shaped slot

coupling structure. Electronics Letters, 2006, 42(25): 1461-1463.

[63] Tang C W, Chen M G. A microstrip ultra-wideband bandpass filter with cascaded broadband bandpass and bandstop filters. IEEE Transactions on Microwave Theory and Techniques, 2007,55(11):2412-2418.

[64] Zhu L, Sun S, Menzel W. Ultra-wideband (UWB) bandpass filters using multiple-mode resonator. IEEE Microwave and Wireless Components Letters, 2005,15(11):796-798.

[65] Wang H, Zhu L, Menzel W. Ultra-wideband bandpass filter with hybrid microstrip/CPW structure. IEEE Microwave and Wireless Components Letters, 2005,15(12):844-846.

[66] Zhu L, Wang H. Ultra-wideband bandpass filter on aperture backed microstrip line. Electronics Letters,2005,41(18):1015, 1016.

[67] Sun S, Zhu L. Capacitive-ended interdigital coupled lines for UWB bandpass filters with improved out-of-band performances. IEEE Microwave and Wireless Components Letters, 2006,16(8):440-442.

[68] Li R, Zhu L. Compact UWB bandpass filter using stub-loaded multiple-mode resonator. IEEE Microwave and Wireless Components Letters, 2007,17(1):40-42.

[69] Wong S W, Zhu L.EBG-embedded multiple-mode resonator for UWB bandpass filter with improved upper-stopband performance. IEEE Microwave and Wireless Components Letters, 2007,17(6):421-423.

[70] Gao J, Zhu L, Menzel W, et al. Short-circuited CPW multiple-mode resonator for ultra-wideband (UWB) bandpass filter. IEEE Microwave and Wireless Components Letters, 2006, 16(3):104-106.

[71] 药春晖,张文梅. 基于共面波导的新型超宽带带通滤波器.山西大学学报,2007,30 (1):49-52.

[72] Kuo T N, Wang C H, Chen C H. A compact ultra-wideband bandpass filter based on split-mode resonator. IEEE Microwave and Wireless Components Letters,2007, 17(12):852-854.

[73] Baik J W, Lee T H, Kim Y S. UWB bandpass filter using microstrip-to-CPW transition with broadband balun. IEEE Microwave and Wireless Components Letters,2007, 17(12):846-848.

[74] Li R, Zhu L. Ultra-wideband (UWB) bandpass filters with hybrid microstrip/slotline structures. IEEE Microwave and Wireless Components Letters,2007, 17(11):778-780.

[75] Wong S W, Zhu L. Implementation of compact UWB bandpass filter with a notch-band. IEEE Microwave and Wireless Components Letters,2008, 18(1):10-12.

[76] Yao B Y, Zhou Y G, Cao Q S. Compact UWB bandpass filter with improved upper-stopband performance. IEEE Microwave and Wireless Components Letters,2009, 19(1):27-29.

第2章 滤波器综合理论

本章主要介绍滤波器综合理论。2.1 节介绍网络函数的基本概念，揭示零极点在网络函数中的作用及贡献和网络函数逼近理论。2.2 节简单回顾传统滤波器综合理论。

随着无线通信的发展，各种通信系统对滤波器的技术指标要求，尤其是矩形度的要求，越来越严格。引入有限传输零点的交叉耦合滤波器是目前最常用的选择，通常采用广义 Chebyshev 函数实现。而耦合矩阵代表了交叉耦合结构滤波器的特性和拓扑结构，所以研究求取广义 Chebyshev 函数滤波器的耦合矩阵的方法很重要。2.3 节将详细分析广义 Chebyshev 函数滤波器的综合方法。

传统定义的电磁耦合系数存在着矛盾：磁耦合系数正比于一个 K 变换器，表示电抗；而电耦合系数正比于一个 J 变换器，表示电纳。电抗和电纳互为倒数，是同一事物（抗纳）的两种相反的表示。因此，传统定义的电磁耦合系数虽然同为耦合系数，但实际上它们是两种互为倒数的量。传统定义的混合电磁耦合系数是一个"阻抗"和一个"导纳"的和，概念的矛盾之处显而易见。2.4 节定义的混合电磁耦合系数解决了传统定义的矛盾，并提出可控混合电磁耦合滤波器的综合理论：首先提出混合电磁耦合滤波器的二阶近似的低通原型，将带通频域耦合矩阵中的电耦合和磁耦合两个耦合系数简化为低通频域的一个耦合系数，降低了综合的复杂度，同时又使新理论和传统理论兼容；然后利用共轭梯度优化技术实现了耦合矩阵的综合。

2.1　引　　言

分析和研制射频/微波滤波器的方法很多，一般说来可以分为分布参数法和集总参数法，其中集总参数法又可分为影像参数法和网络综合法。

分布参数法是根据插入衰减和插入相移函数直接应用传输线或波导理论，找出微波滤波器的元件结构。影像参数法以影像参数为基础，将低频网络理论设计出的等效电路中的各个元件用微波结构实现。网络综合法以网络的衰减和相移函数为基础，利用网络综合理论，先求出集总元件低通原型电路（利用适当的频率变换函数，可变换为所需的高通、带通和带阻滤波器电路），然后将集总元件原型电路中各元件用微波结构来实现。由于前两种方法计算繁杂，近似程度差，且不能导出最佳设计，所以现代滤波器设计多采用网络综合法。在实际设计中，综合法由于其设计目的性强、设计效率高的特点已经成为微波滤波器的主要方法。采用网络综合法设计滤波器的基本流程如图 2-1 所示。

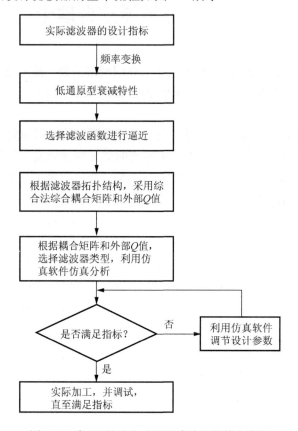

图 2-1　采用网络综合法设计滤波器的基本流程

　　网络函数描述网络的特性。一个可实现的无源网络函数的极点必须全部位于复频率坐标系的左半平面或全部位于实频率轴上，这一基本性质是网络函数所有其他特性的根源所在。分析网络函数的特性具有重要的意义，因为网络综合是以网络函数为依据的。滤波器的插入损耗是根据网络的传输函数定义的，是评价滤波器滤波效果的指标，而群延迟函数是评价信号通过滤波器网络后畸变程度的指标。传输零点是使传输函数为零的频率点。当传输零点为实频率点时，传输函数的模为零；当传输零点为复数频率点时，它同时影响传输函数的模值和相位，进而影响群延迟函数。

　　本节介绍网络函数的基本概念，主要包括网络函数的性质及其可实现条件、零极点在网络函数中的作用和贡献、对称二端口网络分析、二端口网络的策动点函数和网络函数逼近理论等，这些为后续章节的讨论打下基础。

2.1.1　网络函数的实现条件

网络函数 $W(s)$ 是广义频率 $s = \sigma + j\omega$ 的函数，也就是 s 平面上所有各点的函数。在实频率 ω 下的网络函数 $W(j\omega)$ 则只是 s 平面的 $j\omega$ 轴（虚轴）上各点的函数。因此 $W(s)$ 的定义域要比 $W(j\omega)$ 广泛得多，只有通过 $W(s)$ 才便于全面描述一个网络[1]。但是具有物理概念的是 $W(j\omega)$，而不是 $W(s)$。$W(j\omega)$ 决定了网络函数的模量和相角随实频率 ω 的变化关系，也就是给出了网络的频率特性。由于 $W(j\omega)$ 是 $W(s)$ 的一个特例，只要把 $W(s)$ 中的变量 s 替换为 $j\omega$，就得到 $W(j\omega)$，所以 $W(s)$ 是一个比 $W(j\omega)$ 更为基本的函数。$W(s)$ 是 s 的一个有理函数，可以写成

$$W(s) = \frac{P(s)}{Q(s)} = \frac{a_m s^m + a_{m-1}s^{m-1} + \cdots + a_1 s + a_0}{b_n s^n + b_{n-1}s^{n-1} + \cdots + b_1 s + a_0} \tag{2-1}$$

式中，所有系数 a_i 和 b_i 都是实数。若将分子和分母都分解为因子，则式（2-1）可写成

$$W(s) = \frac{P(s)}{Q(s)} = C_0 \frac{(s-r_1)(s-r_2)\cdots(s-r_m)}{(s-p_1)(s-p_2)\cdots(s-p_n)} = C_0 \frac{\prod\limits_{i=1}^{m}(s-r_i)}{\prod\limits_{j=1}^{n}(s-p_j)} \tag{2-2}$$

式中，$C_0 = a_m/b_n$；$r_1,\cdots,r_m$ 是 $P(s)$ 的零点或 $W(s)$ 的零点；$p_1,\cdots,p_n$ 是 $Q(s)$ 的零点或 $W(s)$ 的极点。虚数和复数的零点和极点必须共轭成对。当 s 很大时，

$$W(s) \approx \frac{a_m s^m}{a_n s^n} = \frac{a_m}{b_n}s^{m-n} \tag{2-3}$$

网络的稳定性要求网络函数必须满足以下三个条件：

（1）$W(s)$ 在右半平面内不能有极点。

（2）$W(s)$ 在 $j\omega$ 轴上的极点必须是单阶的。

（3）$W(s)$ 的分子方次最多只能比其分母方次高一次。

另外，$W(s)$ 在 $s = \infty$ 上的极点与其他极点不同，它不是分母 $Q(s)$ 的一个零点，而是分子方次比分母方次高而出现的，如式（2-3）所示。同时，理论已经证明，满足稳定条件的网络一定满足因果条件。

s 的一个任意有理函数总可以分解成奇部和偶部。我们以"Ev"表示偶部，以"Od"表示奇部，则网络函数 $W(s)$ 可写成

$$W(s) = \text{Ev}[W(s)] + \text{Od}[W(s)] = \frac{P(s)}{Q(s)} = \frac{M_1(s)+N_1(s)}{M_2(s)+N_2(s)} \tag{2-4}$$

式中，$M_1(s)$ 和 $N_1(s)$ 分别为分子多项式 $P(s)$ 的偶部和奇部；$M_2(s)$ 和 $N_2(s)$ 分别为分母多项式 $Q(s)$ 的偶部和奇部。

$W(s)$ 的偶部为

$$\mathrm{Ev}\big[W(s)\big]=\frac{1}{2}\big[W(s)+W(-s)\big]=\frac{M_1M_2-N_1N_2}{M_2^2-N_2^2}=\frac{A(s^2)}{B(s^2)} \tag{2-5}$$

因为式（2-5）的分母和分子都是 s 的偶次多项式，也就是 s^2 的函数，所以把它们分别写成 $A(s^2)$和$B(s^2)$。

同理，$W(s)$ 的奇部为

$$\mathrm{Od}\big[W(s)\big]=\frac{1}{2}\big[W(s)-W(-s)\big]=\frac{M_2N_1-M_1N_2}{M_2^2-N_2^2}=\frac{sA'(s^2)}{B(s^2)} \tag{2-6}$$

式（2-6）的分母和 $\mathrm{Ev}\big[W(s)\big]$ 的分母相同，为偶次多项式 $B(s^2)$，分子则是 s 的奇次多项式，可以表示为 s 乘以一个偶次多项式，故写成 $sA'(s^2)$。

若以 $\mathrm{j}\omega$ 代换式（2-4）中的变量 s，就得到 $W(\mathrm{j}\omega)$，它可以分解为实部（用" Re "表示）和虚部（用" Im "表示）：

$$W(\mathrm{j}\omega)=\mathrm{Re}\big[W(\mathrm{j}\omega)\big]+\mathrm{j}\mathrm{Im}\big[W(\mathrm{j}\omega)\big] \tag{2-7}$$

比较式（2-4）式（2-7），得到

$$\mathrm{Re}\big[W(\mathrm{j}\omega)\big]=\mathrm{Ev}\big[W(s)\big]\Big|_{s=\mathrm{j}\omega}=\frac{M_1M_2-N_1N_2}{M_2^2-N_2^2}\bigg|_{s=\mathrm{j}\omega}$$

$$\mathrm{j}\mathrm{Im}\big[W(\mathrm{j}\omega)\big]=\mathrm{Od}\big[W(s)\big]\Big|_{s=\mathrm{j}\omega}=\frac{M_2N_1-M_1N_2}{M_2^2-N_2^2}\bigg|_{s=\mathrm{j}\omega} \tag{2-8}$$

如果 $W(s)$ 为一个偶函数，它一定是两个偶次多项式之比，$W(\mathrm{j}\omega)$ 为实数。如果 $W(s)$ 为一个奇函数，则分母和分子中之一是奇次多项式，另一个是偶次多项式，$W(\mathrm{j}\omega)$ 为虚数。

2.1.2　网络函数的零极点

网络函数 $W(s)$是 s 的有理函数：

$$W(s)=\frac{P(s)}{Q(s)}=\frac{a_ms^m+a_{m-1}s^{m-1}+\cdots+a_1s+a_0}{b_ns^n+b_{n-1}s^{n-1}+\cdots+b_1s+b_0}=C_0\frac{\displaystyle\prod_{i=1}^{m}(s-r_i)}{\displaystyle\prod_{j=1}^{n}(s-p_j)} \tag{2-9}$$

式中，$C_0=a_m/b_n$；r_i 是 $W(s)$的零点；p_j 是 $W(s)$的极点。因为系数 a_m 和 b_n 为实数，所以虚数和复数的零极点必须成对共轭出现。根据式（2-9）可知实频率下的网络函数为

$$W(\mathrm{j}\omega)=\frac{P(\mathrm{j}\omega)}{Q(\mathrm{j}\omega)}=C_0\frac{\displaystyle\prod_{i=1}^{m}(\mathrm{j}\omega-r_i)}{\displaystyle\prod_{j=1}^{n}(\mathrm{j}\omega-p_j)} \tag{2-10}$$

若令 $j\omega - r_i = A_i e^{j\alpha_i}$，　$j\omega - p_j = B_j e^{j\beta_j}$ 则

$$W(j\omega) = |W(j\omega)| e^{-j\theta} = C_0 \frac{\prod\limits_{i=1}^{m} A_i}{\prod\limits_{j=1}^{n} B_j} e^{j\left[\sum\limits_{i=1}^{m}\alpha_i - \sum\limits_{j=1}^{n}\beta_j\right]} \tag{2-11}$$

式中，$W(j\omega)$ 的模和相角分别为

$$\begin{cases} |W(j\omega)| = C_0 \dfrac{\prod\limits_{i=1}^{m} A_i}{\prod\limits_{j=1}^{n} B_j} \\[4mm] \theta(\omega) = \sum\limits_{j=1}^{n} \beta_j - \sum\limits_{i=1}^{m} \alpha_i \end{cases} \tag{2-12}$$

为了更清楚地显示零极点与网络函数频率特性的关系，举例说明网络函数零极点对网络特性的影响。假设有如下网络函数：

$$W(s) = \frac{(s - r_1)(s - r_2)}{(s - p_1)(s - p_2)} \tag{2-13}$$

当网络的零极点均在 $j\omega$ 轴上时[图 2-2（a）]，网络的幅度和频率响应如图 2-3 和图 2-4 中的实线所示。由图可以看出，这时网络的幅度响应在零点频率处达到 0 且斜率发生突变，在极点处趋向于无穷并且斜率突变；网络函数的相位响应在零点频率处和极点频率处均发生了 180° 的突变。可以说，当网络函数的零极点均为实频率点时，网络函数的响应曲线是有"棱角"的。

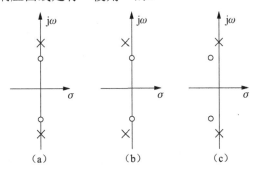

图 2-2　式（2-13）所示网络函数的零极点分布情况

当网络函数的极点 p_i（i 为极点的编号）包含虚频率 $p_i = \sigma_i + j\omega_i$ 点时[图 2-2（b）]，幅度响应在实频率极点处取得极值而不能达到无穷；相位响应在实频率极点处不能发生 180° 突变但迅速下降，如图 2-3 所示。

当网络函数的零点 r_i（i 为零点的编号）包含虚频率 $r_i = \sigma_i + j\omega_i$ 点时[图 2-2（c）]，幅度响应在实频率零点处取得极值而不能达到 0；相位响应在实频率零点处不能发生 180° 突变但迅速上升，如图 2-4 所示。

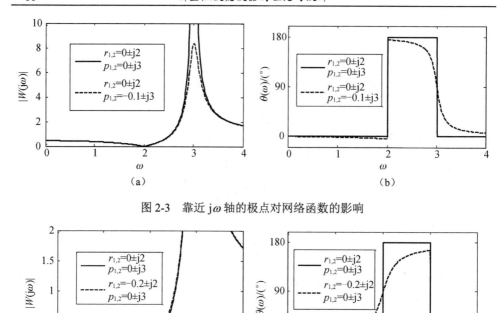

图 2-3　靠近 $j\omega$ 轴的极点对网络函数的影响

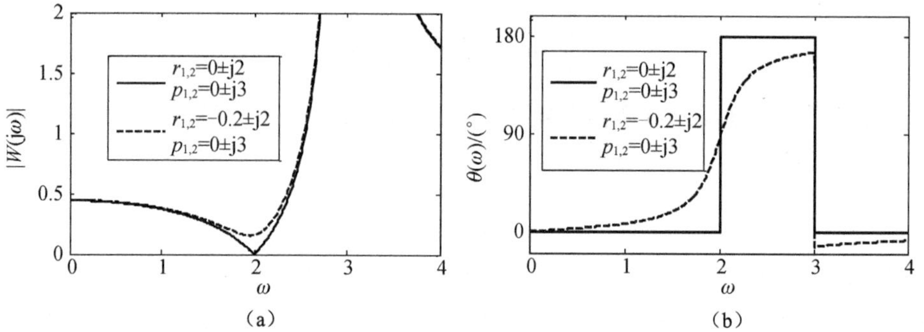

图 2-4　靠近 $j\omega$ 轴的零点对网络函数的影响

因此，虚频率零极点或复数零极点对网络函数的贡献是使网络函数的频率响应曲线变得"圆滑"并且将网络函数的幅度约束在（0，∞）内。在实际测量中，我们得到的网络函数总是"圆滑"的，因为许多复频率零极点是由网络的损耗或失配等因素引起的。在有些场合，我们需要尽量减小虚频率零极点的值，例如，我们需要滤波器具有陡峭的选择性；而在另一些场合，我们需要利用特定的复频率零极点的值以实现特定的相位要求，如相位均衡器和群延迟滤波器。

2.1.3　传输零点

图 2-5 为一个二端口网络，图中，E_0 表示源电压；Z_{01} 表示源阻抗；Z_{02} 表示负载阻抗；V_1 和 V_2 分别表示端口 1 和端口 2 的电压；I_1 和 I_2 分别表示端口 1 和端口 2 的电流；$[z]$ 为网络的开路阻抗参数矩阵；a_1 和 a_2 分别表示端口 1 和端口 2 归一化输入电压；b_1 和 b_2 分别表示端口 1 和端口 2 归一化反射电压。

输入阻抗和输入导纳统称为网络的策动点函数。将 $V_2 = -I_2 Z_{02}$ 代入 $[z]$ 矩阵可以推导出从端口 1 向右看进去的输入阻抗 Z_{in} 为

$$Z_{in} = \frac{(z_{11}z_{22} - z_{12}^2) + z_{11}Z_{02}}{z_{22} + Z_{02}} = \frac{|z| + z_{11}Z_{02}}{z_{22} + Z_{02}} \tag{2-14}$$

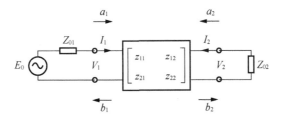

图 2-5　与电压源和负载连接的二端口网络

二端口网络的开路阻抗矩阵 $[z]$ 中的元素 z_{11} 和 z_{22} 是在一端开路情况下另一端的策动点函数，它们的零点和极点都不能在复频域的右半平面内，这是两种策动点函数（输入阻抗和输入导纳）互为倒数的缘故（网络的稳定性要求所有网络函数的极点不能位于右半平面内）。z_{11} 和 z_{22} 是奇函数，理由如下。设 $Z(s)$ 为一无耗网络的策动点函数：

$$Z(s) = \frac{P}{Q} = \frac{m_1 + n_1}{m_2 + n_2} \tag{2-15}$$

式中，m_1 和 m_2 表示分子分母的偶部；n_1 和 n_2 表示奇部，则 $Z(j\omega)$ 的实部可以写为

$$\text{Re}[Z(j\omega)] = \frac{m_1 m_2 - n_1 n_2}{m_2^2 - n_2^2} \tag{2-16}$$

因为网络无耗，所以式（2-16）为零，则有 $m_1 m_2 = n_1 n_2$，如下关系成立：

$$\frac{m_1}{n_1} = \frac{n_2}{m_2} \tag{2-17}$$

则式（2-15）可以写为

$$Z(s) = \frac{n_1}{m_2} \left(\frac{m_1/n_1 + 1}{n_2/m_2 + 1} \right) = \frac{n_1}{m_2} \tag{2-18}$$

由式（2-18）可以看出 $Z(s)$ 为一个奇函数。

z_{12} 和 z_{21} 的极点与 z_{11} 和 z_{22} 的极点具有相同的性质，而 z_{12} 和 z_{21} 的零点可以位于平面的任意位置。若 z_{11}、z_{22} 和 z_{12} 在 $j\omega$ 轴上有共同的极点则按照正实函数的性质，z_{11} 和 z_{22} 在该极点上的留数 k_{11} 和 k_{22} 必须为正实数，z_{12} 在该极点上的留数 k_{12} 为实数但可正可负，它们之间的关系为

$$k_{11} k_{12} - k_{12}^2 \geqslant 0 \tag{2-19}$$

式（2-19）称为网络参数 $[z]$ 的留数条件。根据留数条件，如果在 $j\omega$ 轴上 z_{12} 有极点则 z_{11} 和 z_{22} 必有极点。但反过来，z_{11} 和 z_{22} 的某些 $j\omega$ 轴极点未必是 z_{12} 的极点，因为即使这样式（2-19）仍然成立，我们称这样的极点为 z_{11} 和 z_{22} 的私有极点。

转移函数的零点称为传输零点。转移函数有很多种，传输系数 S_{21} 是其中的一种。由 $[S]$ 参数和 $[z]$ 参数的定义可得

$$S_{21} = \frac{z_{21}(z_{22}Z_{01} + Z_{02}Z_{01} - z_{22}\sqrt{Z_{01}}\sqrt{Z_{02}} + Z_{02}\sqrt{Z_{01}}\sqrt{Z_{02}})}{(z_{11}\sqrt{Z_{02}} + Z_{01}\sqrt{Z_{02}})(z_{22}\sqrt{Z_{01}} + Z_{02}\sqrt{Z_{01}}) - z_{12}z_{21}\sqrt{Z_{01}}\sqrt{Z_{02}}} \qquad (2\text{-}20)$$

对于大部分滤波器网络有 $Z_{01} = Z_{02}$ 并且网络互易，因此式（2-20）变为

$$S_{21} = \frac{2z_{21}Z_{02}}{(z_{11} + Z_{02})(z_{22} + Z_{02}) - z_{21}^2} \qquad (2\text{-}21)$$

从关系式

$$\begin{cases} y_{12} = -\dfrac{z_{12}}{z_{11}z_{22} - z_{12}^2} \\[3mm] z_{12} = -\dfrac{y_{12}}{y_{11}y_{22} - y_{12}^2} \end{cases} \qquad (2\text{-}22)$$

可以看出，y_{12} 的零点是 z_{12} 的零点与 z_{11} 和 z_{22} 的私有极点，它们与式（2-21）的传输零点相同；z_{12} 的零点是 y_{12} 的零点与 y_{11} 和 y_{22} 的私有极点，它们也与式（2-21）的传输零点相同。如果不考虑 z_{11}、z_{22}、y_{11} 和 y_{22} 的私有极点，那么除极个别情况外，所有转移函数都具有相同的传输零点，它们就是 z_{12} 和 y_{12} 的零点。这就告诉我们，当 z_{12}（或 y_{12}）的零点的个数少于实际传输零点个数时我们应该将相对应的 y_{12}（或 z_{12}）的零点作为传输零点对待。传输零点不必是单阶，其位置也不受什么限制。

2.1.4　传输系数、反射系数和特征函数

从现在起定义传输函数为传输系数 $S_{21}(s)$：

$$S_{21}(s) = \frac{P(s)}{E(s)} \qquad (2\text{-}23)$$

网络的稳定性要求 $E(s)$ 的零点必须全部在 s 域的左半平面内，也就是说 $E(s)$ 必须是一个严格的 Hurwitz 多项式。因为能量传输在无穷频率（$s=\infty$）处是有限的，$S_{21}(s)$ 在 $s=\infty$ 时不能有极点，所以 $P(s)$ 的方次必须小于等于 $E(s)$ 的方次。$S_{21}(s)$ 的有限传输零点为 $P(s)$ 的零点，$S_{21}(s)$ 的无限频率传输零点来自 $E(s)$ 比 $P(s)$ 高的方次。

对于无耗网络，根据能量守恒有反射系数 $S_{11}(s)$ 为

$$\left|S_{11}(s)\right|^2 = 1 - \left|S_{21}(s)\right|^2 = \frac{\left|E(s)\right|^2 - \left|P(s)\right|^2}{\left|E(s)\right|^2} = \frac{\left|F(s)\right|^2}{\left|E(s)\right|^2} \qquad (2\text{-}24)$$

式中

$$\left|F(s)\right|^2 = \left|E(s)\right|^2 - \left|P(s)\right|^2 \qquad (2\text{-}25)$$

或

$$F(s)F(-s) = E(s)E(-s) - P(s)P(-s) \qquad (2\text{-}26)$$

由式（2-24）得

$$S_{11}(s)S_{11}(-s) = \frac{F(s)F(-s)}{E(s)E(-s)} \qquad (2\text{-}27)$$

由此得

$$S_{11}(s) = \pm\frac{F(s)}{E(s)} \qquad (2\text{-}28)$$

因为 $E(s)$ 为一个严格的 Hurwitz 多项式，所以 $E(s)$ 的所有系数都为正，并且 $E(s)$ 的零点或者说 $S_{11}(s)$ 的极点必须全部在左半平面内，因此 $S_{11}(s)$ 在 $s=\infty$ 处不能有极点，这就要求 $F(s)$ 的方次必须低于、最多等于 $E(s)$ 的方次。因为 $S_{11}(s)$ 的零点不受任何物理条件的限制，所以 $S_{11}(s)$ 的零点或者说 $F(s)$ 的零点可以在 s 平面的任何位置上。在综合设计时，滤波器的指标主要是 S_{21} 的指标，知道了 $S_{21}=P(s)/E(s)$ 后，我们可以由式(2-26)求出 $F(s)F(-s)$。一般情况下，$F(s)F(-s)$ 的根在 s 平面上作象限对称分布，我们可以考虑在保证共轭成对的情况下，在其中任选一半作为 $F(s)$ 的零点，一般做法是选取左半平面的零点。若衰减零点或 $F(s)$ 的零点都在实频率轴上时，$F(s)F(-s)$ 的零点都在 $j\omega$ 轴成偶阶重次，将这些零点减半就得到 $F(s)$ 的零点。

在滤波器设计中常常采用另一个函数，称为特征函数：

$$K(s) = \frac{S_{11}(s)}{S_{21}(s)} = \frac{F(s)}{P(s)} \qquad (2\text{-}29)$$

因为 $F(s)$ 的零点是衰减零点，而 $P(s)$ 的零点是衰减极点（传输零点），所以由式（2-29）可知 $K(s)$ 的零点、极点与衰减零点、极点一致。在网络无耗条件下，将式（2-29）和式（2-25）代入插入损耗的定义式，有

$$L_{\mathrm{A}} = 10\lg\frac{1}{|S_{21}|^2} = 10\lg\frac{|E(s)|^2}{|P(s)|^2} = 10\lg\frac{|P(s)|^2 + |F(s)|^2}{|P(s)|^2} = 10\lg\left[1 + |K(s)|^2\right] \quad (2\text{-}30)$$

在实际应用中，按某一逼近准则来确定 $|K|^2$ 要比确定传输函数 $|S_{21}|^2$ 简单得多。原因如下：由式（2-30）可以看出，若 $L_{\mathrm{A}} = 0$，则 $|K| = 0$；若 $L_{\mathrm{A}}=\infty$，则 $|K| =\infty$，即 $K(s)$ 的零极点与衰减零极点一致。

$S_{21}(s)$ 的分母 $E(s)$ 是一个严格的 Hurwitz 多项式，确定 $S_{21}(s)$ 必须考虑这个条件，这就比确定 $K(s)$ 困难得多。

定义群延迟函数为[2, 3]

$$\tau = \frac{\partial\left[\arg\left(S_{21}\right)\right]}{\partial\omega} = \frac{\partial\theta}{\partial\omega} \qquad (2\text{-}31)$$

由于

$$\frac{\partial S_{21}}{\partial\omega} = \frac{\partial}{\partial\omega}\left(|S_{21}|e^{j\theta}\right) = e^{j\theta}\frac{\partial|S_{21}|}{\partial\omega} + |S_{21}|\frac{\partial\left(e^{j\theta}\right)}{\partial\omega} = e^{j\theta}\frac{\partial|S_{21}|}{\partial\omega} + jS_{21}\frac{\partial\theta}{\partial\omega} \quad (2\text{-}32)$$

所以有

$$j|S_{21}|\frac{\partial\theta}{\partial\omega} = \frac{|S_{21}|}{S_{21}}\frac{\partial S_{21}}{\partial\omega} - \frac{\partial|S_{21}|}{\partial\omega} \tag{2-33}$$

假设 $S_{21} = X + jY$（X 和 Y 为实），则

$$|S_{21}| = \sqrt{X^2 + Y^2} \tag{2-34}$$

$$\frac{\partial|S_{21}|}{\partial\omega} = \frac{1}{|S_{21}|}\left(X\frac{\partial X}{\partial\omega} + Y\frac{\partial Y}{\partial\omega}\right) \tag{2-35}$$

由于

$$\frac{|S_{21}|}{S_{21}}\frac{\partial S_{21}}{\partial\omega} = \frac{(X - jY)}{|S_{21}|}\frac{\partial X}{\partial\omega} + j\frac{(X - jY)}{|S_{21}|}\frac{\partial Y}{\partial\omega}$$

$$= \left(\frac{X}{|S_{21}|}\frac{\partial X}{\partial\omega} + \frac{Y}{|S_{21}|}\frac{\partial Y}{\partial\omega}\right) + j\left(\frac{X}{|S_{21}|}\frac{\partial Y}{\partial\omega} - \frac{Y}{|S_{21}|}\frac{\partial X}{\partial\omega}\right) \tag{2-36}$$

比较式（2-35）和式（2-36）可以看出

$$\frac{\partial|S_{21}|}{\partial\omega} = \mathrm{Re}\left[\frac{|S_{21}|}{S_{21}}\frac{\partial S_{21}}{\partial\omega}\right] \tag{2-37}$$

因此考虑式（2-36），式（2-33）变为

$$j|S_{21}|\frac{\partial\theta}{\partial\omega} = j\mathrm{Im}\left[\frac{|S_{21}|}{S_{21}}\frac{\partial S_{21}}{\partial\omega}\right] = j|S_{21}|\mathrm{Im}\left[\frac{1}{S_{21}}\frac{\partial S_{21}}{\partial\omega}\right] \tag{2-38}$$

由式（2-31）知，群延迟函数可以写为

$$\tau = -\mathrm{Im}\left[\frac{1}{S_{21}}\frac{\partial S_{21}}{\partial\omega}\right]$$

$$= -\mathrm{Im}\left[\frac{1}{P}\frac{\partial P}{\partial\omega} - \frac{1}{E}\frac{\partial E}{\partial\omega}\right] \tag{2-39}$$

2.1.5　滤波器的函数逼近

滤波器综合都是从可以实现的有理函数的基础出发的。在实际设计中，对滤波网络的特性要求通常并不直接以函数的形式给出，而是给出如插入损耗、带外衰减、群时延特性等指标。根据这些指标的要求，用一个函数去近似地表达理想的情况就是逼近问题。

理想原型低通滤波器的定义是：通带内的插入损耗为零，阻带内应为无穷大，即

$$\begin{cases} L_A = 0, & |\omega| \leqslant 1 \\ L_A = \infty, & |\omega| > 1 \end{cases} \tag{2-40}$$

式中，ω 是归一化实频率变量，$s = j\omega$。由插入损耗公式 $L_A = 20\lg|S_{21}|$ 可得

$$\begin{cases} S_{21}(\omega) = 1, & |\omega| \leqslant 1 \\ S_{21}(\omega) = 0, & |\omega| > 1 \end{cases} \tag{2-41}$$

滤波器的传输函数 S_{21} 和反射函数 S_{11} 可以表示为两个 N 阶多项式之比：

$$S_{11}(\omega) = \frac{F_N(\omega)}{E_N(\omega)}$$

$$S_{21}(\omega) = \frac{P_N(\omega)}{\varepsilon E_N(\omega)} \tag{2-42}$$

ε 是通带内的纹波系数，其大小视具体滤波函数而不同。若函数 $f(\omega)$ 可表示为

$$f(\omega) = \frac{F_N(\omega)}{P_N(\omega)} \tag{2-43}$$

则利用无耗网络的能量守恒公式 $S_{11}^2(\omega) + S_{21}^2(\omega) = 1$，代入式（2-42），有

$$S_{21}^2(\omega) = \frac{1}{1 + \left[\varepsilon f(\omega)\right]^2} = \frac{1}{\left[1 + j\varepsilon f(\omega)\right]\left[1 - j\varepsilon f(\omega)\right]} \tag{2-44}$$

理想的 $f(\omega)$ 应该为

$$\begin{cases} f(\omega) = 0, & |\omega| \leqslant 1 \\ f(\omega) = \infty, & |\omega| > 1 \end{cases} \tag{2-45}$$

若有 N 阶有理多项式 C_N：

$$C_N(\omega) = a_0 + a_1\omega + a_2\omega^2 + \cdots + a_N\omega^N \tag{2-46}$$

可以近似地表示理想的 $f(\omega)$，也就可以用作设计滤波器的逼近函数，也就是滤波器函数。

目前常用的传统滤波器函数包括以下三种：

（1）Butterworth 函数（最大平坦响应函数），其表达式为

$$C_N(\omega) = \omega^N \tag{2-47}$$

式中，N 为滤波器的阶数；ω 为归一化实频率变量。

（2）Chebyshev 函数（第一类 Chebyshev 多项式），其表达式为

$$C_N(\omega) = \cosh\left[N \cdot \mathrm{arcosh}\,\omega\right] \tag{2-48}$$

（3）椭圆函数（Jacobian 椭圆正弦函数），其表达式为

$$C_N(\omega) = \sin\left[\mathrm{am}(\omega, k)\right] \tag{2-49}$$

图 2-6（a）、（b）和（c）分别表示上述三种函数滤波器的衰减特性。

随着现代通信技术的发展，传统的 Butterworth 函数和 Chebyshev 函数已经不能满足指标要求，而椭圆函数虽然能够实现很好的逼近，但是实现很困难，因此就出现了广义 Chebyshev 函数滤波器和广义 Butterworth 函数滤波器。

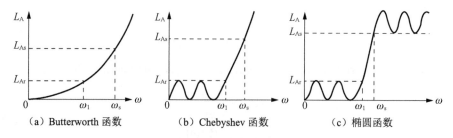

（a）Butterworth 函数　　　（b）Chebyshev 函数　　　（c）椭圆函数

图 2-6　滤波器衰减特性

（1）定义广义 Chebyshev 传输函数为

$$|S_{21}|^2 = \frac{1}{1 + \varepsilon^2 C_N^2(\omega)} \tag{2-50}$$

式中

$$C_N(\omega) = \cosh\left[\sum_{i=1}^{k} \text{arcosh}\, x_i + m\,\text{arcosh}\, \omega\right] \tag{2-51}$$

$$x_i = \frac{1 - \omega\omega_{oi}}{\omega - \omega_{oi}} \tag{2-52}$$

$$m = N - k \tag{2-53}$$

N 为滤波器阶数；ω_{oi} 为第 i 个有限传输零点；k 为有限传输零点个数；ε 为带内等波纹系数。容易证明：当 $|\omega|=1$ 时，$C_N(\omega)=1$；当 $|\omega|<1$ 时，$C_N(\omega)<1$；当 $|\omega|>1$ 时，$C_N(\omega)>1$。当全部 N 个传输零点趋向无穷处时，C_N 为传统的 Chebyshev 函数，如式（2-48）所示。

（2）N 阶广义 Butterworth 函数表达式如下：

$$S_{21}^2(\omega) = \frac{1}{1 + C_N^2(\omega)} \tag{2-54}$$

式中

$$C_N(\omega) = \prod_{i=1}^{N} x_i \tag{2-55}$$

$$x_i = \frac{\omega - \dfrac{\omega}{\omega_{oi}}}{1 - \dfrac{\omega}{\omega_{oi}}} \tag{2-56}$$

N 为滤波器阶数；ω_{oi} 为第 i 个传输零点（$s_i = j\omega_{oi}$）。不难证明：当 $|\omega|=1$ 时，$C_N=1$；当 $|\omega|<1$ 时，$C_N \leqslant 1$；而 $|\omega|<1$ 时，$C_N>1$。当全部 N 个传输零点都趋向无穷处时，C_N 为传统的 Butterworth 函数，如式（2-47）所示。

2.2　传统滤波器综合理论

2.2.1　基本概念

在射频系统中，通常需要把信号频谱中有用的几个频率信号分离出来而滤除无用的其他频率信号，完成这一功能的设备称为滤波器。滤波器的特性如图 2-7 所示。

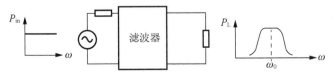

图 2-7　滤波器的特性

通常采用工作衰减来描述滤波器的幅值特性。根据衰减特性的不同，滤波器通常分为低通、高通、带通和带阻滤波器，如图 2-8 所示。采用工作相移来描述滤波器的相位特性，有时需要线性相位滤波器。

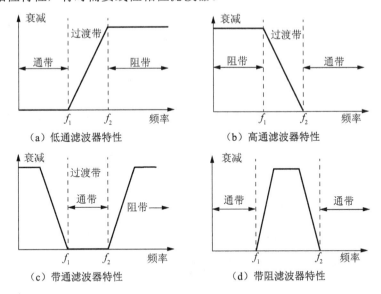

（a）低通滤波器特性　　　　　　　　　　（b）高通滤波器特性

（c）带通滤波器特性　　　　　　　　　　（d）带阻滤波器特性

图 2-8　滤波器分类

理想的滤波特性用有限个元件无法实现，因此实际的滤波器只能逼近理想滤波器的衰减特性。

因此，滤波器的实际指标不同于理想状态。对于低通滤波器，主要技术指标有：①通带内最大衰减 L_{Ar}；②截止频率 f_1：$L_A < L_{Ar}$ 所对应的最大频率；③阻带最小衰减 L_{As}；④阻带边频 f_s：$L_A > L_{Ar}$ 所对应的最小频率；⑤插入相移和时延特性。

2.2.2　低通原型滤波器

为了简化综合参数，采用归一化频率 $\omega' = \omega / \omega_1$ 和归一化阻抗 $\bar{Z} = Z / Z_0$，其中 Z_0 为源阻抗。低通原型滤波器是指元件值和频率都归一化的集总元件低通滤波器。元件值归一化是对源电阻归一化。频率归一化是对截止频率归一化。

低通原型滤波器是设计射频滤波器的基础，各种低通、高通、带通和带阻滤波器都是根据此原型变换而来的。

在综合低通原型滤波器时，首先要确定一个逼近理想衰减特性的响应函数，然后根据逼近函数综合具体的电路结构。选取逼近函数首先应满足下面的性质：

（1）$L_A = 10 \lg \dfrac{P_{in}}{P_L} \geqslant 0$；

（2）$L_A(\omega) = 10 \lg \left[1 + P(\omega^2) \right]$。

在满足上述性质的基础上，再考虑电路的可实现性，就可以确定逼近函数。实用中广泛使用的逼近函数有三种：最平坦型（Butterworth）、等波纹型（Chebyshev）、椭圆函数型（elliptical function）。滤波器的理想特性和三种逼近函数滤波器如图 2-9 所示。

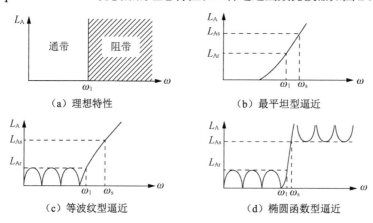

（a）理想特性　　　　　　　　（b）最平坦型逼近

（c）等波纹型逼近　　　　　　　（d）椭圆函数型逼近

图 2-9　理想特性和三种函数的滤波器

1. 最平坦型（Butterworth）低通原型

最平坦型低通原型的衰减函数为

$$L_A(\omega') = 10 \lg \left(1 + \varepsilon \omega'^{2n} \right) \qquad (2\text{-}57)$$

该函数的特点是，在 $\omega = 0$ 处的函数值、一阶导数、二阶导数以及直至 n 阶导数均为零。

最平坦型低通滤波器的综合过程如下。

首先根据给定技术指标，确定常数 ε 和 n。然后，根据衰减函数，利用网络综合法确定低通滤波器原型的各元件值。根据带内最大衰减（插损）$L_{Ar} = L_A(\omega_1' = 1)$，得

$$\varepsilon = 10^{L_{Ar}/10} - 1$$

根据带外最小衰减 $L_{As} = 10\lg(1 + \varepsilon\omega_s'^{2n})$，得

$$n > \left\lceil \lg\left(\frac{10^{L_{As}/10} - 1}{\varepsilon}\right) \middle/ (2\lg\omega_s') \right\rceil$$

由网络综合法，可以得到梯形电路形式（如图 2-10 所示）的低通原型滤波器元件值为

$$\begin{cases} g_k = 2\sin(2k-1)\dfrac{\pi}{2n}, & k = 1, 2, \cdots, n \\[2mm] g_{n+1} = 1 \end{cases} \tag{2-58}$$

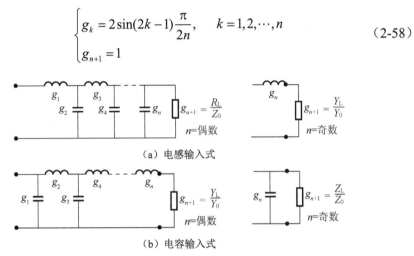

（a）电感输入式

（b）电容输入式

图 2-10　低通原型滤波器

2. 等波纹型（Chebyshev）低通原型

等波纹型低通原型的衰减函数为

$$L_A(\omega') = 10\lg[1 + \varepsilon T_n^2(\omega')] \tag{2-59}$$

式中，T_n 是 n 阶第一类 Chebyshev 多项式：

$$T_n^2(\omega') = \begin{cases} \cos^2(n\arccos\omega'), & \omega' \leqslant 1 \\ \cosh^2(n\operatorname{arcosh}\omega'), & \omega' \geqslant 1 \end{cases} \tag{2-60}$$

$$\begin{cases} T_1(x) = x \\ T_2(x) = 2x^2 - 1 \\ T_3(x) = 4x^3 - 3x \\ T_4(x) = 8x^4 - 8x^2 + 1 \\ T_n(x) = 2xT_{n-1}(x) - T_{n-2}(x) \end{cases} \tag{2-61}$$

图 2-11 为前四阶的 Chebyshev 多项式。由于 $T_n(1) = 1$ 时，衰减达到最大值，于是 $L_{Ar} = 10\lg(1 + \varepsilon)$，则 $\varepsilon = 10^{L_{Ar}/10} - 1$。

根据

$$L_{As} = 10\lg[1 + \varepsilon T_n^2(\omega_s)] = 10\lg[1 + \varepsilon \cosh^2(n\,\text{arcosh}\,\omega_s)] \qquad (2\text{-}62)$$

可得

$$n \geqslant \left[\frac{\text{arcosh}\sqrt{(10^{L_{As}/10} - 1)/\varepsilon}}{\text{arcosh}\,\omega_s'}\right] \qquad (2\text{-}63)$$

同理，应用网络综合法，可以综合出梯形电路形式的低通原型滤波器元件值为

$$\begin{cases} g_k = \dfrac{4Q_{k-1}Q_k}{b_{k-1}g_{k-1}} \\[2mm] g_{n+1} = \begin{cases} 1, & n\text{为奇数} \\[2mm] \tanh^2\left(\dfrac{\beta}{4}\right), & n\text{为偶数} \end{cases} \end{cases}$$

其中

$$\begin{cases} \beta = \ln\left(\coth\dfrac{L_{Ar}}{17.37}\right) \\[2mm] Q_k = \sin\left(\dfrac{2k-1}{2n}\pi\right) \\[2mm] b_k = \gamma^2 + \sin^2\left(\dfrac{k\pi}{n}\right) \\[2mm] \gamma = \sinh\left(\dfrac{\beta}{2n}\right) \end{cases} \qquad (2\text{-}64)$$

相对于 Butterworth 滤波器，Chebyshev 滤波器具有更陡的带外衰减，如图 2-12 所示。

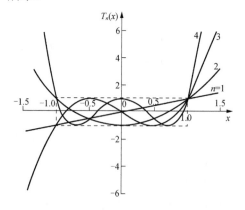

图 2-11　前四阶的 Chebyshev 多项式

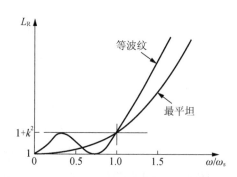

图 2-12　Chebyshev 滤波器与 Butterworth 滤波器的比较（$n=3$）

2.2.3　频率变换

利用频率变换，可以从低通原型滤波器的元件值得到任何滤波器的元件值。因此，滤波器的设计中只需对低通原型滤波器进行综合，其他滤波器通过频率变换就可以获得。频率变换的过程包括：①寻找频率变换关系式；②根据频率变换式和等衰减条件，获得所需滤波器的归一化元件值；③利用反归一化，获得所需滤波器的实际元件值。

1. 低通滤波器的变换

图 2-13 表示低通原型滤波器到低通滤波器的变换关系。频率变换公式为

$$\omega' = \frac{\omega}{\omega_1} \tag{2-65}$$

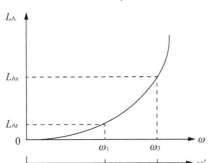

| ω | 0 | ω_1 | ω_3 | ∞ |
| ω' | 0 | 1 | ω_3' | ∞ |

图 2-13　低通滤波器的变换关系

求实际滤波器的归一化元件值——等衰减条件：

$$\overline{Z}_k(\omega) = \overline{Z}_k(\omega') \tag{2-66}$$

$$\mathrm{j}\omega\overline{L}_k = \mathrm{j}\omega' g_k, \quad \mathrm{j}\omega\overline{C}_i = \mathrm{j}\omega' g_i \rightarrow \overline{L}_k = \frac{g_k}{\omega_1}, \quad \overline{C}_i = \frac{g_i}{\omega_1} \tag{2-67}$$

求实际滤波器元件的真实值——反阻抗归一化：

$$\omega\overline{L}_k = \frac{\omega L_k}{Z_0}, \quad \omega\overline{C}_i = Z_0\omega C_i$$

$$g_{n+1} = \frac{R_{\mathrm{L}}}{Z_0} \text{（电阻）}$$

$$g_{n+1} = Z_0 G_{\mathrm{L}} \text{（电导）}$$

从而得到

$$\begin{cases} L_k = \overline{L}_k Z_0 = \dfrac{g_k}{\omega_1} Z_0 \\[2mm] C_i = \overline{C}_k \dfrac{1}{Z_0} = \dfrac{g_i}{\omega_1 Z_0} \\[2mm] R_L = g_{n+1} Z_0 \\[2mm] G_L = \dfrac{g_{n+1}}{Z_0} \end{cases} \qquad (2\text{-}68)$$

2. 高通滤波器

图 2-14 表示低通原型滤波器到高通滤波器的变换关系。频率变换公式为

$$\omega' = -\frac{\omega_1}{\omega}$$

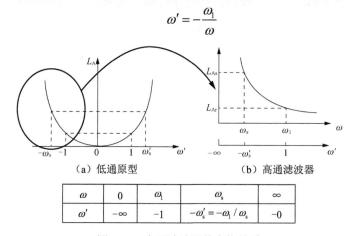

	（a）低通原型	（b）高通滤波器		
ω	0	ω_1	ω_s	∞
ω'	$-\infty$	-1	$-\omega'_s = -\omega_1 / \omega_s$	-0

图 2-14　高通滤波器的变换关系

高通滤波器的归一化元件值如下：

串联支路

$$\overline{Z}_k(\omega) = \mathrm{j}\omega' g_k = -\mathrm{j}\frac{\omega_1}{\omega} g_k = \frac{1}{\mathrm{j}\dfrac{\omega}{\omega_1 g_k}}$$

有

$$\overline{C}_i = \frac{1}{\omega_1 g_k}$$

并联支路

$$\overline{Y}_k(\omega) = \mathrm{j}\omega' g_i = \frac{1}{-\mathrm{j}\dfrac{\omega_1}{\omega} g_i} = \mathrm{j}\frac{\omega}{\omega_1 g_i}$$

有

$$\overline{L}_k = \frac{1}{\omega_1 g_i}$$

高通滤波器的实际元件值如下：

$$\begin{cases} \omega\overline{L}_i = \dfrac{\omega L_i}{Z_0} \\[2mm] \omega\overline{C}_k = Z_0\omega C_k \\[2mm] g_{n+1} = \dfrac{R_L}{Z_0}\,(\text{电阻}) = \dfrac{G_L}{Y_0} = Z_0 G_L\,(\text{电导}) \end{cases} \tag{2-69}$$

得到

$$\begin{cases} L_i = \dfrac{Z_0}{\omega_1 g_i} \\[2mm] C_k = \dfrac{1}{Z_0\omega_1 g_k} \\[2mm] R_L = g_{n+1} Z_0 \\[2mm] G_L = \dfrac{g_{n+1}}{Z_0} \end{cases} \tag{2-70}$$

注意，从低通原型到高通滤波器的变换中，低通原型中的串联电感变为串联电容，并联电容变为并联电感，如图 2-15 所示。

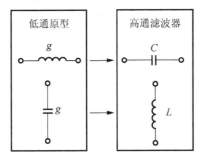

图 2-15　低通原型到高通滤波器的变换

3. 带通滤波器

图 2-16 表示低通原型滤波器到带通滤波器的变换关系。

频率变换公式介绍如下。设 $\omega' = A\omega - B\dfrac{1}{\omega}$，有

$$\begin{cases} -1 = A\omega_1 - B\dfrac{1}{\omega_1} \\[2mm] 1 = A\omega_2 - B\dfrac{1}{\omega_2} \\[2mm] 0 = A\omega_0 - B\dfrac{1}{\omega_0} \end{cases} \tag{2-71}$$

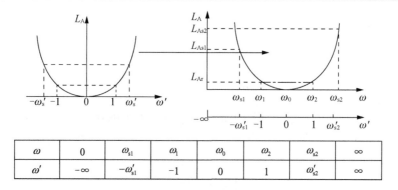

ω	0	ω_{s1}	ω_1	ω_0	ω_2	ω_{s2}	∞
ω'	$-\infty$	$-\omega'_{s1}$	-1	0	1	ω'_{s2}	∞

图 2-16　低通原型和带通的变换关系

进而得到

$$\omega' = \frac{\omega_0}{\omega_2 - \omega_1}\left(\frac{\omega}{\omega_0} - \frac{\omega_0}{\omega}\right) = \frac{1}{W}\left(\frac{\omega}{\omega_0} - \frac{\omega_0}{\omega}\right) \tag{2-72}$$

所以

$$\omega_0 = \sqrt{\omega_1\omega_2}\,, \qquad W = \frac{\omega_2 - \omega_1}{\omega_0} \tag{2-73}$$

下面求低通原型滤波器的元件值。这时会分别求出两个 n 值，为了都能满足衰减要求，应取其中大的 n 值。

求实际滤波器元件归一化值。首先应用等衰减条件于串联支路：

$$\overline{Z}_k(\omega) = j\omega' g_k = j\frac{1}{W}\left(\frac{\omega}{\omega_0} - \frac{\omega_0}{\omega}\right)g_k$$

$$= j\omega\frac{g_k}{W\omega_0} - j\frac{1}{\omega\left(\dfrac{W}{\omega_0 g_k}\right)} = j\left(\omega\overline{L}_k - \frac{1}{\omega\overline{C}_k}\right) \tag{2-74}$$

同理，应用等衰减条件于并联支路：

$$\overline{Y}_i(\omega) = \frac{1}{\overline{Z}_i(\omega)} = j\omega\frac{g_i}{W\omega_0} + \frac{1}{j\omega\left(\dfrac{W}{\omega_0 g_i}\right)} = j\omega\overline{C}_i + \frac{1}{j\omega\overline{L}_i} \tag{2-75}$$

可见，低通原型中的串联支路变换到带通滤波器中为串联谐振电路，如图 2-17 所示，且有

$$\overline{L}_k = \frac{g_k}{W\omega_0}\,, \qquad \overline{C}_k = \frac{W}{\omega_0 g_k} \tag{2-76}$$

并联支路变换到带通滤波器中为并联谐振电路，如图 2-17 所示，且有

$$\overline{L}_i = \frac{W}{\omega_0 g_i}\,, \qquad \overline{C}_i = \frac{g_i}{W\omega_0} \tag{2-77}$$

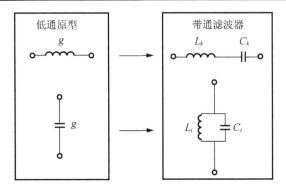

图 2-17 低通原型到带通滤波器的变换

图 2-18 为频率变换后的集总元件带通滤波器。

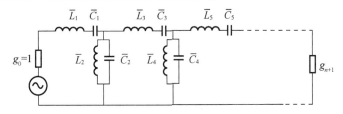

图 2-18 集总元件带通滤波器

4. 带阻滤波器

图 2-19 表示低通原型滤波器到带阻滤波器的变换关系。频率变换公式为

$$\omega' = \frac{W}{\dfrac{\omega_0}{\omega} - \dfrac{\omega}{\omega_0}} \tag{2-78}$$

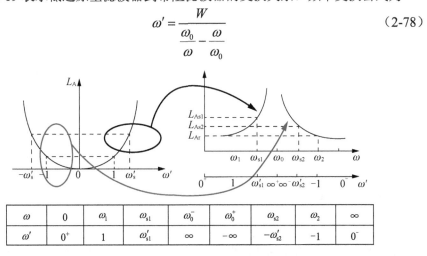

ω	0	ω_1	ω_{s1}	ω_0^-	ω_0^+	ω_{s2}	ω_2	∞
ω'	0^+	1	ω'_{s1}	∞	$-\infty$	$-\omega'_{s2}$	-1	0^-

图 2-19 低通原型到带阻滤波器的频率变换关系

低通原型中的串联支路变换到带阻滤波器中为并联的谐振电路，如图 2-20 所示，且有

$$\begin{cases} \overline{C}_k = \dfrac{1}{W\omega_0 g_k} \\[3mm] \overline{L}_k = \dfrac{Wg_k}{\omega_0} \end{cases}$$ （2-79）

并联支路变换到带通滤波器中为串联谐振电路，如图 2-20 所示，且有

$$\begin{cases} \overline{L}_i = \dfrac{1}{W\omega_0 g_i} \\[3mm] \overline{C}_i = \dfrac{Wg_i}{\omega_0} \end{cases}$$ （2-80）

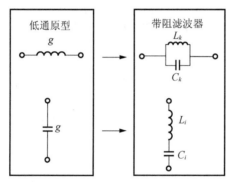

图 2-20　低通原型到带阻滤波器的变换

图 2-21 表示频率变换后的集总元件带阻滤波器。

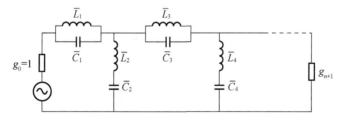

图 2-21　集总元件带阻滤波器

2.2.4　变形低通原型

利用频率变换可以从低通原型得到带通滤波器。带通滤波器的串联支路是串联谐振回路，而并联支路是并联谐振电路。这样的电路在低频实现问题不大，但在射频波段却常常遇到困难，难以实现。原因有两点：①许多电感和电容聚集在一点，射频结构不易实现；②变换后的电感和电容值可能相差较大，特别是串联

电路和并联电路的电感可能差两个数量级以上，不易实现。

为了解决这一困难，通常把 LC 低通原型变换成只有一种电感元件或只有一种电容元件的低通原型，称为变形低通原型。变换的办法是在 LC 梯形低通原型的各元件间加入 K 变换器或 J 变换器，以便把电感变换成电容，或电容变换成电感，最后得到只有一种电抗元件的低通原型。

变换原则：变换前后滤波器低通原型的衰减特性不变，即等衰减条件。

图 2-22 表示低通原型滤波器到变形低通原型的变换过程。

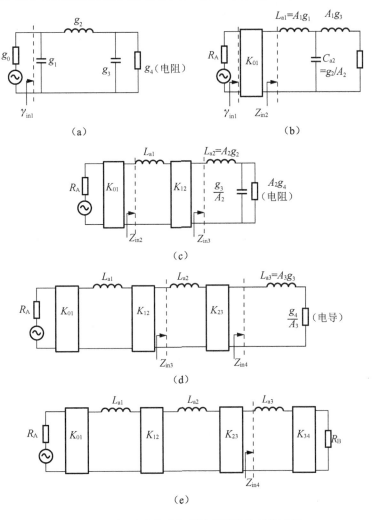

图 2-22　低通原型到变形低通原型的变换过程

1）含 K 变换器的只有一种元件的变形低通原型（图 2-23）

变换公式为

$$
\begin{cases}
K_{0,1} = \sqrt{\dfrac{Z_0 L_{a1}}{g_0 g_1}} \\[2mm]
K_{k,k+1} = \sqrt{\dfrac{L_{ak} L_{a(k+1)}}{g_k g_{k+1}}}, \quad k = 1, 2, \cdots, n-1 \\[2mm]
K_{n,n+1} = \sqrt{\dfrac{Z_{n+1} L_{an}}{g_n g_{n+1}}}
\end{cases}
\tag{2-81}
$$

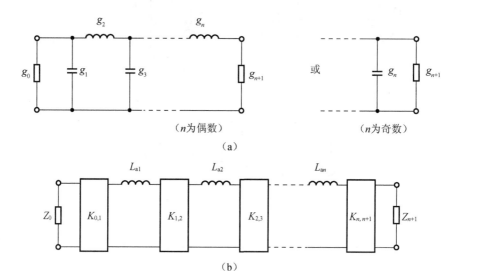

图 2-23　含 K 变换器的只有一种元件的变形低通原型

2）含 J 变换器的只有一种元件的变形低通原型（图 2-24）

变换公式为

$$
\begin{cases}
J_{0,1} = \sqrt{\dfrac{Y_0 C_{a1}}{g_0 g_1}} \\[2mm]
J_{k,k+1} = \sqrt{\dfrac{C_{ak} C_{a(k+1)}}{g_k g_{k+1}}}, \quad k = 1, 2, \cdots, n-1 \\[2mm]
J_{n,n+1} = \sqrt{\dfrac{Y_{n+1} C_{an}}{g_n g_{n+1}}}
\end{cases}
\tag{2-82}
$$

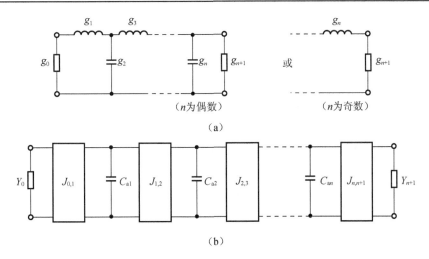

图 2-24　含 J 变换器的只有一种元件的变形低通原型

2.3　广义Chebyshev函数滤波器的综合理论

　　射频/微波滤波器是无线通信系统前端的基本部件。随着无线通信的发展，频谱越来越拥挤，系统对滤波器的技术指标要求，尤其是矩形度的要求，也越来越严格。传统 Butterworth 滤波器和 Chebyshev 滤波器已经难以满足要求。引入有限传输零点的交叉耦合滤波器是目前最常用的选择，通常采用广义 Chebyshev 函数实现。与传统滤波器相比，这种滤波器不仅满足了指标特性，同时能够减少谐振腔的个数，降低设计成本和滤波器体积。但是这种滤波器的综合和设计相对复杂，具有一定的难度。

　　耦合谐振电路是微波/射频滤波器设计中的一个重要因素，尤其是对于在许多无线通信领域中发挥着重要作用的窄带带通滤波器的设计。耦合谐振电路设计滤波器的方法适用于任何类型和任何结构的滤波器，如波导滤波器、介质滤波器、陶瓷梳状滤波器、微带滤波器、超导体滤波器和微加工滤波器。这种设计方法基于谐振器之间的耦合系数和输入输出的外部 Q_e 值。随着计算机和各种仿真软件的发展，这种设计方法的灵活性越来越强，同时对理论计算和测量方法也有很大的应用价值。代表滤波器拓扑结构和特性的耦合矩阵同样也是现代交叉耦合滤波器综合设计的重点。

　　求取耦合矩阵的方法可以分成综合方法和优化方法。最具代表性的交叉耦合滤波器的综合方法为 Levy、Atia 和 Cameron 等提出的综合方法[4-19]。这些方法都是交叉耦合滤波器综合理论的核心。但是这些方法的前提条件是已知滤波器阶数和传输零点。而如何提取滤波器阶数和传输零点却很少有文章论及，通常是根据经验或反复实验决定，费时费力。本节根据滤波器的设计指标，针对如何确定滤波器阶数和传输零点的问题，提出了两种新的解决方法[20, 21]。这两种方法都利用由广义 Chebyshev 函数的极值特性推导出传输极值点频率与传输零点的关系。

　　本节基于交叉耦合滤波器的等效电路图，将广义 Chebyshev 函数滤波器的耦合矩阵的综合方法分成四步。

　　（1）根据滤波器设计指标确定滤波器的阶数和传输零点，然后采用两种方法由传输零点推导出广义 Chebyshev 函数的传输和反射多项式。虽然这两种方法已经在文献[9]和文献[22]中进行了介绍，但是推导过程不详细，这里将分别给出这两种方法的详细推导过程。

　　（2）利用二端口网络的策动点函数与网络 S 参数的关系，推导综合出广义 Chebyshev 函数的传输和反射多项式与导纳参数的关系。

　　（3）基于交叉耦合结构的等效电路图，在文献[9]的基础上更为详细地推导二端口网络的导纳参数多项式的留数与耦合矩阵的特征值和特征向量的关系。利用这种关系可以综合出 N 阶耦合矩阵和 $N+2$ 阶完全规范结构的耦合矩阵。

　　（4）对第 3 步得到的耦合矩阵进行化简，可以得到利于物理实现的滤波器拓扑结构。采用文献[9]的化简方法只能得到折叠规范结构，这里还将详细分析另一种化简耦合矩阵的方法，但是该方法具有一定的局限性，不能针对高于 12 阶的耦合矩阵。

2.3.1　传输零点的提取

　　本节首先利用广义 Chebyshev 函数的极值特性推导出传输极值点频率与传输零点的关系；然后根据滤波器的设计指标，结合传输极值点频率对应通带外最小工作衰减的关系，得到两种提取滤波器阶数和传输零点的方法。方法一在满足设计指标条件下，实现了广义 Chebyshev 滤波器阶数最少。虽然方法一得到的滤波器阶数最少，但是传输零点的位置是固定的，而且此时滤波器阶数和传输零点的组合并不一定是实际滤波器设计的最优选择，所以我们在方法一的基础上进行改进，提出方法二。方法二在满足设计指标的条件下，实现了多组滤波器阶数和传输零点的组合，而且在滤波器阶数和传输零点个数固定的条件下，传输零点位置可以选择。这两种方法给出了设计交叉耦合滤波器时确定滤波器阶数和传输零点的理论依据，弥补传输零点人为设置的随意性，有效地缩短了滤波器的设计周期。

　　1.　广义 Chebyshev 传输函数的特性

　　广义 Chebyshev 传输函数见式（2-50）～式（2-53）。广义 Chebyshev 低通原型滤波器的工作衰减定义为

$$L_A(\omega) = -10\lg|S_{21}|^2 = 10\lg\left[1 + \varepsilon^2 C_N^2(\omega)\right]$$

$$= 10\lg\left[1 + \varepsilon^2 \cosh^2\left(\sum_{i=1}^{k} \mathrm{arcosh}\, x_i + m\,\mathrm{arcosh}\,\omega\right)\right] \qquad （2\text{-}83）$$

图 2-25 给出了典型广义 Chebyshev 低通原型滤波器的工作衰减曲线。图中，ω_1 是技术指标要求的角频率；L_{As} 是技术指标要求的通带外最小衰减，即当角频率大于 ω_1 时工作衰减大于 L_{As}；ω_0 是传输零点对应的角频率；ω_e 是通带外衰减函数极小值对应的传输极值点角频率，对应的衰减值是 L_{As}；ω_1' 是通带外最小衰减 L_{As} 对应的带外最小角频率。根据通带内最大衰减 L_{Ar}，可以确定 $\varepsilon = \sqrt{10^{-L_{Ar}/10}-1}$。

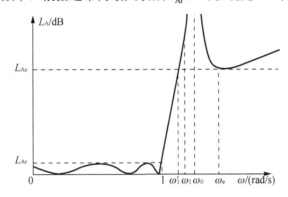

图 2-25　一般广义 Chebyshev 滤波器工作衰减特性

传统 Chebyshev 低通原型滤波器的工作衰减为

$$L_A(\omega) = 10\lg\left[1+\varepsilon^2\cosh^2\left(N\operatorname{arcosh}\omega\right)\right] \tag{2-84}$$

传统滤波器阶数为

$$N \geqslant \frac{\operatorname{arcosh}\left(\sqrt{10^{L_{As}/10}-1}\Big/\sqrt{10^{L_{Ar}/10}-1}\right)}{\operatorname{arcosh}\omega_1} \tag{2-85}$$

当 $\omega = 1$ 时，式（2-83）和式（2-84）都等于 L_{Ar}，所以广义 Chebyshev 低通原型滤波器与传统 Chebyshev 低通原型滤波器具有相同的通带衰减特性。

2. 传输极值点和传输零点关系

根据 ω_e 处工作衰减的极值特性，有

$$\left.\frac{\partial L_A(\omega)}{\partial \omega}\right|_{\omega=\omega_e} = 0 \tag{2-86}$$

通过式（2-86）推导出：

$$\left.\frac{\partial C_N(\omega)}{\partial \omega}\right|_{\omega=\omega_e} = 0 \tag{2-87}$$

令 $f(\omega) = \sum_{i=1}^{k}\operatorname{arcosh}x_i + m\operatorname{arcosh}\omega$，有

$$\left.\frac{\partial C_N(\omega)}{\partial \omega}\right|_{\omega=\omega_e} = \left\{\sinh[f(\omega)]\times\frac{\partial f(\omega)}{\partial \omega}\right\}\Bigg|_{\omega=\omega_e} = 0 \tag{2-88}$$

因为 $\omega = \omega_e$ 时，$\sinh[f(\omega_e)] \neq 0$，所以，

$$\left. \frac{\partial f(\omega)}{\partial \omega} \right|_{\omega = \omega_e} = 0 \tag{2-89}$$

即

$$\left[\sum_{i=1}^{k} \frac{\partial \operatorname{arcosh} x_i}{\partial \omega} + m \frac{\partial \operatorname{arcosh} \omega}{\partial \omega} \right]_{\omega = \omega_e}$$

$$= \sum_{i=1}^{k} \left(-\frac{\sqrt{\omega_{oi}^2 - 1}}{\sqrt{\omega_e^2 - 1}} \times \frac{1}{|\omega_e - \omega_{oi}|} \right) + \frac{m}{\sqrt{\omega_e^2 - 1}} \tag{2-90}$$

$$= 0$$

由式（2-90）得

$$\begin{cases} \displaystyle\sum_{\substack{i=1 \\ \omega_{oi} > 0}}^{k_1} \frac{\sqrt{\omega_{oi}^2 - 1}}{\omega_e - \omega_{oi}} - \sum_{\substack{i=1 \\ \omega_{oi} < 0}}^{k_2} \frac{\sqrt{\omega_{oi}^2 - 1}}{\omega_e - \omega_{oi}} = m \\ k_1 + k_2 = k \end{cases} \tag{2-91}$$

式中，k_1 为传输零点大于零的传输零点个数；k_2 为传输零点小于零的传输零点个数。表 2-1 和表 2-2 分别给出 $k = 1$ 和 2 时，传输极值点和传输零点关系的表达式。

当 $k \geqslant 3$ 时，展开式（2-91）有

$$a_k \omega_e^k + a_{k-1} \omega_e^{k-1} + \cdots + a_2 \omega_e^2 + a_1 \omega_e + a_0 = 0 \tag{2-92}$$

式中，$a_i (i = 0, 1, \cdots, k)$ 是传输零点 $\omega_{oi} (i = 1, 2, \cdots, k)$ 的复合表达式。表 2-3 和表 2-4 给出了 $k = 3$ 和 4 时，$a_i (i = 0, 1, \cdots, k)$ 的表达式。

表 2-1　$k = 1$ 时传输极值点和传输零点关系

（1）	$1 < \omega_{o1} < \omega_{e1}$
	$\omega_{e1} = \omega_{o1} + \dfrac{1}{m} \sqrt{\omega_{o1}^2 - 1}$
（2）	$\omega_{e1} < \omega_{o1} < -1$
	$\omega_{e1} = \omega_{o1} - \dfrac{1}{m} \sqrt{\omega_{o1}^2 - 1}$

表 2-2　$k = 2$ 时传输极值点和传输零点关系

	$\omega_{e1,2} = \dfrac{-b \pm \sqrt{b^2 - 4ac}}{2a}$
	$1 < \omega_{o1} < \omega_{e1} < \omega_{o2} < \omega_{e2}$
（1）	$\begin{cases} a = -m \\ b = m(\omega_{o1} + \omega_{o2}) - \sqrt{\omega_{o1}^2 - 1} - \sqrt{\omega_{o2}^2 - 1} \\ c = m\omega_{o1}\omega_{o2} + \omega_{o2}\sqrt{\omega_{o1}^2 - 1} + \omega_{o1}\sqrt{\omega_{o2}^2 - 1} \end{cases}$

续表

（2）	$\omega_{e1} < \omega_{o1} < -1, 1 < \omega_{o2} < \omega_{e2}$ $\begin{cases} a = -m \\ b = m(\omega_{o1}+\omega_{o2}) + \sqrt{\omega_{o1}^2-1} - \sqrt{\omega_{o2}^2-1} \\ c = m\omega_{o1}\omega_{o2} - \omega_{o2}\sqrt{\omega_{o1}^2-1} + \omega_{o1}\sqrt{\omega_{o2}^2-1} \end{cases}$
（3）	$\omega_{e2} < \omega_{o2} < \omega_{e1} < \omega_{o1} < -1$ $\begin{cases} a = -m \\ b = m(\omega_{o1}+\omega_{o2}) + \sqrt{\omega_{o1}^2-1} + \sqrt{\omega_{o2}^2-1} \\ c = m\omega_{o1}\omega_{o2} - \omega_{o2}\sqrt{\omega_{o1}^2-1} - \omega_{o1}\sqrt{\omega_{o2}^2-1} \end{cases}$

表 2-3　k=3 时传输极值点和传输零点关系

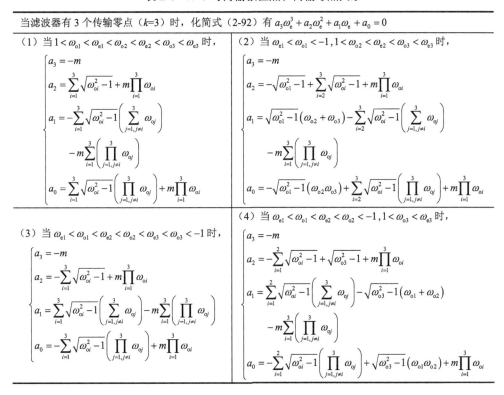

当滤波器有 3 个传输零点（k=3）时，化简式（2-92）有 $a_3\omega_e^3 + a_2\omega_e^2 + a_1\omega_e + a_0 = 0$

（1）当 $1 < \omega_{o1} < \omega_{e1} < \omega_{o2} < \omega_{e2} < \omega_{o3} < \omega_{e3}$ 时，

$$\begin{cases} a_3 = -m \\ a_2 = \sum_{i=1}^{3}\sqrt{\omega_{oi}^2-1} + m\prod_{i=1}^{3}\omega_{oi} \\ a_1 = -\sum_{i=1}^{3}\sqrt{\omega_{oi}^2-1}\left(\sum_{j=1,j\neq i}^{3}\omega_{oj}\right) \\ \qquad - m\sum_{i=1}^{3}\left(\prod_{j=1,j\neq i}^{3}\omega_{oj}\right) \\ a_0 = \sum_{i=1}^{3}\sqrt{\omega_{oi}^2-1}\left(\prod_{j=1,j\neq i}^{3}\omega_{oj}\right) + m\prod_{i=1}^{3}\omega_{oi} \end{cases}$$

（2）当 $\omega_{e1} < \omega_{o1} < -1, 1 < \omega_{o2} < \omega_{e2} < \omega_{o3} < \omega_{e3}$ 时，

$$\begin{cases} a_3 = -m \\ a_2 = -\sqrt{\omega_{o1}^2-1} + \sum_{i=2}^{3}\sqrt{\omega_{oi}^2-1} + m\prod_{i=1}^{3}\omega_{oi} \\ a_1 = \sqrt{\omega_{o1}^2-1}(\omega_{o2}+\omega_{o3}) - \sum_{i=2}^{3}\sqrt{\omega_{oi}^2-1}\left(\sum_{j=1,j\neq i}^{3}\omega_{oj}\right) \\ \qquad - m\sum_{i=1}^{3}\left(\prod_{j=1,j\neq i}^{3}\omega_{oj}\right) \\ a_0 = -\sqrt{\omega_{o1}^2-1}(\omega_{o2}\omega_{o3}) + \sum_{i=2}^{3}\sqrt{\omega_{oi}^2-1}\left(\prod_{j=1,j\neq i}^{3}\omega_{oj}\right) + m\prod_{i=1}^{3}\omega_{oi} \end{cases}$$

（3）当 $\omega_{e1} < \omega_{o1} < \omega_{e2} < \omega_{o2} < \omega_{e3} < \omega_{o3} < -1$ 时，

$$\begin{cases} a_3 = -m \\ a_2 = -\sum_{i=1}^{3}\sqrt{\omega_{oi}^2-1} + m\prod_{i=1}^{3}\omega_{oi} \\ a_1 = \sum_{i=1}^{3}\sqrt{\omega_{oi}^2-1}\left(\sum_{j=1,j\neq i}^{3}\omega_{oj}\right) - m\sum_{i=1}^{3}\left(\prod_{j=1,j\neq i}^{3}\omega_{oj}\right) \\ a_0 = -\sum_{i=1}^{3}\sqrt{\omega_{oi}^2-1}\left(\prod_{j=1,j\neq i}^{3}\omega_{oj}\right) + m\prod_{i=1}^{3}\omega_{oi} \end{cases}$$

（4）当 $\omega_{e1} < \omega_{o1} < \omega_{e2} < \omega_{o2} < -1, 1 < \omega_{o3} < \omega_{e3}$ 时，

$$\begin{cases} a_3 = -m \\ a_2 = -\sum_{i=1}^{2}\sqrt{\omega_{oi}^2-1} + \sqrt{\omega_{o3}^2-1} + m\prod_{i=1}^{3}\omega_{oi} \\ a_1 = \sum_{i=1}^{2}\sqrt{\omega_{oi}^2-1}\left(\sum_{j=1,j\neq i}^{3}\omega_{oj}\right) - \sqrt{\omega_{o3}^2-1}(\omega_{o1}+\omega_{o2}) \\ \qquad - m\sum_{i=1}^{3}\left(\prod_{j=1,j\neq i}^{3}\omega_{oj}\right) \\ a_0 = -\sum_{i=1}^{2}\sqrt{\omega_{oi}^2-1}\left(\prod_{j=1,j\neq i}^{3}\omega_{oj}\right) + \sqrt{\omega_{o3}^2-1}(\omega_{o1}\omega_{o2}) + m\prod_{i=1}^{3}\omega_{oi} \end{cases}$$

表 2-4　k=4 时传输极值点和传输零点关系

当滤波器有 4 个传输零点（k=4）时，化简式（2-92）有 $a_4\omega_e^4 + a_3\omega_e^3 + a_2\omega_e^2 + a_1\omega_e + a_0 = 0$

（1）当 $1 < \omega_{o1} < \omega_{e1} < \omega_{o2} < \omega_{e2} < \omega_{o3} < \omega_{e3} < \omega_{o4} < \omega_{e4}$ 时，

（2）当 $\omega_{e1} < \omega_{o1} < -1, 1 < \omega_{o2} < \omega_{e2} < \omega_{o3} < \omega_{e3} < \omega_{o4} < \omega_{e4}$ 时，

$$\begin{cases} a_4 = -m \\ a_3 = \sum_{i=1}^{4}\sqrt{\omega_{oi}^2-1} + m\prod_{i=1}^{4}\omega_{oi} \\ a_2 = -\sum_{i=1}^{4}\sqrt{\omega_{oi}^2-1}\left(\sum_{j=1,j\neq i}^{4}\omega_{oj}\right) \\ \qquad - m\sum_{i=1}^{4}\left(\prod_{j=1,j\neq i}^{4}\omega_{oj}\right) \\ a_1 = \sum_{i=1}^{4}\sqrt{\omega_{oi}^2-1}\left[\sum_{j=1,j\neq i}^{4}\left(\prod_{k=1,k\neq i,k\neq j}^{4}\omega_{ok}\right)\right] \\ \qquad + m\sum_{i=1}^{4}\left(\prod_{j=1,j\neq i}^{4}\omega_{oj}\right) \\ a_0 = -\sum_{i=1}^{4}\sqrt{\omega_{oi}^2-1}\left(\prod_{j=1,j\neq i}^{4}\omega_{oj}\right) - m\prod_{i=1}^{4}\omega_{oi} \end{cases}$$

$$\begin{cases} a_4 = -m \\ a_3 = -\sqrt{\omega_{o1}^2-1} + \sum_{i=2}^{4}\sqrt{\omega_{oi}^2-1} + m\prod_{i=1}^{4}\omega_{oi} \\ a_2 = \sqrt{\omega_{o1}^2-1}\left(\sum_{j=2}^{4}\omega_{oj}\right) - \sum_{i=2}^{4}\sqrt{\omega_{oi}^2-1}\left(\sum_{j=1,j\neq i}^{4}\omega_{oj}\right) \\ \qquad - m\sum_{i=1}^{4}\left(\prod_{j=1,j\neq i}^{4}\omega_{oj}\right) \\ a_1 = -\sqrt{\omega_{o1}^2-1}\left[\sum_{j=2}^{4}\left(\prod_{k=2,k\neq j}^{4}\omega_{ok}\right)\right] \\ \qquad + \sum_{i=2}^{4}\sqrt{\omega_{oi}^2-1}\left[\sum_{j=1,j\neq i}^{4}\left(\prod_{k=1,k\neq i,k\neq j}^{4}\omega_{ok}\right)\right] + m\sum_{i=1}^{4}\left(\prod_{j=1,j\neq i}^{4}\omega_{oj}\right) \\ a_0 = \sqrt{\omega_{o1}^2-1}\left(\prod_{j=2}^{4}\omega_{oj}\right) - \sum_{i=2}^{4}\sqrt{\omega_{oi}^2-1}\left(\prod_{j=1,j\neq i}^{4}\omega_{oj}\right) - m\prod_{i=1}^{4}\omega_{oi} \end{cases}$$

（3）当 $\omega_{e1} < \omega_{o1} < \omega_{e2} < \omega_{o2} < \omega_{e3} < \omega_{o3} < \omega_{e4} < \omega_{o4} < -1$ 时，

$$\begin{cases} a_4 = -m \\ a_3 = -\sum_{i=1}^{4}\sqrt{\omega_{oi}^2-1} + m\prod_{i=1}^{4}\omega_{oi} \\ a_2 = \sum_{i=1}^{4}\sqrt{\omega_{oi}^2-1}\left(\sum_{j=1,j\neq i}^{4}\omega_{oj}\right) - m\sum_{i=1}^{4}\left(\prod_{j=1,j\neq i}^{4}\omega_{oj}\right) \\ a_1 = -\sum_{i=1}^{4}\sqrt{\omega_{oi}^2-1}\left[\sum_{j=1,j\neq i}^{4}\left(\prod_{k=1,k\neq i,k\neq j}^{4}\omega_{ok}\right)\right] \\ \qquad + m\sum_{i=1}^{4}\left(\prod_{j=1,j\neq i}^{4}\omega_{oj}\right) \\ a_0 = \sum_{i=1}^{4}\sqrt{\omega_{oi}^2-1}\left(\prod_{j=1,j\neq i}^{4}\omega_{oj}\right) - m\prod_{i=1}^{4}\omega_{oi} \end{cases}$$

（4）当 $\omega_{e1} < \omega_{o1} < \omega_{e2} < \omega_{o2} < \omega_{e3} < \omega_{o3} < -1, 1 < \omega_{o4} < \omega_{e4}$ 时，

$$\begin{cases} a_4 = -m \\ a_3 = -\sum_{i=1}^{3}\sqrt{\omega_{oi}^2-1} + \sqrt{\omega_{o4}^2-1} + m\prod_{i=1}^{4}\omega_{oi} \\ a_2 = \sum_{i=1}^{3}\sqrt{\omega_{oi}^2-1}\left(\sum_{j=1,j\neq i}^{4}\omega_{oj}\right) - \sqrt{\omega_{o4}^2-1}\left(\sum_{j=1}^{3}\omega_{oj}\right) \\ \qquad - m\sum_{i=1}^{4}\left(\prod_{j=1,j\neq i}^{4}\omega_{oj}\right) \\ a_1 = -\sum_{i=1}^{3}\sqrt{\omega_{oi}^2-1}\left[\sum_{j=1,j\neq i}^{4}\left(\prod_{k=1,k\neq i,k\neq j}^{4}\omega_{ok}\right)\right] \\ \qquad + \sqrt{\omega_{o4}^2-1}\left[\sum_{j=1}^{3}\left(\prod_{k=1,k\neq j}^{3}\omega_{ok}\right)\right] + m\sum_{i=1}^{4}\left(\prod_{j=1,j\neq i}^{4}\omega_{oj}\right) \\ a_0 = \sum_{i=1}^{3}\sqrt{\omega_{oi}^2-1}\left(\prod_{j=1,j\neq i}^{4}\omega_{oj}\right) - \sqrt{\omega_{o4}^2-1}\left(\prod_{j=1}^{3}\omega_{oj}\right) + \prod_{i=1}^{4}\omega_{oi} \end{cases}$$

（5）当 $\omega_{e1} < \omega_{o1} < \omega_{e2} < \omega_{o2} < -1, 1 < \omega_{o3} < \omega_{e3} < \omega_{o4} < \omega_{e4}$ 时，

$$\begin{cases} a_4 = -m \\ a_3 = -\sum_{i=1}^{2}\sqrt{\omega_{oi}^2-1} + \sum_{i=3}^{4}\sqrt{\omega_{oi}^2-1} + m\prod_{i=1}^{4}\omega_{oi} \\ a_2 = \sum_{i=1}^{2}\sqrt{\omega_{oi}^2-1}\left(\sum_{j=1,j\neq i}^{4}\omega_{oj}\right) - \sum_{i=3}^{4}\sqrt{\omega_{oi}^2-1}\left(\sum_{j=1,j\neq i}^{4}\omega_{oj}\right) - m\sum_{i=1}^{4}\left(\prod_{j=1,j\neq i}^{4}\omega_{oj}\right) \\ a_1 = -\sum_{i=1}^{2}\sqrt{\omega_{oi}^2-1}\left[\sum_{j=1,j\neq i}^{4}\left(\prod_{k=1,k\neq i,k\neq j}^{4}\omega_{ok}\right)\right] + \sum_{i=3}^{4}\sqrt{\omega_{oi}^2-1}\left[\sum_{j=1,j\neq i}^{4}\left(\prod_{k=1,k\neq i,k\neq j}^{4}\omega_{ok}\right)\right] + m\sum_{i=1}^{4}\left(\prod_{j=1,j\neq i}^{4}\omega_{oj}\right) \\ a_0 = \sum_{i=1}^{2}\sqrt{\omega_{oi}^2-1}\left(\prod_{j=1,j\neq i}^{4}\omega_{oj}\right) - \sum_{i=3}^{4}\sqrt{\omega_{oi}^2-1}\left(\prod_{j=1,j\neq i}^{4}\omega_{oj}\right) - m\prod_{i=1}^{4}\omega_{oi} \end{cases}$$

对于传输零点个数 $k \geq 5$ 时，均可按照上面的思路展开。

3. 提取滤波器阶数和传输零点方法一

方法一在满足设计指标条件下，实现了广义 Chebyshev 滤波器阶数最少的目的。该方法主要是利用传输极值点频率对应通带外最小衰减的关系，得到一组关于传输零点和通带外最小衰减的非线性方程组，解该方程组可求出传输零点。基于此和滤波器阶数与传输零点最大值的关系，我们提出提取滤波器阶数和传输零点的过程。

具有多个传输零点的极值处非线性方程组为

$$
\begin{cases}
L_{\text{As1}} = 10\lg\left\{1 + \varepsilon^2 \cosh^2\left[\sum_{i=1}^{k}\text{arcosh}\left(\dfrac{1-\omega_{\text{s1}}\omega_{oi}}{\omega_{\text{s1}}-\omega_{oi}}\right) + m\,\text{arcosh}\,\omega_{\text{s1}}\right]\right\} \\
\qquad\qquad\qquad\qquad\qquad\vdots \\
L_{\text{As}k} = 10\lg\left\{1 + \varepsilon^2 \cosh^2\left[\sum_{i=1}^{k}\text{arcosh}\left(\dfrac{1-\omega_{\text{s}k}\omega_{oi}}{\omega_{\text{s}k}-\omega_{oi}}\right) + m\,\text{arcosh}\,\omega_{\text{s}k}\right]\right\}
\end{cases}
\tag{2-93}
$$

联立式（2-93）和式（2-91），可求得传输零点。再将所求传输零点代入式（2-83），即可求得图 2-25 中所示的带外最小衰减 L_{As} 对应的带外最小角频率 ω_1'。

$$
L_{\text{As}} = 10\lg\left\{1 + \varepsilon^2 \cosh^2\left[\sum_{i=1}^{k}\text{arcosh}\left(\dfrac{1-\omega_1'\omega_{oi}}{\omega_1'-\omega_{oi}}\right) + m\,\text{arcosh}\,\omega_1'\right]\right\}
\tag{2-94}
$$

我们知道，广义 Chebyshev 滤波器的阶数越高，通带外衰减特性越好；在阶数不变的情况下，引入传输零点的个数越多，通带外衰减特性越好。具有带外等波纹特性的广义 Chebyshev 滤波器为最优滤波器[23]。对于 N 阶滤波器，最多能有 $N-2$ 个有限传输零点[9]。

滤波器设计技术指标是当角频率大于 ω_1 时工作衰减大于 L_{As}。图 2-26 比较了具有 1 个但位置不同的传输零点的四阶广义 Chebyshev 滤波器的工作衰减特性，其中实线表示传输极值点频率处的工作衰减等于带外抑制指标 L_{As} 的临界状况。如果此时不满足 $\omega_1 \geqslant \omega_1'$，可将传输零点向通带移动，直至满足 $\omega_1 \geqslant \omega_1'$，如图 2-26 中的虚线所示。但是，根据广义 Chebyshev 函数特性，传输极值点频率处的工作衰减会随着传输零点向通带移动而减小，即小于带外抑制指标 L_{As} 的临界状况。所以此时为了满足指标，在不增加传输零点个数的条件下必须增加滤波器的阶数。

基于这三点，初始化滤波器阶数 $N=3$ 和传输零点个数 $k=1$，然后根据前面的方法求出传输零点和 ω_1'，判断是否满足 $\omega_1 \geqslant \omega_1'$。如果不满足，则增加一阶滤波器阶数，然后重新按照前面的方法求出传输零点和 ω_1'，判断是否满足 $\omega_1 \geqslant \omega_1'$。如果不满足，为保证 $k=N-2$ 的关系，所以必须增加一个传输零点，然后重新求传输零点和 ω_1'，判断是否满足 $\omega_1 \geqslant \omega_1'$。如果不满足，则按照前面的方法继续增大滤波器阶数和传输零点的个数，直至满足技术指标要求 $\omega_1 \geqslant \omega_1'$，此时，$N$ 和传输零点就是满足指标要求的值。通过这样的方法确定的滤波器的阶数最少，传输零点的位置最佳。整个提取滤波器阶数和传输零点流程见图 2-27。

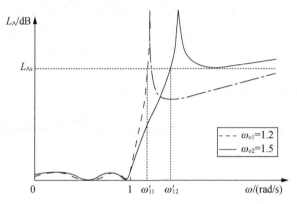

图 2-26　具有 1 个传输零点的广义 Chebyshev 滤波器比较（$N=4$）

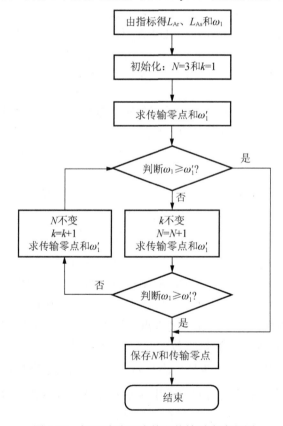

图 2-27　提取滤波器阶数和传输零点流程图

应用举例如下。

例 2-1 低通滤波器技术指标为：截止频率 $f_1 = 1.5\text{GHz}$；通带内最大衰减 $L_{Ar} = 0.5\text{dB}$；当 $f \geqslant 1.86\text{GHz}$ 时，通带外最小衰减 $L_{As} \geqslant 20\text{dB}$。

表 2-5 给出了采用传统方法与本章提出的新方法设计的广义 Chebyshev 低通原型的结果比较。通过低通原型到低通滤波器的频率变换，图 2-28 给出了由本章方法与传统方法得到的工作衰减特性曲线比较，其中圆圈表示设计指标 $(\omega_1, L_{As}) = (1.86\text{GHz}, 20\text{dB})$。从图 2-28 中可以看出，通过新方法引入 1 个传输零点，不仅满足了技术指标要求，也降低了滤波器阶数。

表 2-5 传统方法与本章方法的比较（带内波纹系数 $\varepsilon = 0.3493$）

	传统方法	新方法
滤波器阶数	6	3
传输零点频率/（rad/s）	无零点	$\omega_{o1} = 1.3061$
传输极值点频率/（rad/s）	—	$\omega_{e1} = 1.7262$
ω_1' /（rad/s）	1.2356	1.2270

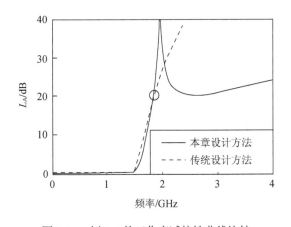

图 2-28 例 2-1 的工作衰减特性曲线比较

例 2-2 带通滤波器技术指标为：中心频率 $f_0 = 3\text{GHz}$；相对带宽 $\text{FBW} = 0.035$；回波损耗 $\text{RL} = 30\text{dB}$；当 $f \geqslant 3.12\text{GHz}$ 时，通带外最小衰减 $L_{As} \geqslant 40\text{dB}$；当 $f \leqslant 2.91\text{GHz}$ 时，通带外最小衰减 $L_{As} \geqslant 26\text{dB}$。

表 2-6 给出了采用传统方法与本章方法设计的低通原型的结果比较。通过低通原型到带通滤波器的频率变换，图 2-29 给出了本章方法与传统方法得到的工作衰减特性曲线比较。其中圆圈表示 $(\omega_1, L_{As}) = (2.91\text{GHz}, 26\text{dB})$ 和 $(\omega_1, L_{As}) = (3.12\text{GHz}, 40\text{dB})$。从图 2-29 中可以看出，通过新方法在高低阻带各引入 1 个传输零点，不仅满足了技术指标要求，也降低了滤波器阶数。

表 2-6　传统方法与本章方法的比较（带内波纹系数 ε =0.0316）

	传统方法	新方法
滤波器阶数	7	5
传输零点频率/（rad/s）	无零点	$\omega_{o1} = -1.6132$,　　$\omega_{o2} = 2.2729$
传输极值点频率/（rad/s）	—	$\omega_{e1} = -1.9769$,　　$\omega_{e2} = 2.8961$
ω'_1 /（rad/s）	$\omega'_{11} = -1.5667$,　　$\omega'_{12} = 1.8888$	$\omega'_{11} = -1.5314$,　　$\omega'_{12} = 2.1610$

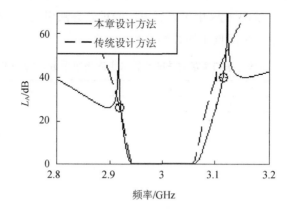

图 2-29　例 2-2 的工作衰减特性曲线比较

例2-3　带通滤波器技术指标为：中心频率 $f_0 = 950\text{MHz}$；相对带宽 FBW=0.04；通带内最大衰减 $L_{Ar} = 0.5\text{dB}$；当 $f \geqslant 976.2\text{MHz}$ 时，带外最小衰减 $L_{As} \geqslant 54\text{dB}$；当 $f \geqslant 994.2\text{MHz}$ 时，带外最小衰减 $L_{As} \geqslant 80\text{dB}$。

表 2-7 给出了采用传统方法与本章方法设计的低通原型的结果比较。通过低通原型到带通滤波器的频率变换，图 2-30 给出由本章方法与传统方法得到的工作衰减特性曲线比较，其中圆圈表示设计指标 (ω_1, L_{As}) = （976.2MHz, 54dB）和 (ω_1, L_{As}) = （994MHz, 80dB）。从图 2-30 中可以看出，通过新方法在高阻带引入 3 个传输零点，满足了技术指标要求，也降低了滤波器阶数。

表 2-7　传统方法与本章方法的比较（带内波纹系数 ε =0.3493）

	传统方法	新方法
滤波器阶数	10	5
传输零点频率/（rad/s）	无零点	$\omega_{o1} = 1.3948$,　　$\omega_{o2} = 2.3796$ $\omega_{o3} = 3.8501$
传输极值点频率/（rad/s）	—	$\omega_{e1} = 1.5510$,　　$\omega_{e2} = 2.8185$ $\omega_{e3} = 6.6805$
ω'_1 /（rad/s）	$\omega'_{11} = 1.3341$,　　$\omega'_{12} = 1.6626$	$\omega'_{11} = 1.3549$,　　$\omega'_{12} = 2.1532$

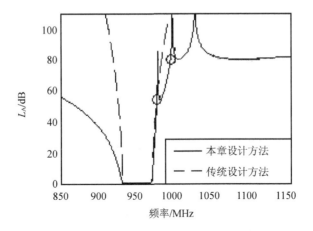

图 2-30　例 2-3 的工作衰减特性曲线比较

4. 提取滤波器阶数和传输零点方法二

通过方法一得到的滤波器阶数最少，但是传输零点的位置是固定的，而且这种滤波器阶数和传输零点的组合并不一定是实际滤波器设计的最优选择。基于方法一提出一种更适合实际滤波器设计的方法二，通过该方法可以得到满足指标要求的多组滤波器阶数和传输零点的组合，而且在滤波器阶数和传输零点个数固定的条件下，传输零点的位置是可以选择的。

图 2-31 重新给出了广义 Chebyshev 函数滤波器的工作衰减特性。其中，ω_1 是指标给定的阻带边频率，L_{As} 是指标给定的通带外最小工作衰减值，ω_e 是传输极值点频率（即此处的工作衰减特性的一阶导数为零），L_{Ae} 是传输极值点频率 ω_e 对应的工作衰减值，ω_1' 是通带外工作衰减第一次等于 L_{As} 对应的角频率。

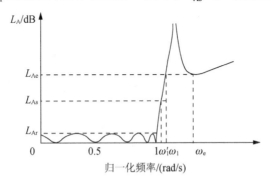

图 2-31　广义 Chebyshev 函数滤波器的工作衰减特性

在确定滤波器阶数和传输零点之前，先说明两个概念："最小传输零点"和"N 值取大整数"。

1）最小传输零点

图 2-32 比较了滤波器阶数 $N=4$ 和 $k=1$ 时不同位置传输零点的工作衰减特性，其中 ω_l 表示指标要求。取传输极值点处的工作衰减为通带外最小工作衰减值 L_{As}（图 2-32 中实线），即

$$L_{As} = 10\lg\left\{1 + \varepsilon^2 \cosh^2\left[\sum_{i=1}^{k} \operatorname{arcosh}\left(\frac{1 - \omega_e\omega_{oi}}{\omega_e - \omega_{oi}}\right) + m\operatorname{arcosh}\omega_e\right]\right\} \quad (2\text{-}95)$$

联立解式（2-91）和式（2-95），可求得传输零点。从图 2-32 可知此时设计满足指标要求，且这是一个临界点。因为，如果把传输零点向通带移动至图 2-33 中的虚线所示，此时 ω_l 处满足指标。但是根据广义 Chebyshev 函数的性质，传输极值点 ω_e 处的工作衰减值会随着传输零点值的减小而减小，即会小于 L_{As}（图 2-32 中虚线），此时传输极值点处不满足指标要求。所以在滤波器阶数和传输零点个数不变的条件下，取传输极值点处的工作衰减为通带外最小工作衰减值 L_{As} 时，求得的传输零点是"最小传输零点"。

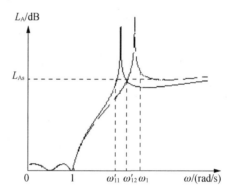

图 2-32　滤波器阶数 $N=4$ 和 $k=1$ 时不同位置传输零点工作衰减特性的比较

2）N 值取大整数

如图 2-33 所示，在传输零点个数不变的条件下，取传输极值点 ω_e 处的工作衰减为通带外最小工作衰减值 L_{As}，即式（2-91）。根据给定的设计指标，有 ω_l 与 L_{As} 的关系方程，即

$$L_{As} = 10\lg\left\{1 + \varepsilon^2 \cosh^2\left[\sum_{i=1}^{k} \operatorname{arcosh}\left(\frac{1 - \omega_l\omega_{oi}}{\omega_l - \omega_{oi}}\right) + m\operatorname{arcosh}\omega_l\right]\right\} \quad (2\text{-}96)$$

联立解式（2-91）、式（2-95）和式（2-96），可得滤波器阶数 N 和传输零点的位置。此时求出的滤波器阶数不为整数，如图 2-33 中的虚线所示。保持传输零点的位置不变，分别对 N 取小整数和大整数，如图 2-33 中点划线和实线所示。根据广义 Chebyshev 函数性质和图 2-33 的分析，可知当 N 取小整数时是不满足指标要求的，所以 N 必须取大整数。

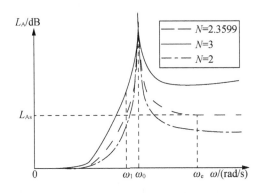

图 2-33 同传输零点不同阶数工作衰减特性的比较

基于以上分析，对于 N 阶滤波器，最多能有 $N-2$ 个有限传输零点的关系，我们得到提取滤波器阶数和有限传输零点的过程，见图 2-34。整个步骤详细分析如下。

（1）初始化 $k=1$。

（2）通过联解式（2-91）、式（2-95）和式（2-96），得到非整数 N 和 k 个传输零点的位置。N 值取大整数，保存 N 和传输零点。

（3）判断 k 是否小于或等于 $N-2$。如果是，则继续第（4）步；如果不是，则整个过程结束。

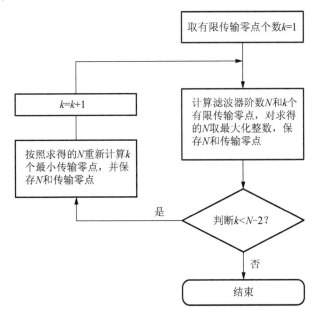

图 2-34 提取滤波器阶数和有限传输零点流程图

（4）利用第 2 步求得的 N 值，通过联解式（2-91）和式（2-95），求得最小传输零点值；保存 N 和传输零点；然后 $k=k+1$，继续第（2）步。

根据设计指标要求，按照上面的流程计算得到以下两个结果。

（1）可以得到多组满足设计指标的滤波器阶数和传输零点的组合，然后可以根据实际要求，选取最优的滤波器阶数和传输零点组合。

（2）通过第（2）步和第（4）步都能得到满足指标要求的相同滤波器阶数时不同的传输零点位置，这两个位置给出了选取传输零点的范围。只要选取在这个范围以内的传输零点，都能够满足指标要求。

应用举例如下。

例 2-4 带通滤波器设计指标为：中心频率 f_0=905MHz；带宽 BW=40MHz；通带内回波损耗 RL≥20dB；当频率 f_1≥950MHz 时，带外衰减 L_{As}＞20dB。

分析 归一化后阻带边频 ω_1=2.1967rad/s，$L_{As}=20$dB。按照传统 Chebyshev 设计得到滤波器的最大阶数是 4 阶。

根据图 2-34 所示的流程，取传输零点个数 $k=1$，由式（2-91）、式（2-95）和式（2-96）有

$$\begin{cases} \omega_e = \omega_{o1} + \dfrac{1}{N-1}\sqrt{\omega_{o1}^2 - 1} \\ 10\lg\left\{1+\varepsilon^2\cosh^2\left[\text{arcosh}\left(\dfrac{1-\omega_e\omega_{o1}}{\omega_e-\omega_{o1}}\right)+(N-1)\text{arcosh}\,\omega_e\right]\right\}=20 \\ 10\lg\left\{1+\varepsilon^2\cosh^2\left[\text{arcosh}\left(\dfrac{1-2.1967\omega_{o1}}{2.1967-\omega_{o1}}\right)+(N-1)\text{arcosh}\,2.1967\right]\right\}=20 \end{cases}$$

解得 N=2.3599，ω_{o1}=2.5129。取 N=3，代入式（2-91）、式（2-95），有

$$\begin{cases} \omega_e = \omega_{o1} + \dfrac{1}{N-1}\sqrt{\omega_{o1}^2 - 1} \\ 10\lg\left\{1+\varepsilon^2\cosh^2\left[\text{arcosh}\left(\dfrac{1-\omega_e\omega_{o1}}{\omega_e-\omega_{o1}}\right)+2\,\text{arcosh}\,\omega_e\right]\right\}=20 \end{cases}$$

解得 $\omega_{o1\min}$=1.7478。此时满足（k=1）≤（$N-2$=1），确定滤波器阶数的过程结束。

总结前面的分析，得到满足指标要求的滤波器阶数和传输零点如表 2-8 所示，工作衰减特性见图 2-35。

表 2-8　滤波器阶数和传输零点

	N	k	传输零点位置范围
传统设计	4	—	—
文献[24]	3	1	$\omega_{o1}=2.2516$
本章方法	3	1	$\omega_{o1}=1.7478\sim2.5129$

从表 2-8 和图 2-35 可知，具有 1 个传输零点的三阶广义 Chebyshev 滤波器，只要传输零点位置在 1.7478 和 2.5129 之间，都能够满足设计指标。

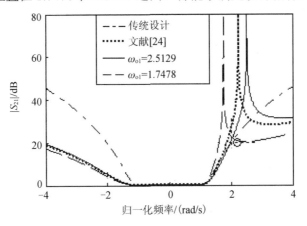

图 2-35 工作衰减特性
圆圈表示指标要求（2.1967rad/s，20dB）

例 2-5 带通滤波器设计指标：中心频率 $f_0 = 3$GHz；相对带宽 FBW $= 0.035$；回波损耗 RL$=30$dB；当 $f \geqslant 3.120$GHz 时，通带外最小衰减不小于 40dB；当 $f \leqslant 2.913$GHz 时，通带外最小衰减不小于 26dB。

分析 归一化后阻带边频 $\omega_{11} = -1.6805$rad/s，$L_{As1} = 26$dB 和 $\omega_{12} = 2.2411$，$L_{As2} = 40$dB。按照传统 Chebyshev 设计得到的滤波器最大阶数是 7 阶。

根据图 2-34 所示的流程，因为指标对通带外的高低阻带都有要求，所以取传输零点个数 $k=2$，由式（2-91）（选取表 2-12 的第 2 种情况）、式（2-95）和式（2-96），有

$$
\begin{cases}
\omega_{e1,2} = \dfrac{-b \pm \sqrt{b^2 - 4ac}}{2a}, \qquad \omega_{e1} < \omega_{o1} < -1, \, 1 < \omega_{o2} < \omega_{e2} \\[2mm]
10\lg\left\{1 + \varepsilon^2 \cosh^2\left[\displaystyle\sum_{i=1}^{2} \operatorname{arcosh}\left(\dfrac{1 - \omega_{e1}\omega_{oi}}{\omega_{e1} - \omega_{oi}}\right) + (N-2)\operatorname{arcosh}\omega_{e1}\right]\right\} = 26 \\[2mm]
10\lg\left\{1 + \varepsilon^2 \cosh^2\left[\displaystyle\sum_{i=1}^{2} \operatorname{arcosh}\left(\dfrac{1 - \omega_{e2}\omega_{oi}}{\omega_{e2} - \omega_{oi}}\right) + (N-2)\operatorname{arcosh}\omega_{e2}\right]\right\} = 40 \\[2mm]
10\lg\left\{1 + \varepsilon^2 \cosh^2\left[\displaystyle\sum_{i=1}^{2} \operatorname{arcosh}\left(\dfrac{1 + 1.6805\,\omega_{oi}}{-1.6805 - \omega_{oi}}\right) + (N-2)\operatorname{arcosh} -1.6805\right]\right\} = 26 \\[2mm]
10\lg\left\{1 + \varepsilon^2 \cosh^2\left[\displaystyle\sum_{i=1}^{2} \operatorname{arcosh}\left(\dfrac{1 - 2.2411\,\omega_{oi}}{2.2411 - \omega_{oi}}\right) + (N-2)\operatorname{arcosh} 2.2411\right]\right\} = 40
\end{cases}
$$

解得 $N=4.1365$，$\omega_{o1}=-1.8039$，$\omega_{o2}=2.4372$。取 $N=5$，联解式（2-91）（选取表 2-8 的第 2 种情况）和式（2-95），得 $\omega_{o1\min}=-1.6132$，$\omega_{o2\min}=2.2729$。

虽然此时（$k=2$）<（$N-2=3$），但是如果再增加 1 个传输零点，所求得的 N 必定小于 5，显然不满足 $k<N-2$，所以不需要再增加 k 值，确定过程结束。

总结前面的分析，得到满足指标要求的滤波器阶数和传输零点如表 2-9 所示，工作衰减特性见图 2-36。

表 2-9　滤波器阶数和传输零点

	N	k	传输零点位置范围/（rad/s）
传统设计	7	—	—
本章方法	5	2	$\omega_{o1}=-1.6132\sim-1.8039$，　$\omega_{o2}=2.2729\sim2.4372$

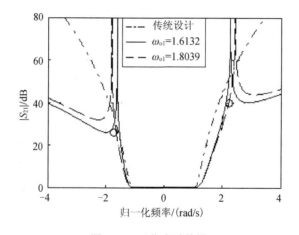

图 2-36　工作衰减特性

从表 2-9 和图 2-36 可知，具有 2 个传输零点的 5 阶广义 Chebyshev 滤波器，只要传输零点位置在本章方法计算结果之间，都能够满足设计指标。注意，此时 2 个传输零点位置的选取要符合文献[25]中的传输零点规律，即传输零点之间的运动方向是相对的，要么互相考虑，要么互相分离，不会同时朝一个方向运动。

例 2-6　带通滤波器设计指标：中心频率 $f_0=985\text{MHz}$；相对带宽 FBW=0.10359；回波损耗 RL≤-20dB；带外衰减大于 40dB 时，带宽要求 125.5MHz。

分析　归一化后阻带边频 $\omega_{11,2}=\pm1.2300\text{rad/s}$ 和 $L_{As1,2}=40\text{dB}$。按照传统 Chebyshev 设计得到滤波器的最大阶数是 12 阶。

根据图 2-34 所示的流程，因为指标对通带外的高低阻带都有要求，所以取传输零点个数 $k=2$，联解式（2-91）、式（2-95）和式（2-96）得 $N=7.6915$，$\omega_{o1,2}=\pm1.2604$。取 $N=8$，联立解式（2-91）和式（2-95），解得 $\omega_{o1,2\min}=\pm1.2365$。

因为（$k=2$）<（$N-2=6$），所以增加 $k=4$。联解式（2-91）、式（2-95）和式（2-96）

得 $N = 6.3692$，$\omega_{o1} = -1.5515$，$\omega_{o2} = -1.2545$，$\omega_{o3} = 1.1.2545$ 和 $\omega_{o4} = 1.5515$。取 $N=7$，联立解式（2-91）和式（2-95）得 $\omega_{o1\min} = -1.4030$，$\omega_{o2\min} = -1.1892$，$\omega_{o3\min} = 1.1892$ 和 $\omega_{o4\min} = 1.4030$。

虽然此时$(k=4)<(N-2=5)$，但是如果再增加 1 个传输零点，所求得 N 必定小于 7，显然不满足 $k<N-2$，所以不需要再增加 k 值，确定过程结束。

总结前面的分析，得到满足指标要求的滤波器阶数和传输零点如表 2-10 所示，工作衰减特性见图 2-37 和图 2-38。

由表 2-10 和图 2-37 和图 2-38 可知，具有 2 个传输零点的 8 阶广义 Chebyshev 滤波器和具有 4 个传输零点的 7 阶广义 Chebyshev 滤波器，只要传输零点位置在本章方法计算结果之间，都能够满足设计指标。注意，此时 2 个或 4 个传输零点位置的选取要符合文献[24]中的传输零点规律。

表 2-10　滤波器阶数和传输零点

	滤波器阶数 N	传输零点个数 k	传输零点位置范围
传统滤波器设计	12	—	
文献[24]	8	2	$\omega_{o1} = -1.2645$ $\omega_{o2} = 1.2645$
本章方法	8	2	$\omega_{o1} = -1.2365 \sim -1.2604$ $\omega_{o2} = 1.2365 \sim 1.2604$
	7	4	$\omega_{o1} = -1.4030 \sim -1.5515$ $\omega_{o2} = -1.1892 \sim -1.2545$ $\omega_{o3} = 1.1892 \sim 1.2545$ $\omega_{o4} = 1.4030 \sim 1.5515$

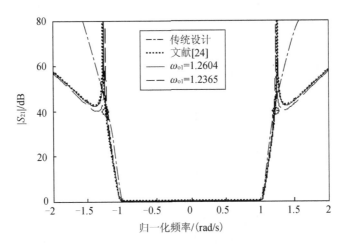

图 2-37　$N = 8$ 和 $k=2$ 时的工作衰减特性

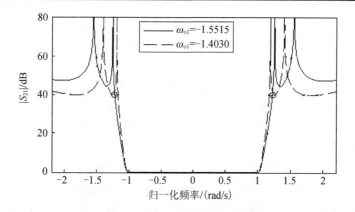

图 2-38　$N=7$ 和 $k=4$ 时的工作衰减特性

2.3.2　广义 Chebyshev 函数的传输和反射多项式推导

对于任何由 N 个谐振器耦合构成的两端口无耗网络，传输和反射函数均可以写成两个 N 阶的多项式的比值：

$$S_{11}(\omega)=\frac{F_N(\omega)}{E_N(\omega)}, \quad S_{21}(\omega)=\frac{P_N(\omega)}{\varepsilon E_N(\omega)} \tag{2-97}$$

式中，ω 是实频率变量；ε 是常数。对于广义 Chebyshev 滤波器，有

$$\varepsilon=\frac{1}{\sqrt{10^{\mathrm{RL}/10}-1}}\cdot\left.\frac{P_N(\omega)}{F_N(\omega)}\right|_{\omega=\pm1} \tag{2-98}$$

式中，RL 是通带内回波损耗；$P_N(\omega)$、$F_N(\omega)$ 和 $E_N(\omega)$ 都是各多项式对其最高次项系数归一化后的多项式，即归一化后的多项式的最高次项系数为 1，$P_N(\omega)$ 是由已知有限的传输零点构成的多项式，$F_N(\omega)$ 是由反射零点构成的多项式，$E_N(\omega)$ 是函数极点构成的多项式。

利用无耗网络能量守恒性质：$\left|S\right|_{11}^2+\left|S\right|_{21}^2=1$ 和式（2-50），有

$$S_{21}^2(\omega)=\frac{1}{1+\varepsilon^2 C_N^2(\omega)}=\frac{1}{\left[1+\mathrm{j}\varepsilon C_N(\omega)\right]\left[1-\mathrm{j}\varepsilon C_N(\omega)\right]} \tag{2-99}$$

式中

$$C_N(\omega)=\frac{F_N(\omega)}{P_N(\omega)} \tag{2-100}$$

通过比较式（2-97）和式（2-100），得知 $C_N(\omega)$ 的分母是 $P_N(\omega)$，即由已知传输零点 ω_n 构成的 $S_{21}(\omega)$ 分子，同时可知 $C_N(\omega)$ 的分子是 $S_{11}(\omega)$ 的分子 $F_N(\omega)$。

广义 Chebyshev 函数滤波器传输和反射多项式的推导是指根据已知的有限传输零点推导出 $P_N(\omega)$、$F_N(\omega)$ 和 $E_N(\omega)$ 多项式，从而得到 S_{21} 和 S_{11} 特性。本节给出了两种数学推导方法，其核心都是递归的思想。

1. 由已知传输零点推导 $F_N(\omega)$ 递归方法一[9]

利用恒等式

$$\text{arcosh}x = \ln\left(x + \sqrt{x^2 - 1}\right)$$
$$\cosh x = \frac{e^x + e^{-x}}{2} \tag{2-101}$$

将其代入式（2-51），为

$$C_N(\omega) = \cosh\left[\sum_{n=1}^{N} \ln(a_n + b_n)\right] \tag{2-102}$$

式中

$$a_n = x_n, \qquad b_n = (x_n^2 - 1)^{1/2} \tag{2-103}$$

且式（2-103）满足

$$\left(a_n - b_n\right)\left(a_n + b_n\right) = a_n^2 - b_n^2 = x_n^2 - \left(x_n^2 - 1\right) = 1 \tag{2-104}$$

此时式（2-102）变为

$$C_N(\omega) = \frac{1}{2}\left\{\exp\left[\sum_{n=1}^{N} \ln(a_n + b_n)\right] + \exp\left[-\sum_{n=1}^{N} \ln(a_n + b_n)\right]\right\}$$

$$= \frac{1}{2}\left[\prod_{n=1}^{N}(a_n + b_n) + \frac{1}{\prod_{n=1}^{N}(a_n + b_n)}\right] \tag{2-105}$$

对式（2-105）右边第二项分子分母分别乘以 $\prod\limits_{n=1}^{N}(a_n - b_n)$，根据式（2-103）得

$$C_N(\omega) = \frac{1}{2}\left[\prod_{n=1}^{N}(a_n + b_n) + \frac{1}{\prod_{n=1}^{N}(a_n + b_n)} \cdot \frac{\prod_{n=1}^{N}(a_n - b_n)}{\prod_{n=1}^{N}(a_n - b_n)}\right]$$

$$= \frac{1}{2}\left[\prod_{n=1}^{N}(a_n + b_n) + \prod_{n=1}^{N}(a_n - b_n)\right] \tag{2-106}$$

将式（2-103）代入式（2-106），有

$$C_N(\omega) = \frac{1}{2}\left[\frac{\prod_{n=1}^{N}(c_n + d_n) + \prod_{n=1}^{N}(c_n - d_n)}{\prod_{n=1}^{N}\left(1 - \frac{\omega}{\omega_n}\right)}\right] \tag{2-107}$$

式中

$$c_n = \omega - \frac{1}{\omega_n}, \qquad d_n = \omega'\left(1 - \frac{1}{\omega_n^2}\right)^{\frac{1}{2}} \tag{2-108}$$

$$\omega' = \sqrt{1 - \omega^2}$$

通过比较式（2-107）和式（2-100），得知 $C_N(\omega)$ 的分母是 $P_N(\omega)$，即由已知传输零点 ω_n 构成的 $S_{21}(\omega)$ 分子。同时可知 $C_N(\omega)$ 的分子是 $S_{11}(\omega)$ 的分子 $F_N(\omega)$，是由两个有限阶数的多项式混合构成，一个是纯 ω 变量，另一个是每个系数都乘以变换变量 ω'。

$$\text{分子}[C_N(\omega)] = F_N(\omega) = \frac{1}{2}\Big[G_N(\omega) + G_N'(\omega)\Big] \tag{2-109}$$

式中

$$G_N(\omega) = \prod_{n=1}^{N}(c_n + d_n) = \prod_{n=1}^{N}\left[\left(\omega - \frac{1}{\omega_n}\right) + \omega'\left(\omega - \frac{1}{\omega_n^2}\right)^{1/2}\right] \tag{2-110}$$

$$G_N'(\omega) = \prod_{n=1}^{N}(c_n - d_n) = \prod_{n=1}^{N}\left[\left(\omega - \frac{1}{\omega_n}\right) - \omega'\left(\omega - \frac{1}{\omega_n^2}\right)^{1/2}\right]$$

将第一个多项式 $G_N(\omega)$ 写为两个多项式 $U_N(\omega)$、$V_N(\omega)$ 和的形式，其中 $U_N(\omega)$ 代表只有 ω 项的系数，$V_N(\omega)$ 代表与 ω' 相乘的 ω 项的系数，即

$$G_N(\omega) = U_N(\omega) + V_N(\omega) \tag{2-111}$$

式中

$$U_N(\omega) = u_0 + u_1\omega + u_2\omega + \cdots + u_N\omega^N$$
$$V_N(\omega) = \omega'\left(v_0 + v_1\omega + v_2\omega + \cdots + v_N\omega^N\right) \tag{2-112}$$

将第一个已知传输零点 ω_1 作为递归方法的开始，将 $N=1$ 代入式（2-111）得

$$G_1(\omega) = c_1 + d_1$$

$$= \left(\omega - \frac{1}{\omega_1}\right) + \omega'\left(\omega - \frac{1}{\omega_1^2}\right)^{1/2} \tag{2-113}$$

$$= U_1(\omega) + V_1(\omega)$$

当 $N=2$ 时，求 $G_2(\omega)$：

$$G_2(\omega) = G_1(\omega)\cdot(c_2 + d_2)$$

$$= \left[U_1(\omega) + V_1(\omega)\right]\cdot\left[\left(\omega - \frac{1}{\omega_2}\right) + \omega'\left(\omega - \frac{1}{\omega_2^2}\right)^{1/2}\right] \tag{2-114}$$

$$= U_2(\omega) + V_2(\omega)$$

展开后，使得 $U_2(\omega)$ 为纯 ω 多项式，$V_2(\omega)$ 为包含 ω' 的 ω 多项式。重新组织 $\omega'V_1(\omega) = \left(\omega^2 - 1\right)\left(v_0 + v_1\omega + v_2\omega^2 + \cdots + v_n\omega^n\right)$，则有

$$U_2(\omega) = \omega U_1(\omega) - \frac{U_1(\omega)}{\omega_2} + \left(1 - \frac{1}{\omega_2^2}\right)^{1/2} \omega' V_1(\omega)$$

$$V_2(\omega) = \omega V_1(\omega) - \frac{V_1(\omega)}{\omega_2} + \left(1 - \frac{1}{\omega_2^2}\right)^{1/2} \omega' U_1(\omega)$$

（2-115）

在获得 $U_2(\omega)$ 和 $V_2(\omega)$ 后，可以根据第 3 个已知传输零点直到第 N 个传输零点（包括无穷远处的传输零点）求得 $U_N(\omega)$ 和 $V_N(\omega)$，总计 $N-1$ 次递归：

$$U_N(\omega) = \omega U_{N-1}(\omega) - \frac{U_{N-1}(\omega)}{\omega_N} + \left(1 - \frac{1}{\omega_N^2}\right)^{1/2} \omega' V_{N-1}(\omega)$$

$$V_N(\omega) = \omega V_{N-1}(\omega) - \frac{V_{N-1}(\omega)}{\omega_N} + \left(1 - \frac{1}{\omega_N^2}\right)^{1/2} \omega' U_{N-1}(\omega)$$

（2-116）

对式（2-110）中的

$$G_N'(\omega) = \prod_{n=1}^{N}(c_n - d_n) = U_N'(\omega) + V_N'(\omega)$$

（2-117）

进行上述同样的分析过程，可以发现

$$U_N'(\omega) = U_N(\omega), \quad V_N'(\omega) = -V_N(\omega)$$

（2-118）

于是在第 N-1 次递推后，有

$$\begin{aligned}
F_N(\omega) &= \frac{1}{2}\left[G_N(\omega) + G_N'(\omega)\right] \\
&= \frac{1}{2}\left\{\left[U_N(\omega) + V_N(\omega)\right] + \left[U_N'(\omega) + V_N'(\omega)\right]\right\} \\
&= U_N(\omega)
\end{aligned}$$

（2-119）

多项式 $U_N(\omega)$ 的根就是通带内的 N 个反射零点，$V_N(\omega)$ 的根是通带内的 $N-1$ 个最大反射点。

对于滤波器网络的 S 参数，至此已得到多项式 $P_N(\omega)$ 和 $F_N(\omega)$，要得到 S 参数还要推导出分母多项式 $E_N(\omega)$，设 $s = \mathrm{j}\omega$，将 S 参数解析延拓到复平面上，得

$$S_{21}^2(s) = \frac{1}{1 + \varepsilon^2 \dfrac{F_N^2(s)}{P_N^2(s)}}$$

（2-120）

即

$$\frac{P_N^2(s)}{\varepsilon^2 E_N^2(s)} = \frac{1}{1 + \varepsilon^2 \dfrac{F_N^2(s)}{P_N^2(s)}}$$

（2-121）

由此得

$$E_N^2(s) = \frac{1}{\varepsilon^2} P_N^2(s) + F_N^2(s)$$

（2-122）

即

$$E_N(j\omega)E_N(-j\omega) = \frac{1}{\varepsilon^2}P_N^2(s) + F_N^2(s) \tag{2-123}$$

取 E_N 左半平面内的根即可综合出 $E_N(j\omega)$。

2. 由已知传输零点推导 $F_N(\omega)$ 递归方法二

重写广义 Chebyshev 函数[22] $C_N(\omega)$ 为

$$C_N(\omega) = \frac{F_N(\omega)}{P_N(\omega)} = \frac{F_N(\omega)}{\prod\limits_{n=1}^{N}\left(1-\dfrac{\omega}{\omega_n}\right)} = \cosh\left(\sum_{n=1}^{N}\operatorname{arcosh}x_n\right) \tag{2-124}$$

由三角函数公式：

$$\cosh(\alpha \pm \beta) = \cosh\alpha\cosh\beta \pm \sinh\alpha\sinh\beta \tag{2-125}$$

可以得到

$$\begin{aligned}
C_{N+1}(\omega) &= \frac{F_{N+1}(\omega)}{P_{N+1}(\omega)} = \frac{F_{N+1}(\omega)}{\left(1-\dfrac{\omega}{\omega_{N+1}}\right)P_N(\omega)} \\
&= \cosh\left(\sum_{n=1}^{N}\operatorname{arcosh}x_n + \operatorname{arcosh}x_{N+1}\right) \\
&= \sinh\left(\sum_{n=1}^{N}\operatorname{arcosh}x_n\right)\sinh(\operatorname{arcosh}x_{N+1}) + x_{N+1}\left(\cosh\sum_{n=1}^{N}\operatorname{arcosh}x_n\right) \\
&= \sinh\left(\sum_{n=1}^{N}\operatorname{arcosh}x_n\right)\sinh(\operatorname{arcosh}x_{N+1}) + x_{N+1}\frac{F_N(\omega)}{P_N(\omega)}
\end{aligned} \tag{2-126}$$

同理可推出

$$\begin{aligned}
C_{N-1}(\omega) &= \frac{F_{N-1}(\omega)}{P_{N-1}(\omega)} = \frac{\left(1-\dfrac{\omega}{\omega_N}\right)F_{N-1}(\omega)}{P_N(\omega)} \\
&= \cosh\left(\sum_{n=1}^{N}\operatorname{arcosh}x_n - \operatorname{arcosh}x_N\right) \\
&= -\sinh\left(\sum_{n=1}^{N}\operatorname{arcosh}x_n\right)\sinh(\operatorname{arcosh}x_N) + x_N\left(\cosh\sum_{n=1}^{N}\operatorname{arcosh}x_n\right) \\
&= -\sinh\left(\sum_{n=1}^{N}\operatorname{arcosh}x_n\right)\sinh(\operatorname{arcosh}x_N) + x_N\frac{F_N(\omega)}{P_N(\omega)}
\end{aligned} \tag{2-127}$$

将式（2-126）和式（2-127）移项相除，消去公共项 $\sinh\left(\sum\limits_{n=1}^{N}\operatorname{arcosh}x_n\right)$ 和 $P_N(\omega)$ 得

$$\frac{\sinh(\operatorname{arcosh} x_{N+1})}{-\sinh(\operatorname{arcosh} x_N)} = \frac{\dfrac{F_{N+1}(\omega)}{\left(1 - \dfrac{\omega}{\omega_{N+1}}\right)} - x_{N+1}F_N(\omega)}{\left(1 - \dfrac{\omega}{\omega_N}\right)F_{N-1}(\omega) - x_N F_N(\omega)} \tag{2-128}$$

设

$$Z_N = \operatorname{arcosh} x_N \tag{2-129}$$

则有

$$\mathrm{e}^{Z_N} = x_N \pm \sqrt{x_N^2 - 1} \tag{2-130}$$

所以

$$\sinh(\operatorname{arcosh} x_N) = \frac{\mathrm{e}^{Z_N} - \mathrm{e}^{-Z_N}}{2} = \frac{x_N \pm \sqrt{x_N^2 - 1} - \left(x_N \pm \sqrt{x_N^2 - 1}\right)^{-1}}{2}$$
$$= \pm\sqrt{x_N^2 - 1} \tag{2-131}$$

将式（2-131）代入式（2-128），有

$$\frac{-\sqrt{x_{N+1}^2 - 1}}{\sqrt{x_N^2 - 1}} = \frac{F_{N+1}(\omega) - x_{N+1}F_N(\omega)\left(1 - \dfrac{\omega}{\omega_{N+1}}\right)}{\left(1 - \dfrac{\omega}{\omega_N}\right)\left(1 - \dfrac{\omega}{\omega_{N+1}}\right)F_{N-1}(\omega) - x_N F_N(\omega)\left(1 - \dfrac{\omega}{\omega_{N+1}}\right)} \tag{2-132}$$

则可以得到 $F_{N+1}(\omega)$ 的表达式为

$$F_{N+1}(\omega) = -\left[\left(1 - \frac{\omega}{\omega_N}\right)\left(1 - \frac{\omega}{\omega_{N+1}}\right)\frac{\sqrt{x_{N+1}^2 - 1}}{\sqrt{x_N^2 - 1}}\right]F_{N-1}(\omega)$$
$$+ \left[x_{N+1}\left(1 - \frac{\omega}{\omega_{N+1}}\right) + x_N\left(1 - \frac{\omega}{\omega_{N+1}}\right)\frac{\sqrt{x_{N+1}^2 - 1}}{\sqrt{x_N^2 - 1}}\right]F_N(\omega) \tag{2-133}$$

又由于

$$\frac{\sqrt{x_{N+1}^2 - 1}}{\sqrt{x_N^2 - 1}} = \frac{\omega_N - \omega}{\omega_{N+1} - \omega}\sqrt{\frac{\left(\omega_{N+1}\omega - 1\right)^2 - \left(\omega_{N+1} - \omega\right)^2}{\left(\omega_N\omega - 1\right)^2 - \left(\omega_N - \omega\right)^2}}$$
$$= \frac{\omega_N - \omega}{\omega_{N+1} - \omega}\sqrt{\frac{\left(\omega_{N+1}\omega + \omega_{N+1} - \omega - 1\right)\left(\omega_{N+1}\omega - \omega_{N+1} + \omega - 1\right)}{\left(\omega_N\omega + \omega_N - \omega - 1\right)\left(\omega_N\omega - \omega_N + \omega - 1\right)}}$$
$$= \frac{\omega_N - \omega}{\omega_{N+1} - \omega}\sqrt{\frac{\omega_{N+1}^2 - 1}{\omega_N^2 - 1}} \tag{2-134}$$

将式（2-134）代入式（2-133），得

$$F_{N+1}(\omega) = -\left[\left(1-\frac{\omega}{\omega_N}\right)^2 \sqrt{\frac{1-1/\omega_{N+1}^2}{1-1/\omega_N^2}}\right]F_{N-1}(\omega)$$

$$+\left[\left(\omega - \frac{1}{\omega_{N+1}}\right) + \left(\omega - \frac{1}{\omega_N}\right)\sqrt{\frac{1-1/\omega_{N+1}^2}{1-1/\omega_N^2}}\right]F_N(\omega) \qquad (2\text{-}135)$$

很明显，由式（2-135）可以通过已知的传输零点获得任意阶的反射零点多项式。

2.3.3 由传输和反射多项式推导导纳参数

滤波器的传输函数 $S_{21}(s)$ 和反射函数 $S_{11}(s)$ 可以表示为两个 N 阶多项式之比：

$$S_{21}(s) = \frac{P(s)}{\varepsilon E(s)}, \qquad S_{11}(s) = \frac{F(s)}{E(s)} \qquad (2\text{-}136)$$

并且假设多项式 $E_N(s)$、$F_N(s)$ 和 $P_N(s)$ 各自的最高阶系数都归一化。$E_N(s)$ 和 $F_N(s)$ 都为 N 阶多项式，其中 N 为滤波器的阶数；$P_N(s)$ 为 k 阶多项式，其中 k 为有限传输零点的个数。作为一个可以实现的网络，必须满足 $k \leqslant N$。

另外，为了满足散射矩阵的归一化条件，必须确保传输向量和反射向量是正交的，即

$$\begin{cases} S_{11}S_{11}^* + S_{21}S_{21}^* = 1 \\ S_{22}S_{22}^* + S_{12}S_{12}^* = 1 \\ S_{11}S_{12}^* + S_{21}S_{22}^* = 0 \end{cases} \qquad (2\text{-}137)$$

由式（2-137）可以得到 $S_{21}(s)$、$S_{11}(s)$ 和 $S_{22}(s)$ 向量各自的相位 ϕ、θ_1 和 θ_2 的关系：

$$\phi - \frac{\theta_1 + \theta_2}{2} = \Delta_\varphi = \frac{\pi}{2}(2l \pm 1) \qquad (2\text{-}138)$$

式中，l 为整数。式（2-138）表示了向量 $S_{21}(s)$ 的相位和向量 $S_{11}(s)$、$S_{22}(s)$ 的相位平均值之间的差分 Δ_φ 必须为 $(\pi/2)\mathrm{rad}$ 的奇数倍。任何频率变量 s 的值都要满足这个条件，所以 $S_{21}(s)$ 的 k 个有限位置传输零点必须对称地分布于虚轴（$\mathrm{j}\omega$）的两边或者在虚轴上。同样，$S_{11}(s)$ 的 N 个零点的分布必须和 $S_{22}(s)$ 的 N 个零点在虚轴上一致，或者和相应的不在虚轴上的 $S_{22}(s)$ 的零点关于虚轴成镜像对称。这样，由向量 $S_{21}(s)$、$S_{11}(s)$ 和 $S_{22}(s)$ 的相位相加得到的相位总和才将是 $(\pi/2)\mathrm{rad}$ 的倍数。

既然 $S_{21}(s)$、$S_{11}(s)$ 和 $S_{22}(s)$ 共享一个分母多项式 $E_N(s)$，所以只需要考虑它们的分子多项式。前面提到的 $(\pi/2)\mathrm{rad}$ 的倍数，是依赖于 $S_{21}(s)$ 分子多项式 $P_N(s)$ 的有限位置传输零点的数量 k、$S_{11}(s)$ 与 $S_{22}(s)$ 的分子多项式 $F_N(s)$ 和 $F_N^*(s)$ 的阶数 N（即滤波函数的阶数）。因此，为了确保向量 $F_N(s)$ 和 $P_N(s)$ 的正交，也就是 Δ_φ 必须为 $(\pi/2)\mathrm{rad}$ 的奇数倍。整数 $N-k$ 必须为奇数，故只要 $N-k$ 为偶数，则必须将多

项式 $P_N(s)$ 乘以 j。

图 2-39 是一个无耗的二端口滤波网络，电压源内阻为 R_1，负载阻抗为 R_N，网络的策动点阻抗为

$$Z_{11}(s) = \frac{z_{11}(1/y_{22} + R_N)}{z_{22} + R_N} \tag{2-139}$$

图 2-39 无耗的二端口滤波网络

当归一化 $R_N = 1\Omega$ 时，式（2-139）变为

$$Z_{11}(s) = \frac{z_{11}(1/y_{22} + 1)}{z_{22} + 1} \tag{2-140}$$

根据 $S_{11}(s) = \dfrac{F_N(s)}{E_N(s)}$，如果 $R_1 = 1\Omega$，则

$$Z_{11}(s) = \frac{1 - S_{11}(s)}{1 + S_{11}(s)} = \frac{E_N(s) - F_N(s)}{E_N(s) + F_N(s)} = \frac{m_1 + n_1}{m_2 + n_2} \tag{2-141}$$

式中，m_1、m_2、n_1、n_2 为 $E_N(s)$ 和 $F_N(s)$ 的偶数项虚部和奇数项虚部多项式。

当 N 为偶数时，将 n_1 提到括号外，有

$$Z_{11}(s) = \frac{n_1(m_1/n_1 + 1)}{m_2 + n_2} \tag{2-142}$$

通过比较式（2-140）和式（2-142），得

$$y_{22} = \frac{n_1}{m_1} = \frac{y_{22n}}{y_d} \tag{2-143}$$

又因为 y_{21} 和 y_{22} 的分母相同，y_{21} 和 $S_{21}(s)$ 有相同的传输零点，所以

$$y_{21} = \frac{P_N(s)}{\varepsilon m_1} = \frac{y_{21n}}{y_d} \tag{2-144}$$

同理，当 N 为奇数时，

$$y_{22} = \frac{m_1}{n_1} = \frac{y_{22n}}{y_d}$$

$$y_{21} = \frac{P_N(s)}{\varepsilon n_1} = \frac{y_{21n}}{y_d} \tag{2-145}$$

根据 $m_1 + n_1 = \text{numerator of } Z_{11}(s) = E_N(s) + F_N(s)$，有

$$m_1 = \text{Re}(e_0 + f_0) + j\text{Im}(e_1 + f_1)s + \text{Re}(e_2 + f_2)s^2 + \cdots$$

$$n_1 = j\text{Im}(e_0 + f_0) + \text{Re}(e_1 + f_1)s + j\text{Im}(e_2 + f_2)s^2 + \cdots \tag{2-146}$$

式中，e_i 和 f_i $(i=0,1,2,\cdots,N)$ 是多项式 $E_N(s)$ 和 $F_N(s)$ 的复系数。式（2-146）的系数为实虚交替，以确保能有纯虚数的根。

得到 y_{21} 和 y_{22} 的分子和分母多项式后，可以用部分分式展开法得到它们的留数 r_{21k} 和 r_{22k} $(k=1,2,3,\cdots,N)$，并由已经确定的 y_{21} 和 y_{22} 共同的分母多项式 y_d 得到二端口网络的纯实数特征值 λ_k $(k=1,2,3,\cdots,N)$。整个网络的导纳矩阵用留数矩阵形式可以表示为

$$\left[Y_N\right]=\begin{bmatrix} y_{11}(s) & y_{12}(s) \\ y_{21}(s) & y_{22}(s) \end{bmatrix}=\frac{1}{y_d}\begin{bmatrix} y_{11n}(s) & y_{12n}(s) \\ y_{21n}(s) & y_{22n}(s) \end{bmatrix}$$

$$=\mathrm{j}\begin{bmatrix} 0 & K_0 \\ K_0 & 0 \end{bmatrix}+\sum_{k=1}^{N}\frac{1}{\left(s-\mathrm{j}\lambda_k\right)}\begin{bmatrix} r_{11k} & r_{12k} \\ r_{21k} & r_{22k} \end{bmatrix} \qquad (2\text{-}147)$$

除了有限传输零点个数 k 等于滤波器阶数 N 的完全规范情况外，实常量 $K_0=0$。在这种情况下，y_{21} 的分子多项式（即 $y_{21n}=\mathrm{j}P_N(s)/\varepsilon$）的阶数等于它的分母多项式 y_d 的阶数，需要在得到留数 r_{21k} 之前从 y_{21} 中提出 K_0 来简化其分子多项式 y_{21n} 的阶数。要注意的是，在完全规范的情况下，整数 $N-k=0$ 为偶数，必须要将 $P_N(s)$ 乘以 j 以确保满足散射矩阵的归一化条件。

由于 s 不受约束，可以在 $s=\mathrm{j}\infty$ 处求解 K_0：

$$\mathrm{j}K_0=\left.\frac{y_{21n}(s)}{y_d(s)}\right|_{s=\mathrm{j}\infty}=\left.\frac{\mathrm{j}P_N(s)/\varepsilon}{y_d(s)}\right|_{s=\mathrm{j}\infty} \qquad (2\text{-}148)$$

建立 y_d 的过程中得出其最高阶系数为 $1+\sqrt{\varepsilon^2-1}\big/\varepsilon$，由于 $P_N(s)$ 的最高阶系数为 1，可以得到 K_0 的值为

$$K_0=\frac{1}{\varepsilon}\cdot\frac{1}{1+\sqrt{\varepsilon^2-1}\big/\varepsilon}$$

$$=\frac{1}{\varepsilon+\sqrt{\varepsilon^2-1}} \qquad (2\text{-}149)$$

新的分子多项式为

$$y'_{21n}=y_{21n}-\mathrm{j}K_0 y_d \qquad (2\text{-}150)$$

这是一个 $N-1$ 阶多项式，现在 $y'_{21}=y'_{21n}/y_d$ 的留数也可以像一般情况那样得到了。

2.3.4　耦合矩阵综合

1. N 阶交叉耦合原型带通滤波器的耦合矩阵综合

图 2-40（a）为一般的二端口网络，图 2-40（c）为 N 阶交叉耦合滤波器的等效电路[9]。根据"最小路径"原理，该网络所能实现的有限位置传输零点的最大数量为 $k_{\max}=N-2$，所以式（2-147）中的 $K_0=0$。

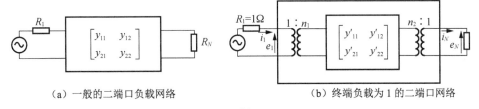

（a）一般的二端口负载网络 　　　　　　（b）终端负载为 1 的二端口网络

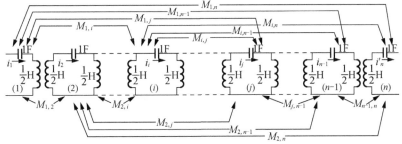

（c）N 阶交叉耦合滤波器的等效电路

图 2-40 二端口交叉耦合网络

对于图 2-40（a）所示的二端口网络，源和负载阻抗可以分别通过在输入输出端口加变压器进行归一化，如图 2-40（b）所示。交叉耦合原型带通滤波器网络如图 2-40（c）所示。二端口网络中的导纳矩阵关系如下：

$$\begin{bmatrix} i_1 \\ i_n \end{bmatrix} = \begin{bmatrix} y_{11} & y_{12} \\ y_{21} & y_{22} \end{bmatrix} \cdot \begin{bmatrix} e_1 \\ e_N \end{bmatrix} \tag{2-151}$$

经过归一化后的网络为

$$\begin{bmatrix} i_1 \\ i_N \end{bmatrix} = \begin{bmatrix} n_1^2 y'_{11} & n_1 n_2 y'_{12} \\ n_1 n_2 y'_{21} & n_2^2 y'_{22} \end{bmatrix} \begin{bmatrix} e_1 \\ e_N \end{bmatrix} \tag{2-152}$$

式中，带撇号的参数代表内部网络的导纳参数，两个变压器的变比为 $1:n_1$ 和 $n_2:1$。

又根据 $[e] = [z][i]$，有

$$e_1[1,0,0,\cdots,0]^{\mathrm{T}} = \big[\mathrm{j}[M] + s[I] + [R] \big] \cdot [i_1, i_2, i_3, \cdots, i_N]^{\mathrm{T}} \tag{2-153}$$

式中

$$[M] = \begin{bmatrix} M_{1,1} & M_{1,2} & \cdots & M_{1,N} \\ M_{2,1} & M_{2,2} & \cdots & M_{2,N} \\ \vdots & \vdots & & \vdots \\ M_{N,1} & M_{N,2} & \cdots & M_{N,N} \end{bmatrix}, \quad s[I] = \begin{bmatrix} s & 0 & \cdots & 0 \\ 0 & s & \cdots & 0 \\ \vdots & \vdots & & \vdots \\ 0 & 0 & \cdots & s \end{bmatrix}, \quad [R] = \begin{bmatrix} R_1 & 0 & \cdots & 0 \\ 0 & 0 & \cdots & 0 \\ \vdots & \vdots & & \vdots \\ 0 & 0 & \cdots & R_N \end{bmatrix}$$

$$\tag{2-154}$$

令 $s = \mathrm{j}\omega$，$R_1 = R_N = 0$，则由式（2-151）可得短路传输导纳为

$$y_{21}(s) = \frac{i_N}{e_1}\bigg|_{R_1, R_N = 0} = \mathrm{j}\big[-[M] - \omega[I] \big]_{N1}^{-1} \tag{2-155}$$

同理将电压源放在网络的另一端，得

$$y_{22}(s) = \frac{i_N}{e_N}\bigg|_{R_1, R_N = 0} = j\left[-[M] - \omega[I]\right]_{NN}^{-1} \qquad (2\text{-}156)$$

由于耦合矩阵$[M]$是实对称矩阵，其特征值均为实数，所以存在正交矩阵$[T]$，使得

$$-[M] = [T] \cdot [\varLambda] \cdot [T]^{\mathrm{T}} \qquad (2\text{-}157)$$

式中，$[\varLambda] = \mathrm{diag}[\lambda_1, \lambda_2, \cdots, \lambda_N]$，$\lambda_i$是矩阵$[M]$的特征值；$[T]^{\mathrm{T}}$是正交矩阵$[T]$的转置，并且有$[T] \cdot [T]^{\mathrm{T}} = [I]$，所以

$$y_{21}(s) = j\left[-[T] \cdot [\varLambda] \cdot [T]^{\mathrm{T}} - \omega[I]\right]_{N1}^{-1}$$

$$y_{22}(s) = j\left[-[T] \cdot [\varLambda] \cdot [T]^{\mathrm{T}} - \omega[I]\right]_{NN}^{-1} \qquad (2\text{-}158)$$

又由于

$$j\left[-[T] \cdot [\varLambda] \cdot [T]^{\mathrm{T}} - \omega[I]\right]_{i,j}^{-1} = \sum_{k=1}^{N} \frac{T_{ik} T_{jk}}{\omega - \lambda_k}, \quad i, j = 1, 2, \cdots, N \qquad (2\text{-}159)$$

所以

$$y_{21}(s) = j\left[-[T] \cdot [\varLambda] \cdot [T]^{\mathrm{T}} - \omega[I]\right]_{N1}^{-1} = j\sum_{k=1}^{N} \frac{T_{Nk} T_{1k}}{\omega - \lambda_k}$$

$$y_{22}(s) = j\left[-[T] \cdot [\varLambda] \cdot [T]^{\mathrm{T}} - \omega[I]\right]_{NN}^{-1} = j\sum_{k=1}^{N} \frac{T_{Nk}^2}{\omega - \lambda_k} \qquad (2\text{-}160)$$

可以看出矩阵$[M]$的本征值λ_i正好是$y_{22}(s)$和$y_{21}(s)$共同的分母多项式的根，T_{1k}和T_{Nk}是正交矩阵的第一行和最后一行。根据式（2-147）和式（2-160），得

$$T_{Nk} = \sqrt{r_{22k}}$$

$$T_{1k} = \frac{r_{21k}}{T_{Nk}} = \frac{r_{21k}}{\sqrt{r_{22k}}}, \quad k = 1, 2, \cdots, N \qquad (2\text{-}161)$$

图 2-40（b）所示的变压器的变比可以根据负载阻抗或正交矩阵$[T]$的第一行和最后一行元素求得

$$n_1^2 = R_1 = \sum_{k=1}^{N} T_{1k}^2, \quad n_2^2 = R_N = \sum_{k=1}^{N} T_{Nk}^2 \qquad (2\text{-}162)$$

求得变比后，可以得到

$$T_{1k}' = \frac{T_{1k}}{n_1} \qquad T_{Nk}' = \frac{T_{Nk}}{n_2} \qquad (2\text{-}163)$$

这样就确定了最初的二端口网络的$[T']$矩阵的第一行和最后一行，再通过 Gram-Schmidt 正交化求得正交矩阵$[T']$的其他行向量，最后代入$-[M] = [T'] \cdot [\varLambda] \cdot [T']^{\mathrm{T}}$，

即可求得耦合矩阵 $[M]$。注意此时的耦合矩阵 $[M]$ 在一般情况下所有的元素都不为零，在耦合矩阵对角线上的非零值代表每个谐振器的谐振频率对中心频率的偏差（异步调谐情况），其余的非零元素代表两个谐振器之间的耦合。这种所有元素值都不为零的耦合矩阵 $[M]$ 在物理结构上不可能实现，所以必须在不改变耦合矩阵特性的条件下，将其化简为便于物理实现的形式。

2. $N+2$ 阶完全规范的横向网络的耦合矩阵综合

整个滤波网络的二端口短路导纳参数矩阵 $[Y_N]$ 可以直接从完全规范的横向网络（transversal network）来综合[10]。完全规范的横向网络的一般形式如图 2-41 所示。它由 N 个并联在源和负载之间，但互相之间并不相连的一阶低通单元组成。直接源与负载耦合 M_{SL} 使得完全规范的传递函数可以实现。假设源与负载之间穿过网络的最短路径所经过的谐振腔数量为 $k_{\min}$，则根据"最小路径"原理，网络所能实现的有限位置传输零点的最大数量为 $k_{\max} = N - k_{\min}$。因为完全规范的网络 $k_{\min} = 0$，所以 $k_{\max} = N$。

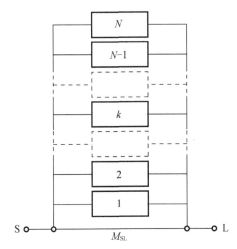

图 2-41　N 阶横向排列滤波网络

每个低通单元包含了一个并联电容 C_k 和一个非频率变量的电纳 B_k，通过特性导纳为 M_{Sk} 和 M_{Lk} 的导纳变换器与源和负载相连。第 k 个低通单元的等效电路如图 2-42 所示。

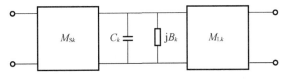

图 2-42　第 k 个低通单元的等效电路

图 2-41 所示的直接源与负载变换器 M_{SL}，除了完全规范的滤波函数情况外都为零值，此时有限传输零点的个数等于滤波器的阶数。在无限频率 $s = \pm j\infty$ 处，所有并联的电容 C_k 短路，而 M_{Sk} 和 M_{Lk} 开路。所以，源与负载之间的通路只有通过非频率变量的导纳变换器 M_{SL}。

若负载阻抗为 1Ω，从输入端看策动点导纳 $Y_{11\infty}$ 为

$$Y_{11\infty} = M_{SL}^2 \tag{2-164}$$

所以，输入反射系数 $S_{11}(s)$ 在 $s = j\infty$ 时为

$$S_{11}(s)\big|_{s=j\infty} = |S_{11\infty}| = \frac{1 - Y_{11\infty}}{1 + Y_{11\infty}} \tag{2-165}$$

由能量守恒定律有

$$|S_{21\infty}| = \sqrt{1 - |S_{11\infty}|^2} = \frac{2\sqrt{Y_{11\infty}}}{1 + Y_{11\infty}} = \frac{2M_{SL}}{1 + M_{SL}^2} \tag{2-166}$$

解式（2-166）得

$$M_{SL} = \frac{1 \pm \sqrt{1 - |S_{21\infty}|^2}}{|S_{21\infty}|} = \frac{1 \pm |S_{11\infty}|}{|S_{21\infty}|} \tag{2-167}$$

作为一个完全规范的滤波函数，$P_N(s)$ 和 $F_N(s)$ 都为最高阶系数归一化为 1 的 N 阶多项式，故在无限频率处：

$$|S_{21\infty}| = \frac{P_N(j\infty)}{\varepsilon E_N(j\infty)} = \frac{1}{\varepsilon} \tag{2-168}$$

$$|S_{11\infty}| = \frac{F_N(j\infty)}{E_N(j\infty)} = \frac{\sqrt{\varepsilon^2 - 1}}{\varepsilon} \tag{2-169}$$

所以

$$M_{SL} = \varepsilon + \sqrt{\varepsilon^2 - 1} \tag{2-170}$$

由于 $\sqrt{\varepsilon^2 - 1} \approx \varepsilon$，这样取负号将得到一个比较小的 M_{SL} 值：

$$M_{SL} = \varepsilon + \sqrt{\varepsilon^2 - 1} \tag{2-171}$$

在非完全规范的滤波器中，$|S_{11}(j\infty)| = F_N(j\infty)/E_N(j\infty) = 1$，这时 $M_{SL} = 0$。同样，取正号将得到另一个解 $M_{SL} = \varepsilon + \sqrt{\varepsilon^2 - 1}$，但由于这个解的值比较大，在实际中并不采用。

如图 2-42 所示的第 k 个单元"低通谐振腔"的传输矩阵 $[A_k]$ 为

$$[A_k] = -\begin{bmatrix} \dfrac{M_{Lk}}{M_{Sk}} & \dfrac{sC_k + jB_k}{M_{Sk}M_{Lk}} \\ 0 & \dfrac{M_{Sk}}{M_{Lk}} \end{bmatrix} \tag{2-172}$$

由传输矩阵 $[A_k]$ 推出导纳矩阵 $[y_k]$：

$$[y_k] = \begin{bmatrix} y_{11k} & y_{12k} \\ y_{21k} & y_{22k} \end{bmatrix} = \frac{M_{Sk}M_{Lk}}{sC_k + jB_k} \cdot \begin{bmatrix} \dfrac{M_{Sk}}{M_{Lk}} & 1 \\ 1 & \dfrac{M_{Lk}}{M_{Sk}} \end{bmatrix} = \frac{1}{sC_k + jB_k} \cdot \begin{bmatrix} M_{Sk}^2 & M_{Sk}M_{Lk} \\ M_{Sk}M_{Lk} & M_{Lk}^2 \end{bmatrix}$$

$$(2\text{-}173)$$

并联横向排列的二端口网络短路导纳参数矩阵 $[Y_N]$ 是 N 个单元 y 参数矩阵的总和，并且加上源与负载的直接耦合 M_{SL} 的 y 参数矩阵 $[y_{SL}]$：

$$[Y_N] = \begin{bmatrix} y_{11}(s) & y_{12}(s) \\ y_{21}(s) & y_{22}(s) \end{bmatrix} = [y_{SL}] + \sum_{k=1}^{N} \begin{bmatrix} y_{11k}(s) & y_{12k}(s) \\ y_{21k}(s) & y_{22k}(s) \end{bmatrix}$$

$$= j\begin{bmatrix} 0 & M_{SL} \\ M_{SL} & 0 \end{bmatrix} + \sum_{k=1}^{N}\left(\frac{1}{sC_k + jB_k} \cdot \begin{bmatrix} M_{Sk}^2 & M_{Sk}M_{Lk} \\ M_{Sk}M_{Lk} & M_{Lk}^2 \end{bmatrix} \right)$$

$$(2\text{-}174)$$

现在有导纳矩阵 $[Y_N]$ 的两个表达式，第一个为式（2-147）中的传递函数的留数，第二个为式（2-174）中的横向排列的电路单元，可以用来换算。立即可以看出 $M_{SL} = K_0$，而且式（2-147）和式（2-174）中右边矩阵中的第 2 列第 1 行和第 2 行元素有

$$\frac{r_{21k}}{s - j\lambda_k} = \frac{M_{Sk}M_{Lk}}{sC_k + jB_k}$$

$$\frac{r_{22k}}{s - j\lambda_k} = \frac{M_{Lk}^2}{sC_k + jB_k}$$

$$(2\text{-}175)$$

留数 r_{21k} 和 r_{22k} 和特征值 λ_k 已经由滤波函数的 $S_{21}(s)$ 和 $S_{22}(s)$ 多项式求得，因此，令式（2-175）的实部和虚部相等，就可以直接解出电路参数：

$$C_k = 1, \qquad B_k = M_{kk} = -\lambda_k$$
$$M_{Lk}^2 = r_{22k}, \qquad M_{Sk}M_{Lk} = r_{21k}$$

$$(2\text{-}176)$$

所以有

$$\begin{cases} M_{Lk} = \sqrt{r_{22k}} = T_{Nk} \\ M_{Sk} = \dfrac{r_{21k}}{\sqrt{r_{22k}}} = T_{1k} \end{cases}, \qquad k = 1, 2, \cdots, N$$

$$(2\text{-}177)$$

这样，M_{Sk} 和 M_{Lk} 组成正交矩阵 $[T]$ 中的行向量 T_{1k} 和 T_{Nk}。并联网络的电容 C_k 都归一化为 1，则频率不变量的电纳 B_k（描述的是自耦合 $M_{11} \sim M_{NN}$）、输入耦合 M_{Sk}、输出耦合 M_{Lk} 和源与负载直接耦合 M_{SL} 都可以得到。现在，网络所对应的完全规范的 $N+2$ 阶耦合矩阵就组成了，如图 2-43 所示，M_{Sk} 为 N 个输入耦合并占据了矩阵的第一行，M_{Lk} 为 N 个输出耦合并占据了矩阵的最后一行，所以其他项都为零。要注意的是 M_{S1}^2 和 M_{LN}^2 分别等于终端的阻抗 R_1 和 R_N。

	S	1	2	3	⋯	k	⋯	N−1	N	L
S		M_{S1}	M_{S2}	M_{S3}	⋯	M_{Sk}	⋯	$M_{S(N-1)}$	M_{SN}	M_{SL}
1	M_{1S}	M_{11}								M_{1L}
2	M_{2S}		M_{22}							M_{2L}
3	M_{3S}			M_{33}						M_{3L}
⋮	⋮				⋱					⋮
k	M_{kS}					M_{kk}				M_{kL}
⋮	⋮						⋱			⋮
N−1	$M_{(N-1)S}$							$M_{(N-1)(N-1)}$		$M_{(N-1)L}$
N	M_{NS}								M_{NN}	M_{NL}
L	M_{LS}	M_{L1}	M_{L2}	M_{L3}	⋯	M_{Lk}		$M_{L(N-1)}$	M_{LN}	

图 2-43　完全规范的 $N+2$ 阶耦合矩阵

完全规范的 $N+2$ 阶耦合矩阵和"N 阶交叉耦合原型带通滤波器的耦合矩阵综合"小节中求的 N 阶耦合矩阵一样,在物理结构上都无法实现,所以必须在不改变耦合矩阵特性的条件下,将其化简为便于物理实现的形式。

2.3.5　耦合矩阵化简

由 2.3.4 节得到的 N 阶满耦合矩阵和完全规范的 $N+2$ 阶耦合矩阵,在大多数情况下是都不能物理实现的,所以必须在不改变耦合矩阵特性的条件下,将其化简为更适合实际应用的拓扑结构。目前除 CT 和 CQ 结构外,用得最广泛的就是折叠标准结构(folded canonical configuration),它可以直接用来实现交叉耦合滤波器或者作为进一步变换为更容易实现的其他拓扑结构的出发点。本节分析两种耦合矩阵的化简方法:一种是采用 Givens 旋转变换方法,按照一定的序列变换,将耦合矩阵化简为折叠标准结构;另一种是基于多重旋转变换的数值方法,它可以得到任意的可物理实现的拓扑结构,包括折叠标准结构。

1. 基于 Givens 旋转变换的耦合矩阵化简

化简耦合矩阵是指在不改变耦合矩阵性质的前提下,通过一系列的行列变换来消除不需要的耦合值,直到得到一个有着最小耦合数量的矩阵。因为应用相似变换后的耦合矩阵 $[M]$ 的特征值和特征向量与原始矩阵的相同,所以变换后的矩阵能产生和原始矩阵一样的传输和反射特性。

运用 Givens 相似变换能够将矩阵中的某些指定位置上的非零元素变为零,通过该相似变换,可以保留原来的耦合矩阵的特征值和特征向量,所以这一变换所得到的矩阵将会和原有矩阵具有相同的传输和反射特性。

对于一个 $N \times N$ 阶耦合矩阵 $[M_0]$ 可以通过左、右各乘一个旋转矩阵 $[R]$ 和 $[R]$ 的转置矩阵 $[R]^{\mathrm{T}}$ 得到 $[M_0]$ 的相似矩阵，即

$$[M_1] = [R_1] \cdot [M_0] \cdot [R_1]^{\mathrm{T}} \tag{2-178}$$

式中，$[M_0]$ 是初始矩阵；$[M_1]$ 是经过变换后的矩阵；旋转矩阵 $[R_r]$ 的定义如图 2-44 所示，矩阵的旋转点为 $[i,j](i \neq j)$，表示元素 $R_{ii} = R_{jj} = \cos\theta_r$，$R_{ji} = -R_{ij} = \sin\theta_r$，$\theta_r$ 是旋转的角度，所有其他非主对角线元素为零。

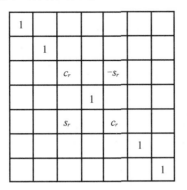

图 2-44　7 阶旋转矩阵 $[R_r]$，旋转点为 [3,5]，角度为 θ_r

变换后的矩阵 $[M_1]$ 与原始矩阵 $[M_0]$ 有相同的特征值，这就意味着可以连续进行任意定义的旋转点的变换，即

$$[M_r] = [R_r] \cdot [M_{r-1}] \cdot [R_r]^{\mathrm{T}}, \quad r = 1,2,3,\cdots,R \tag{2-179}$$

经过这样一系列旋转变换后的矩阵 $[M_r]$ 和 $[M_0]$ 有完全相同的性质。

对矩阵 $[M_{r-1}]$ 运用旋转点为 $[i,j](i \neq j)$、角度为 $\theta_r(\neq 0)$ 的旋转变换时，第 i 行和 j 行，以及 i 列和 j 列的元素值将不会发生改变，而在 i 和 j 行或列的元素值将会根据下面的公式发生变化：

$$
\begin{aligned}
M'_{ik} &= c_r M_{ik} - s_r M_{jk}, & i\text{行的元素} \\
M'_{jk} &= s_r M_{ik} + c_r M_{jk}, & j\text{行的元素} \\
M'_{ki} &= c_r M_{ki} - s_r M_{kj}, & i\text{列的元素} \\
M'_{kj} &= s_r M_{ki} + c_r M_{kj}, & j\text{列的元素}
\end{aligned}
\tag{2-180}
$$

当 $k = i$ 或 $k = j$ 时，则有

$$
\begin{aligned}
M'_{ii} &= c_r^2 M_{ii} - 2s_r c_r M_{ij} + s_r^2 M_{jj} \\
M'_{jj} &= s_r^2 M_{ii} + 2s_r c_r M_{ij} + c_r^2 M_{jj} \\
M'_{ij} &= M'_{ji} = s_r c_r M_{ii} + c_r^2 M_{ij} - s_r^2 M_{ij} - s_r c_r M_{jj}
\end{aligned}
\tag{2-181}
$$

式中，$k = 1,2,\cdots,N$；$c_r = \cos\theta_r$；$s_r = \sin\theta_r$；带撇号的参数代表矩阵 $[M_r]$ 的元素，不带撇号的参数代表矩阵 $[M_{r-1}]$ 的元素。

用 Givens 旋转变换简化矩阵的过程必须注意两点：第一，只有在旋转点 $[i,j]$ 所在的第 i 行和 j 行，以及第 i 列和 j 列的元素值才会受到变换的影响，其他元素值不会发生改变；第二，如果在变换中旋转点对应的行和列的两个对应元素都为零，那么变换后仍然为零。如图 2-45 所示，假设矩阵元素 M_{23} 和 M_{25} 在变换前为零，则在变换后仍为零。阴影部分为可能受到变换影响的元素（由于是对称矩阵，在图中只写了上三角部分元素）。

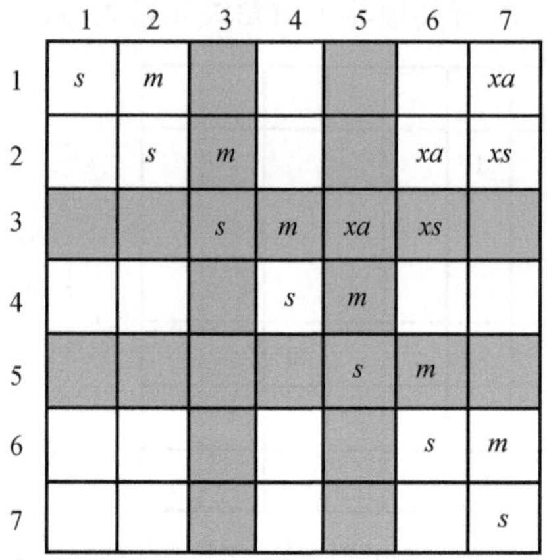

	1	2	3	4	5	6	7
1	*s*	*m*					*xa*
2		*s*	*m*			*xa*	*xs*
3			*s*	*m*	*xa*	*xs*	
4				*s*	*m*		
5					*s*	*m*	
6						*s*	*m*
7							*s*

图 2-45　7 阶耦合矩阵，旋转点为[3,5]，角度为 θ_r

前面的分析可以用来消除耦合矩阵的特定元素。例如，如图 2-45 所示的耦合矩阵，如果要将非零元素 M_{15} 化为零（同时可以消去 M_{51}），可以将旋转点选在[3,5]，$\theta_1 = -\arctan(M_{15} / M_{13})$ 的旋转矩阵，并根据式（2-180）的第 4 式采用 $k=1$，$i=3$，$j=5$ 进行计算。变换后的矩阵元素 $M_{15}'(M_{51}')$ 为零，并且行号、列号为 3 和 5 的元素值（图中阴影部分）都会发生变化。

对 2.3.4 节求得的耦合矩阵就可以采用 Givens 旋转变换，按照一定序列消去其中不能实现的元素值，将其化简为图 2-46 中的折叠标准结构。需要注意的是，变换序列应该按照前面提到的两个要点来确定，以确保某元素值一旦被消为零后，在以后的变换中仍然为零。

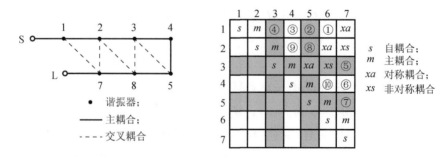

图 2-46　7 阶耦合谐振器的折叠标准形式（对于对称情况，s、xa 为零）

图 2-46 为一个 7 阶耦合谐振器的折叠标准结构及其变换序列。首先从第 1 行、第 $N-1$ 列开始，即元素 M_{16} 开始进行旋转变换，旋转点选在[5,6]，角度为 $\theta_1 = -\arctan(M_{16} / M_{15})$，将 M_{16} 化为零，然后设旋转点为[4,5]，以 $\theta_2 = -\arctan(M_{15} / M_{14})$ 做旋转变换将 M_{15} 化为零，而且前面变换的元素 M_{16} 将不会受到影响，因为 M_{16} 不在旋转点[4,5]所在的行和列上，所以仍然保持零值。再分别以[3,4]、[2,3]作为旋转点，以 $\theta_3 = -\arctan(M_{14} / M_{13})$ 以及 $\theta_4 = -\arctan(M_{13} / M_{12})$ 为旋转角分别消去 M_{14} 和 M_{13}。这样的 4 次旋转变换后，矩阵的第 1 行主耦合 M_{12} 与最后 1 列之间的元素全部变为零，由于是对称矩阵，第 1 列 M_{21} 和 M_{71} 之间的元素也同时变为零。

对第 1 行进行旋转变换完成之后，再对最后 1 列的元素进行旋转变换，即需要将 M_{37}、M_{47} 和 M_{57} 变为零，则可分别采用[3,4]、[4,5]和[5,6]为旋转点，分别以 $\arctan(M_{37} / M_{47})$、$\arctan(M_{47} / M_{37})$ 和 $\arctan(M_{57} / M_{67})$ 作为旋转角进行变换，同样，对称位置的元素也将变换为零。

再以同样的方法对第 2 行的元素 M_{25} 和 M_{24} 进行变换，然后是倒数第 2 列即第 6 列的元素 M_{46}。至此，一个一般的耦合矩阵已经转化为一个折叠标准形矩阵。表 2-11 总结了图 2-46 中的相似旋转变换参数及变换的顺序。

表 2-11　图 2-46 中相似旋转变换参数及变换顺序

元素所在行/列	变换次序	化零元素	旋转点 $[i, j]$	$\theta_r = \arctan(cM_{kl} / M_{mn})$				
				k	l	m	n	c
第 1 行	1	M_{16}	[5,6]	1	6	1	5	−1
	2	M_{15}	[4,5]	1	5	1	4	−1
	3	M_{14}	[3,4]	1	4	1	3	−1
	4	M_{13}	[2,3]	1	3	1	2	−1
第 7 列	5	M_{37}	[3,4]	3	7	4	7	1
	6	M_{47}	[4,5]	4	7	5	7	1
	7	M_{57}	[5,6]	5	7	6	7	1
第 2 行	8	M_{25}	[4,5]	2	5	2	4	−1
	9	M_{24}	[3,4]	2	4	2	3	−1
第 6 列	10	M_{46}	[4,5]	4	6	5	6	1

2. 基于优化的多重旋转变换的数值方法

按照一定序列的 Givens 旋转变换，可以得到与变换前耦合矩阵特性一样的折叠标准结构的耦合矩阵。本节将介绍一种基于优化的多重旋转变换的数值方法，它可以得到任意的可物理实现的拓扑结构[26]。

定义旋转变换后的耦合矩阵为

$$[M_1] = [R_{ij}(\theta)] \cdot [M_0] \cdot [R_{ij}(\theta)]^{\mathrm{T}} \tag{2-182}$$

式中，$[M_0]$ 是初始矩阵；$[M_1]$ 是经过变换后的矩阵；旋转矩阵 $[R_{ij}(\theta)]$ 定义为

$$R_{ij}(i,i) = R_{ij}(j,j) = \cos\theta$$

$$R_{ij}(i,j) = -R_{ij}(j,i) = \sin\theta$$

$$R_{ij}(k,k)\Big|_{k \neq i,j} = 1, \quad (i < j) \neq 1, N \qquad (2\text{-}183)$$

$$R_{ij}(k,i)\Big|_{k \neq i,j} = R_{ij}(j,k)\Big|_{k \neq i,j} = 0$$

基于以上旋转变换，设

$$[M'] = \left[R_{23} \cdot R_{23} \cdot \cdots \cdot R_{N-2,N-1}\right] \cdot [M] \cdot \left[R_{N-2,N-1}^{\mathrm{T}} \cdot R_{N-3,N-1}^{\mathrm{T}} \cdot \cdots \cdot R_{23}^{\mathrm{T}}\right]$$
$$= [S](\theta_1,\theta_2,\cdots,\theta_k) \cdot [M] \cdot [S]^{\mathrm{T}}(\theta_1,\theta_2,\cdots,\theta_k) \qquad (2\text{-}184)$$

式中，N 为滤波器阶数；k 为旋转点 $[i,j]$ 的总数，且满足 $k = \left(N^2 - 5N + 6\right)\big/2$。设旋转变换后的滤波器原型的结构是可实现的，那么这组旋转角 $(\theta_1,\theta_2,\cdots,\theta_k)$ 可以通过数值的方法得到。

设经过旋转后的耦合矩阵 $[M']$ 对应的新结构里没有而原结构有的交叉耦合的值为零，即这些旋转角满足以下非线性方程：

$$M'_{m,l}(\theta_1,\theta_2,\cdots,\theta_k) = 0 \qquad (2\text{-}185)$$

式中，m 和 l 涉及的所有矩阵 $[M']$ 的值都为零。

定义这组非线性方程组的非线性目标函数为

$$U = \sum_{k,l} \left| M'_{m,l}(\theta_1,\theta_2,\cdots,\theta_k) \right|^2 \qquad (2\text{-}186)$$

可以采用高斯-牛顿法解这组非线性方程组。整个优化过程并不影响同轴原型滤波器响应的准确性。式（2-186）的最后冗余度非常小（一般小于或约等于 10^{-10}）。冗余度大表示提出的滤波器拓扑结构不符合最初综合得到的耦合矩阵对应的滤波器响应，或者正交算法不能找到最优的旋转角。一般，这两种情况得到的滤波器响应是不可接受的。当滤波器的阶数非常大时，式（2-186）很难满足。但是在实际滤波器设计中，滤波器的阶数不大于 13，所以该方法还是很有效的。

2.3.6　综合实例

例 2-7　带通滤波器设计指标为：中心频率 $f_0 = 3\mathrm{GHz}$；相对带宽 FBW = 0.04；通带内回波损耗 RL=20dB；当 $f \geqslant 3.086\mathrm{GHz}$ 时，通带外最小衰减不小于 50dB。

滤波器设计过程如下：

（1）归一化后阻带边频 $\omega_1 = -1.42\mathrm{rad/s}$，$L_{\mathrm{As}} = 50\mathrm{dB}$。

（2）根据提取多组滤波器阶数和传输零点的方法，得到多组滤波器阶数和传输零点的关系如表 2-12 所示。

表 2-12　滤波器阶数和传输零点

	N	k	传输零点位置/（rad/s）
传统设计	11	—	—
2.3.1 节设计 1	7	1	$\omega_{o1}=1.3965\sim1.4447$
2.3.1 节设计 2	6	2	$\omega_{o1}=1.2746\sim1.4339$ $\omega_{o2}=1.5124\sim1.8265$
2.3.1 节设计 3	5	3	$\omega_{o1}=1.2811\sim1.3393$ $\omega_{o2}=1.4893\sim1.5946$ $\omega_{o3}=2.3778\sim2.7172$

（3）取 $N=7$，传输零点为 1.43 时，滤波器的衰减响应如图 2-47 所示，滤波器拓扑结构如图 2-48 所示。按照本章的方法，综合耦合矩阵如表 2-13 所示。

（4）取 $N=6$，传输零点为 1.371 和 1.655 时，滤波器的衰减响应如图 2-49 所示，滤波器拓扑结构如图 2-50 所示。按照本节方法综合得图 2-50（a）的耦合矩阵如表 2-14 所示。

（5）取 $N=5$，传输零点为 1.3、1.515 和 2.435 时，滤波器的衰减响应如图 2-51 所示，滤波器拓扑结构如图 2-52 所示。按照本节方法综合所得的耦合矩阵如表 2-15 所示。

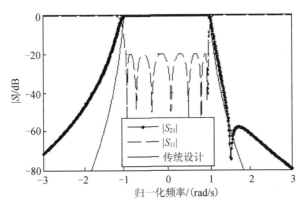

图 2-47　滤波器衰减响应（$N=7$）

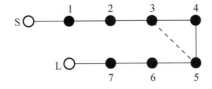

图 2-48　滤波器拓扑结构（$N=7$）

表 2-13 耦合矩阵（$R_1 = R_N = 0.9879$）

	1	2	3	4	5	6	7
1	0.0108	-0.8281	0	0	0	0	0
2	-0.8281	0.0127	0.5970	0	0	0	0
3	0	0.5970	0.0178	0.4968	0.2626	0	0
4	0	0	0.4968	-0.4922	0.4960	0	0
5	0	0	0.2626	0.4968	0.0178	0.5970	0
6	0	0	0	0	0.5970	0.0127	-0.8281
7	0	0	0	0	0	-0.8281	0.0108

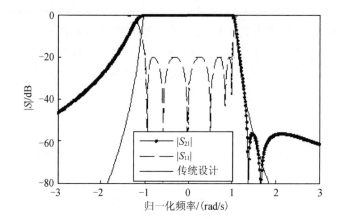

图 2-49 滤波器衰减响应（N=6）

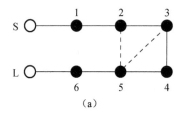

（a）

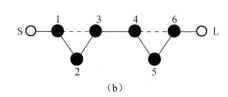

（b）

图 2-50 滤波器拓扑结构（N=6）

表 2-14 图 2-50（a）的耦合矩阵（$R_1 = R_N = 1.0042$）

	1	2	3	4	5	6
1	0.0310	0.8438	0	0	0	0
2	0.8438	0.0395	0.6019	0	0.1267	0
3	0	0.6019	-0.1169	0.3077	0.4452	0
4	0	0	0.3077	-0.7934	-0.4051	0
5	0	0.1267	0.4452	-0.4051	0.0395	0.8438
6	0	0	0	0	0.8438	0.0310

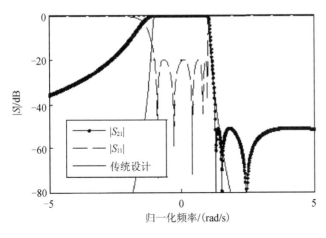

图 2-51 滤波器衰减响应（N=5）

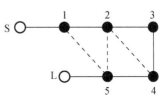

图 2-52 滤波器拓扑结构（N=5）

表 2-15 耦合矩阵（$R_1 = R_N = 1.0487$）

	1	2	3	4	5
1	0.0874	−0.8913	0	0	0.0901
2	−0.8913	0.5803	0.3038	−0.4619	−0.4059
3	0	0.3038	−0.9239	−0.1858	0
4	0	−0.4619	−0.1858	−0.3923	0.7935
5	0.0901	−0.4059	0	0.7935	0.0874

例 2-8 WCDMA 频段滤波器设计指标如表 2-16 所示。

表 2-16 WCDMA 频段滤波器设计指标

技术指标	参数
频率范围/MHz	2110～2170
带宽/MHz	60
插入损耗/dB	≤1.2
回波损耗/dB	≥20
带内波动/dB	≤0.6
带外抑制/dB	≥80@DC～1750MHz ≥45@1750～2090MHz ≥45@2190～2400MHz ≥80@2.4～3GHz
功率容量/W	50
温度范围/℃	−40～85
湿度/%	95
接口类型	SMA-F

滤波器设计过程如下。

（1）归一化后阻带边频 $\omega_1 = \pm 1.6794$rad/s，$L_{As} = 45$dB。按照传统 Chebyshev 设计的滤波器的最大阶数是 8。

（2）按照 2.3.1 节提出的提取多组滤波器阶数和传输零点的方法，得到滤波器阶数和传输零点的关系如表 2-17 所示。其传输响应如图 2-53 所示。

表 2-17　滤波器阶数和传输零点

	N	k	传输零点
传统设计	8	—	—
2.3.1 节设计	6	2	$\omega_{o1} = -1.7389 \sim -1.5989$
			$\omega_{o2} = 1.7389 \sim 1.5989$

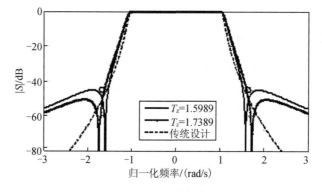

图 2-53　传输响应曲线

（3）取 $N = 6$，传输零点在 ± 1.65rad/s（2090.9MHz 和 2189.9MHz），滤波器的衰减响应如图 2-54 所示，滤波器拓扑结构如图 2-55 所示，按照本章的方法综合归一化耦合矩阵如表 2-18 所示，则 $M_{12} = M_{56} = 0.0234$，$M_{23} = M_{45} = 0.0166$，$M_{34} = 0.0186$，$Q_e = 35.8524$。

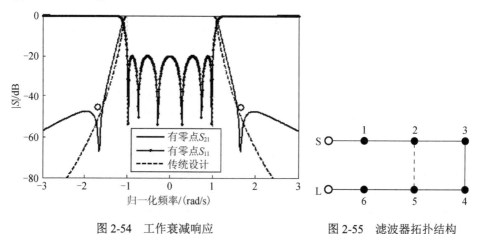

图 2-54　工作衰减响应　　　　　图 2-55　滤波器拓扑结构

表 2-18　耦合矩阵（ $R_1 = R_N = 0.9947$ ）

	1	2	3	4	5	6
1	0	0.8341	0	0	0	0
2	0.8341	0	0.5933	0	−0.1024	0
3	0	0.5933	0	0.6638	0	0
4	0	0	0.6638	0	0.5930	0
5	0	−0.1024	0	0.5933	0	0.8341
6	0	0	0	0	0.8341	0

（4）利用 HFSS 仿真软件对滤波器进行仿真，主要分成以下几个步骤。

第 1 步：构造单腔，主要利用 HFSS 本征模分析，调节谐振腔中中心导体的高度，优化谐振腔的尺寸，使本振模频率 $f_0 = 2139.8\text{MHz}$。其尺寸如下：方腔宽度为 34mm，高度为 30mm；中心导体半径为 5mm，高度为 25.05mm；端口选取 50Ω 同轴线，内径为 1mm，外径为 2.3mm。

第 2 步：提取外部 Q 值和谐振器间的耦合系数。图 2-56 为包含输入耦合结构的单个谐振器结构。图 2-57 为外部 Q 值与端口和短路面距离 Iport 的关系。图 2-58 是双同轴腔中耦合窗开在同轴腔开路面的结构示意图。图 2-59 为耦合窗开在开路面时耦合系数与耦合窗高度的关系。图 2-60 是双腔耦合面上加入探针的示意图。图 2-61 为加入探针时耦合系数与探针长度的关系。

第 3 步：根据第 1 步的综合参数和第 2 步耦合系数曲线获得滤波器结构的具体尺寸，然后建立整个滤波器的结构如图 2-62 所示。具体尺寸如表 2-19 所示。

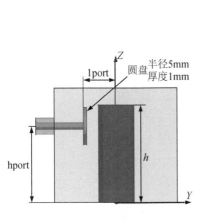

图 2-56　包含输入耦合结构的
　　　　　单个谐振器示意图

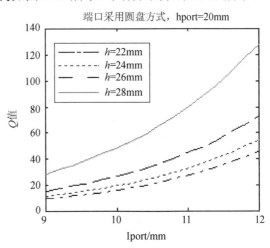

图 2-57　外部 Q 值与 Iport 的关系

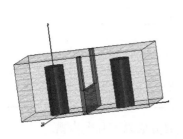

图 2-58　耦合窗开在开路面

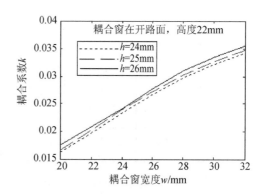

图 2-59　耦合窗开在开路面时耦合系数与
　　　　　耦合窗高度的关系

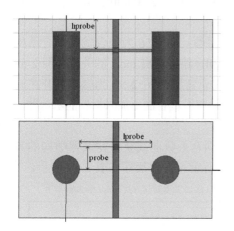

图 2-60　加入探针示意图

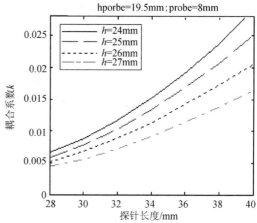

图 2-61　耦合窗开在短路面时耦合系数与
　　　　　探针长度的关系

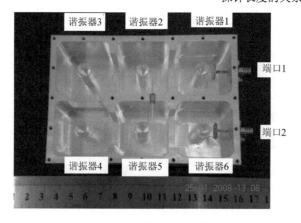

图 2-62　HFSS 仿真的滤波器结构

表 2-19　滤波器仿真尺寸

单腔尺寸：34mm×34mm×30mm；隔板厚度：2mm；
整个滤波器尺寸：106mm×70mm×30mm

谐振器半径均为 5mm；
谐振器 1 和谐振器 6 的高度：24.86mm；谐振器 2 和谐振器 5 的高度：25.04mm；
谐振器 3 和谐振器 4 的高度：25.14mm

耦合窗高度均为 22mm；
耦合窗 12 的宽度：23.4mm；耦合窗 23 的宽度：19.3mm；
耦合窗 34 的宽度：19.9mm

探针 25 长度：21mm，距离中心导体 2 的中心 7mm，距离开路面 19.5mm

端口采用 50Ω 同轴线设计；
同轴内径为 1mm，外径为 2.3mm；圆盘半径为 5mm，厚度为 1mm；
端口中心距离短路面 20mm；圆盘距离中心导体 1 的中心 10.3mm

图 2-63 为比较综合和测试的结果。图中圆圈表示设计指标。

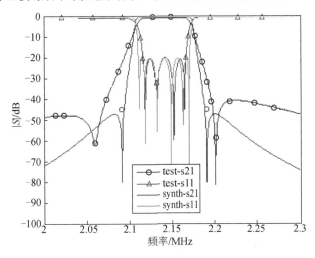

图 2-63　综合与测试结果比较

通过比较发现，测试结果与综合结果比较吻合，说明设计的滤波器满足指标要求，验证了本书提出的方法。

2.4　混合电磁耦合滤波器的综合理论

自从 1864 年 Maxwell 建立了电磁场方程组后，电和磁就被紧紧地联系在一起。电场和磁场相互作用在空间中产生了能量的辐射，在波导中产生能量的传输，在封闭的空间中产生能量的谐振。当一个微波谐振器被用于滤波器、振荡器、可调放大器等设备时，它必须与其他谐振器或者外部电路耦合，而这个耦合必然也是电和磁相互作用的结果。电磁能量的平衡可以导致谐振，在耦合中它也可以导致"反谐振"。在滤波器应用中，反谐振的电磁耦合表现为传输零点，如传输线谐振器滤波器[27-35]、准集总谐振器滤波器[36]、同轴腔滤波器[37]、介质腔滤波器[38, 39]。电磁耦合的反谐振特性带来很多好处：①它可以产生传输零点抑制远端通带或者在通带附近实现准椭圆函数滤波响应；②由电磁耦合实现的传输零点可以独立设计和调节而不干扰其他传输零点；③基于电磁耦合设计的准椭圆滤波器可以具有直线阵的谐振器分布，非常适合多工器应用；④电磁耦合的抵消效应减小了窄带滤波器的耦合尺寸，使电磁耦合滤波器非常适合高温超导滤波器应用，因为介质基片的尺寸限制非常严格。因此研究电磁耦合对于分析和设计微波滤波器非常重要。

对于窄带应用，微波谐振器的工作特性类似于集总谐振器，因此微波谐振器常常被视为串联或并联的 LC 谐振电路。这样做使窄带微波滤波器的综合，特别是准椭圆函数滤波器的综合变得非常简单，即使是滤波器具有十分复杂的耦合拓扑。而现代的滤波器综合技术是基于耦合矩阵的。在窄带近似下，构成耦合矩阵的耦合系数[24, 40, 41]是频率不变量。然而，这样的频率不变耦合系数丢失了电磁耦合反谐振的信息，因此当耦合中电磁能量接近平衡时所有矩阵综合法都失效了。尽管文献[42]介绍了一种电磁耦合滤波器综合法，但它是一种查表法，相比矩阵综合法就显得笨拙且缺乏通用性和灵活性。本章在理论上解决电磁耦合滤波器的建模和耦合矩阵综合问题，简单、高效，并且可以作为今后研究混合电磁交叉耦合滤波器的基础。

2.4.1 传统定义的耦合系数

1. 传统定义的磁耦合系数和电耦合系数

文献[24]给出了一个经典的耦合系数定义过程。图 2-64 所示为一个 N 阶耦合谐振器滤波器的等效电路，其中，L、C、R 分别表示电感、电容、电阻，i 表示回路电流，e_s 表示源电压。利用 Kirchhoff 定律电路的环路电压方程写为

$$
\begin{bmatrix} e_s \\ 0 \\ \vdots \\ 0 \end{bmatrix} = [Z] \begin{bmatrix} i_1 \\ i_2 \\ \vdots \\ i_N \end{bmatrix} \tag{2-187}
$$

式中

$$
[Z] =
$$

$$
\begin{bmatrix}
R_1 + \mathrm{j}\left(\omega L - \dfrac{1}{\omega C}\right) + \mathrm{j}\omega L_{11} & \mathrm{j}\omega L_{12} & \cdots & \mathrm{j}\omega L_{1N} \\
\mathrm{j}\omega L_{12} & \mathrm{j}\left(\omega L - \dfrac{1}{\omega C}\right) + \mathrm{j}\omega L_{22} & \vdots & \vdots \\
\vdots & \vdots & & \mathrm{j}\omega L_{(N-1)N} \\
\mathrm{j}\omega L_{1N} & \cdots & \mathrm{j}\omega L_{(N-1)N} & R_N + \mathrm{j}\left(\omega L - \dfrac{1}{\omega C}\right) + \mathrm{j}\omega L_{NN}
\end{bmatrix}
$$

$$
\tag{2-188}
$$

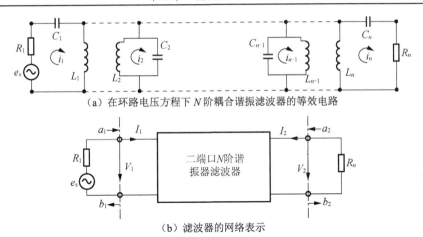

（a）在环路电压方程下 N 阶耦合谐振滤波器的等效电路

（b）滤波器的网络表示

图 2-64　在环路电压方程下 N 阶耦合谐振滤波器的等效电路及网络表示

由式（2-188）可以看出 $[Z]$ 是一个 N 阶对称矩阵，对电抗斜率和带宽归一化有

$$[Z] = \omega_0 L$$

$$\begin{bmatrix} \dfrac{R_1}{\omega_0 L} + \mathrm{j}\left(\dfrac{\omega}{\omega_0} - \dfrac{\omega_0}{\omega}\right) + \mathrm{j}\dfrac{\omega L_{11}}{\omega_0 L} & \mathrm{j}\dfrac{\omega L_{12}}{\omega_0 L} & \cdots & \mathrm{j}\dfrac{\omega L_{1N}}{\omega_0 L} \\[4mm] \mathrm{j}\dfrac{\omega L_{12}}{\omega_0 L} & \mathrm{j}\left(\dfrac{\omega}{\omega_0} - \dfrac{\omega_0}{\omega}\right) + \mathrm{j}\dfrac{\omega L_{22}}{\omega_0 L} & \vdots & \vdots \\[4mm] \vdots & \vdots & & \mathrm{j}\dfrac{\omega L_{(N-1)N}}{\omega_0 L} \\[4mm] \mathrm{j}\dfrac{\omega L_{1N}}{\omega_0 L} & \cdots & \mathrm{j}\dfrac{\omega L_{(N-1)N}}{\omega_0 L} & \dfrac{R_N}{\omega_0 L} + \mathrm{j}\left(\dfrac{\omega}{\omega_0} - \dfrac{\omega_0}{\omega}\right) + \mathrm{j}\dfrac{\omega L_{NN}}{\omega_0 L} \end{bmatrix}$$

$$= \omega_0 L \cdot \mathrm{FBW}$$

$$\begin{bmatrix} R_1' + \mathrm{j}p + \mathrm{j}\dfrac{\omega L_{11}}{\omega_0 L \cdot \mathrm{FBW}} & \mathrm{j}\dfrac{\omega L_{12}}{\omega_0 L \cdot \mathrm{FBW}} & \cdots & \mathrm{j}\dfrac{\omega L_{1N}}{\omega_0 L \cdot \mathrm{FBW}} \\[4mm] \mathrm{j}\dfrac{\omega L_{12}}{\omega_0 L \cdot \mathrm{FBW}} & \mathrm{j}p + \mathrm{j}\dfrac{\omega L_{22}}{\omega_0 L \cdot \mathrm{FBW}} & \vdots & \vdots \\[4mm] \vdots & \vdots & & \mathrm{j}\dfrac{\omega L_{(N-1)N}}{\omega_0 L \cdot \mathrm{FBW}} \\[4mm] \mathrm{j}\dfrac{\omega L_{1N}}{\omega_0 L \cdot \mathrm{FBW}} & \cdots & \mathrm{j}\dfrac{\omega L_{(N-1)N}}{\omega_0 L \cdot \mathrm{FBW}} & R_2' + \mathrm{j}p + \mathrm{j}\dfrac{\omega L_{NN}}{\omega_0 L \cdot \mathrm{FBW}} \end{bmatrix}$$

$$\tag{2-189}$$

式中

$$R' = \frac{R}{\omega_0 L \cdot \mathrm{FBW}} \tag{2-190}$$

为归一化电阻；

$$p = \frac{1}{\text{FBW}}\left(\frac{\omega}{\omega_0} - \frac{\omega_0}{\omega}\right) \tag{2-191}$$

表示低通原型频率变量。在窄带滤波器中，常假设 $\omega / \omega_0 \approx 1$，这样式（2-189）就变为

$$[Z] = \omega_0 L \cdot \text{FBW} \cdot \begin{bmatrix} R_1' + jp + j\dfrac{M_{11}}{\text{FBW}} & j\dfrac{M_{12}}{\text{FBW}} & \cdots & j\dfrac{M_{1N}}{\text{FBW}} \\ j\dfrac{M_{12}}{\text{FBW}} & jp + j\dfrac{M_{22}}{\text{FBW}} & \vdots & \vdots \\ \vdots & \vdots & & j\dfrac{M_{(N-1)N}}{\text{FBW}} \\ j\dfrac{M_{1N}}{\text{FBW}} & \cdots & j\dfrac{M_{(N-1)N}}{\text{FBW}} & R_2' + jp + j\dfrac{M_{NN}}{\text{FBW}} \end{bmatrix}$$

$$= \omega_0 L \cdot \text{FBW} \cdot \begin{bmatrix} R_1' + jp + jm_{11} & jm_{12} & \cdots & jm_{1N} \\ jm_{12} & jp + jm_{22} & \vdots & \vdots \\ \vdots & \vdots & & jm_{(N-1)N} \\ jm_{1N} & \cdots & jm_{(N-1)N} & R_2' + jp + jm_{NN} \end{bmatrix} \tag{2-192}$$

式中

$$M_{ij} = \frac{L_{ij}}{L} \tag{2-193}$$

表示谐振器 i 和谐振器 j 的耦合系数；

$$m_{ij} = \frac{M_{ij}}{\text{FBW}} \tag{2-194}$$

表示对带宽归一化的耦合系数。

式（2-193）定义的耦合系数称为磁耦合系数或感性耦合系数。采用上述类似的推导可以得到电耦合系数或容性耦合系数：

$$M_{ij} = \frac{C_{ij}}{C} \tag{2-195}$$

建立一个简单的耦合 LC 谐振电路就可以分别推导出耦合系数的另一种表达式：

$$k_M = \frac{L_{ij}}{L} = \frac{f_{od}^2 - f_{ev}^2}{f_{od}^2 + f_{ev}^2}, \quad \text{磁耦合系数} \tag{2-196}$$

$$k_E = \frac{C_{ij}}{C} = -\frac{f_{od}^2 - f_{ev}^2}{f_{od}^2 + f_{ev}^2}, \quad \text{电耦合系数} \tag{2-197}$$

式中，f_{od} 和 f_{ev} 分别为耦合谐振电路的奇模频率和偶模频率，它们都是电路的本征模式频率。

2. 传统定义的混合电磁耦合系数

文献[24]、[39]、[40]给出了一种混合电磁耦合谐振器的等效电路。可以推导出混合耦合系数的表达式为

$$k_{\mathrm{B}} = \frac{f_{\mathrm{od}}^2 - f_{\mathrm{ev}}^2}{f_{\mathrm{od}}^2 + f_{\mathrm{ev}}^2} = \frac{CL_m' + LC_m'}{LC_m' + L_m'C_m'} \tag{2-198}$$

式中，L_m' 和 C_m' 分别表示耦合电感和耦合电容。根据 $L_m'C_m' \ll LC$，式（2-198）变为

$$k_{\mathrm{B}} \approx \frac{L_m'}{L} + \frac{C_m'}{C} = k_{\mathrm{M}} + k_{\mathrm{E}} \tag{2-199}$$

文献[24]、[39]、[40]对混合电磁耦合进行了有益的探讨，这对交叉耦合滤波器的设计具有重要的意义。然而文献[39]、[40]对耦合系数的定义也存在着很多问题和矛盾，具体如下。

首先，式（2-198）假设 $L_m'C_m' \ll LC$ 是没有道理的。

其次，LC 等效电路模型中电磁耦合与实际物理结构中电磁耦合的对应完全是一种抽象的概念和经验解释，没有区分和量化的标准。

最后，传统定义的电磁耦合系数存在着矛盾。式（2-196）定义的磁耦合系数正比于一个 K 变换器，表示电抗；式（2-197）定义的电耦合系数正比于一个 J 变换器，表示电纳。电抗和电纳互为倒数，是同一事物（抗纳）的两种相反表示。因此传统定义的电磁耦合系数式（2-196）和式（2-197）虽然同为耦合系数，但实际上它们是两种互为倒数的量。在图 2-65 所示的混合电磁耦合电路中既有 K 变换器又有 J 变换器，因此式（2-196）定义的混合电磁耦合系数是一个"阻抗"和"导纳"的和，概念的矛盾之处显而易见。

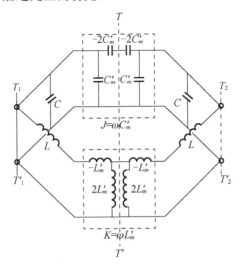

图 2-65　文献[24]给出的本征模式下混合电磁耦合谐振器模型

文献[39]中给出的混合电磁耦合系数的值 $k_{\mathrm{B}} = 0.5k_{\mathrm{M}} + 0.6k_{\mathrm{E}}$ 是在某一特定结构、特定尺寸下根据经验拟合给出的，它不具有一般性。

另一点需要指出的是，混合电磁耦合系数可以引起网络的传输零点，这一点在文献[39]中也可以找到证据。根据文献[39]，与外部电路相接的混合电磁耦合谐振器电路如图 2-66 所示。网络参数为

$$Z_{21} = Z_{12} = \frac{Z_{11\mathrm{e}} - Z_{11\mathrm{o}}}{2} \qquad （2\text{-}200）$$

式中

$$Z_{11\mathrm{e}} = \frac{1 - \omega^2(1 + L'_m)(1 + C'_m)}{\mathrm{j}\omega(1 + C'_m)} \qquad （2\text{-}201）$$

$$Z_{11\mathrm{o}} = \frac{1 - \omega^2(1 - L'_m)(1 - C'_m)}{\mathrm{j}\omega(1 + C'_m)[1 + 2\omega^2 C'_m(1 - L'_m)]} \qquad （2\text{-}202）$$

分别为网络的奇模阻抗和偶模阻抗。令式（2-201）=式（2-202）就可以解出网络的传输零点频率了，但这个解的表达式并不简洁，因此虽然文献[40]早在 1996 年就提出了混合电磁耦合系数的概念，但在此后很长的一段时间内，关于采用混合电磁耦合生成滤波器传输零点的方法研究鲜有报道。

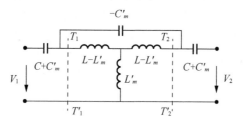

图 2-66　文献[39]给出的激励模式下混合电磁耦合谐振器模型

2.4.2　混合电磁耦合的定义

1. 以 K 变换器表示的耦合系数

2.4.1 节已经介绍过，传统耦合系数定义的局限性和缺陷有：①没有可行的分别提取电和磁耦合系数的方法；②忽略了混合电磁耦合的传输零点效应；③混合耦合等效电路中同时存在 K 变换器和 J 变换器。本节将重新定义电磁耦合系数。

图 2-67 为一个二阶带通滤波器的等效电路。源和端接电阻相等，即 $R_1 = R_2 = R$。若用一个频变的电抗 $M(\omega)$ 表示谐振器间的耦合，则图 2-67 所示的电压回路方程为

$$\begin{bmatrix} e_{\mathrm{s}} \\ 0 \end{bmatrix} = \begin{bmatrix} R + \omega_0 Lp & -\mathrm{j}M(\omega) \\ -\mathrm{j}M(\omega) & R + \omega_0 Lp \end{bmatrix} \cdot \begin{bmatrix} i_1 \\ i_2 \end{bmatrix} \qquad （2\text{-}203）$$

式中

$$p = \mathrm{j}\left(\frac{\omega}{\omega_0} - \frac{\omega_0}{\omega}\right) \tag{2-204}$$

表示频率变量。当耦合中的电耦合量和磁耦合量相当时，耦合电抗 $M(\omega)$ 应该同时反映出这两种耦合，因此电和磁耦合都应该以电抗的形式来表示：

$$M(\omega) = \omega L_m - \frac{1}{\omega C_m} = \omega_m L_m\left(\frac{\omega^2 - \omega_m^2}{\omega \omega_m}\right) \tag{2-205}$$

式中，L_m 和 C_m 分别表示耦合电感和耦合电容。可以看出，$\omega = \omega_m = (L_m C_m)^{-1/2}$ 为 $M(\omega)$ 的零点，也就是 S_{21} 的传输零点。根据电路理论，如果图 2-67 中的参考面 A-A 和 B-B 被开路，这个电路可以被变换为图 2-68 所示的电路，其中

$$C_1 = \frac{CC_m}{C_m - C}, \qquad C_2 = \frac{C_m}{2} \tag{2-206}$$

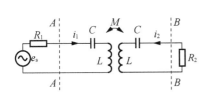

图 2-67　具有频变耦合 $M(\omega)$ 的二阶带通　　图 2-68　将图 2-70 所示电路的参考面 A-A 和
　　　　滤波器的等效电路　　　　　　　　　　　B-B 开路后得到的等效电路

若在对称面 T-T 分别插入电壁和磁壁，有

$$L_{\mathrm{od}} = L - L_m, \qquad L_{\mathrm{ev}} = L + L_m \tag{2-207}$$

$$C_{\mathrm{od}} = \frac{CC_m}{C_m - C}, \qquad C_{\mathrm{ev}} = \frac{CC_m}{C_m + C} \tag{2-208}$$

转换电路的奇模和偶模谐振频率分别为

$$\omega_{\mathrm{od}} = \sqrt{\frac{1}{L_{\mathrm{od}} C_{\mathrm{od}}}} = \sqrt{\frac{C_m - C}{(L - L_m)CC_m}}, \qquad 奇模 \tag{2-209}$$

$$\omega_{\mathrm{ev}} = \sqrt{\frac{1}{L_{\mathrm{ev}} C_{\mathrm{ev}}}} = \sqrt{\frac{C_m + C}{(L + L_m)CC_m}}, \qquad 偶模 \tag{2-210}$$

在中心频率 ω_0 处用 $\omega_0 L$ 除式（2-205）有

$$k = \frac{M(\omega_0)}{\omega_0 L} = \frac{\omega_0 L_m - 1/(\omega_0 C_m)}{\omega_0 L}$$

$$= \frac{K_M}{\omega_0 L_0} - \frac{K_E}{\omega_0 L_0} = \frac{L_m}{L_0} - \frac{C_0}{C_m} = M_C - E_C \tag{2-211}$$

定义式（2-211）中的 M_C 为电耦合系数，E_C 为磁耦合系数。对比式（2-199）可以

发现，这里定义的磁耦合系数与传统定义的磁耦合系数相同，而式（2-211）定义的电耦合系数与传统定义的电耦合系数互为倒数。定义式（2-221）的好处是它将磁耦合系数 M_C 和电耦合系数 E_C 以统一的电抗量的形式表达，它们实际上就是两个 K 变换器 K_M 和 K_E，如图 2-69 所示。

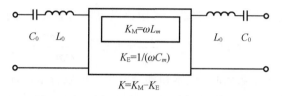

$$K=K_M-K_E$$

图 2-69　由 K 变换器表示的混合电磁耦合谐振器等效电路

考虑式（2-209）和式（2-210）以及式（2-211），可以分别推导出磁、电耦合系数的提取公式：

$$M_C = \frac{\omega_{od}^2 - \omega_{ev}^2}{\omega_{od}^2 + \omega_{ev}^2 - 2\omega_m^2} \tag{2-212}$$

$$E_C = \frac{\omega_m^2(\omega_{od}^2 - \omega_{ev}^2)}{2\omega_{od}^2\omega_{ev}^2 - \omega_m^2(\omega_{od}^2 + \omega_{ev}^2)} \tag{2-213}$$

这两个公式的意义是它们使得混合电磁耦合系数中的磁耦合系数和电耦合系数有了量化标准。这对传统定义的电磁耦合系数是一个极大的改进。

观察式（2-211）～式（2-213）可以发现，当电耦合系数 $E_C = 0$ 时，$C_m = \infty$，$\omega_m = (L_m C_m)^{-1/2} = 0$，所以有

$$k = M_C - E_C = M_C = \frac{\omega_{od}^2 - \omega_{ev}^2}{\omega_{od}^2 + \omega_{ev}^2}, \qquad E_C = 0 \tag{2-214}$$

此时式（2-211）中的总耦合系数变成了式（2-214）中的磁耦合系数，它与传统的磁耦合系数提取公式（2-196）相同。当磁耦合系数 $M_C = 0$ 时，$L_m = 0$，$\omega_m = (L_m C_m)^{-1/2} = \infty$，所以有

$$k = M_C - E_C = -E_C = \frac{\omega_{od}^2 - \omega_{ev}^2}{\omega_{od}^2 + \omega_{ev}^2}, \qquad M_C = 0 \tag{2-215}$$

此时，式（2-211）中的总耦合系数变成了式（2-215）中的负电耦合系数，它与传统的电耦合系数提取公式（2-197）相同。这说明当耦合为纯粹的电耦合或磁耦合时，新理论回到了传统理论，它们虽然有区别但又是统一的。如果从特征频率定义的耦合系数出发，将式（2-209）和式（2-210）代入下式：

$$k' = \frac{\omega_{od}^2 - \omega_{ev}^2}{\omega_{od}^2 + \omega_{ev}^2} \tag{2-216}$$

有

$$k' = \frac{M_C - E_C}{1 - M_C E_C} = \frac{k}{1 - M_C E_C} \tag{2-217}$$

事实上，在混合电磁耦合中，当能够准确地从中提取电耦合系数和磁耦合系数时，总耦合系数已经没有多少实际的意义了，式（2-217）中 k 与 k' 的区别也不再重要，在后面介绍的综合方法中，可以直接采用电耦合系数和磁耦合系数而不必考虑总耦合系数。由电、磁耦合系数的定义，有

$$\frac{M_C}{E_C} = \frac{L_m/L}{C/C_m} = \frac{L_m C_m}{LC} = \frac{\omega_0^2}{\omega_m^2} \tag{2-218}$$

从中可以看出，磁、电耦合系数之比决定了传输零点的位置，电耦合和磁耦合强度越接近，则传输零点越靠近中心频率，然而由式（2-211）知总耦合的大小是磁耦合和电耦合之差，电、磁耦合越接近则总耦合系数越小，从而使滤波器的带宽很小。要使滤波器同时具有较宽的带宽和距离通带很近的传输零点是不太容易的，除非电耦合和磁耦合都很强。下面分别讨论磁耦合和电耦合对滤波器的影响。

1）磁耦合的影响

情况 1：$k>0$（$f_{od} > f_{ev}$），$M_C > E_C$，磁耦合占主导地位。磁耦合对滤波器的影响如图 2-70 所示。取电耦合 E_C =0.0684。当 M_C = 0.1026 时，总耦合系数为 k = 0.0344，在低阻带混合电磁耦合产生一个传输零点 f_m = 0.89GHz。保持 E_C 不变，将磁耦合减小至 M_C = 0.0779，从而总耦合减小至 k = 0.0096，带宽变窄，传输零点移动到了 f_m = 1.02GHz 处。

情况 2：$k<0$（$f_{od} < f_{ev}$），$M_C < E_C$，电耦合系数占主导地位。如图 2-70 所示，E_C 仍然不变，当磁耦合继续被减小至 M_C =0.0449 时，总耦合系数变为负：k = −0.0235，带宽反而变宽。传输零点从低阻带移动到了高阻带 f_m = 1.35GHz 处。如果继续减小磁耦合 M_C，则总耦合系数的绝对值将继续增大，带宽将继续变宽，传输零点将移向无穷远的频率。

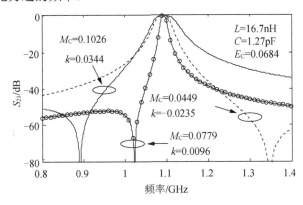

图 2-70　磁耦合 M_C 的影响

2）电耦合的影响

情况 1：$k < 0$，$M_C < E_C$，电耦合占主导地位。电耦合对滤波器的影响如图 2-71 所示。取磁耦合 $M_C = 0.1106$。当 $E_C = 0.1736$ 时，总耦合系数 $k = -0.0643$，在高阻带混合电磁耦合产生一个传输零点 $f_m = 1.36\text{GHz}$。保持 M_C 不变，将电耦合减小至 $E_C = 0.1263$，从而总耦合减小至 $k = -0.0159$，带宽变窄，传输零点移动到了 $f_m = 1.16\text{GHz}$ 处。

情况 2：$k > 0$，$M_C > E_C$，磁耦合系数占主导地位。如图 2-71 所示，M_C 仍然不变，当电耦合继续被减小至 $E_C = 0.0772$ 时，总耦合系数变为正：$k = 0.0337$，带宽变宽。传输零点从高阻带移动到了低阻带 $f_m = 0.91\text{GHz}$ 处。如果继续减小电耦合 E_C，则总耦合系数将继续增大，带宽继续变宽，传输零点将移向零频率。

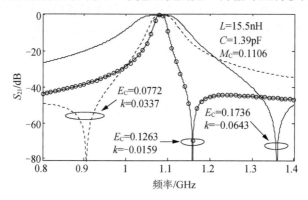

图 2-71　电耦合 E_C 的影响

2. 以 J 变换器表示的耦合系数

另一种实用的混合电磁耦合等效电路是与图 2-70 和图 2-71 的对偶电路，如图 2-72 所示。图 2-72 所示的电路与由 K 变换器表示的电路是对偶电路，因此对于由 J 变换器表示的混合电磁耦合电路，电、磁耦合系数的定义式和提取公式也与本节上述公式对偶：

$$k = \frac{J_E}{\omega_0 C_0} - \frac{J_M}{\omega_0 C_0} = \frac{C_m}{C_0} - \frac{L_0}{L_m} = E_C - M_C \qquad (2\text{-}219)$$

$$E_C = \frac{\omega_{ev}^2 - \omega_{od}^2}{\omega_{ev}^2 + \omega_{od}^2 - 2\omega_m^2} \qquad (2\text{-}220)$$

$$M_C = \frac{\omega_m^2(\omega_{ev}^2 - \omega_{od}^2)}{2\omega_{ev}^2\omega_{od}^2 - \omega_m^2(\omega_{ev}^2 + \omega_{od}^2)} \qquad (2\text{-}221)$$

$$\frac{M_C}{E_C} = \frac{L/L_m}{C_m/C} = \frac{LC}{L_m C_m} = \frac{\omega_m^2}{\omega_0^2} \qquad (2\text{-}222)$$

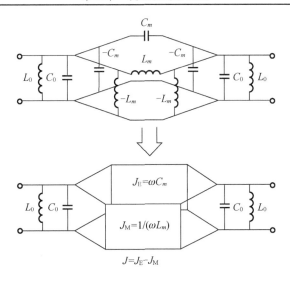

图 2-72　由 J 变换器表示的混合电磁耦合谐振器等效电路

　　K 变换器和 J 变换器表示的混合电磁耦合谐振器电路具有相反的特性。例如，当磁耦合较大时，J 变换器电路的传输零点将位于高阻带；而当电耦合较大时，传输零点将位于低阻带，这里不再赘述了。在后面将会看到 K 变换器电路适用于半耦合半波长传输线谐振器电路，J 变换器电路适用于全耦合四分之一波长传输线谐振器电路，如同轴腔滤波器。

　　本节定义的混合电磁耦合系数解决了传统定义的问题，改进了传统定义的不足。新定义的电、磁耦合系数可以从混合电磁耦合中被分别独立地提取出来。新定义的耦合系数便于分析混合电磁耦合的传输零点，其将电耦合和磁耦合统一到了同一种抗纳形式（K 变换器或 J 变换器）的电路中。

2.4.3　混合电磁耦合滤波器的耦合矩阵综合

　　1. 混合电磁耦合系数矩阵的化简——从带通到低通

　　根据前面介绍的混合电磁耦合系数的定义，本节介绍基于这一定义的耦合矩阵的综合方法。该方法借鉴了 Amari 于 2000 年发表的梯度优化法[22]。在本节中，磁和电耦合系数简记为 M 和 E。

　　在滤波器综合中，不论是 K 变换器还是 J 变换器电路都可以被表示成图 2-73 所示的一般形式的混合电磁耦合谐振器滤波网络，其中 M 和 E 的形式取决于物理电路的形式。

　　这里用 K 变换器电路来介绍下面的综合方法。基于 J 变换器电路的综合可以根据对偶原则推导出来。图 2-73 所示电压回路方程写为

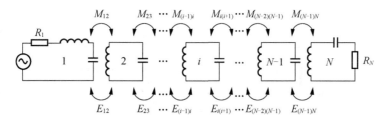

图 2-73　N 阶混合电磁耦合滤波电路

$$
\begin{bmatrix}
R_1 + j\left(\omega_0 L_0 - \dfrac{1}{\omega_0 C_0}\right) + j\omega L_{11} & j\left(\omega L_{12} - \dfrac{1}{\omega C_{12}}\right) & 0 & 0 \\[3mm]
j\left(\omega L_{12} - \dfrac{1}{\omega C_{12}}\right) & j\left(\omega_0 L_0 - \dfrac{1}{\omega_0 C_0}\right) + j\omega L_{22} & \vdots & 0 \\[3mm]
0 & \vdots & & j\left(\omega L_{(N-1)N} - \dfrac{1}{\omega C_{(N-1)N}}\right) \\[3mm]
0 & 0 & j\left(\omega L_{(N-1)N} - \dfrac{1}{\omega C_{(N-1)N}}\right) & R_N + j\left(\omega_0 L_0 - \dfrac{1}{\omega_0 C_0}\right) + j\omega L_{NN}
\end{bmatrix}
$$

$$
\cdot \begin{bmatrix} i_1 \\ i_2 \\ \vdots \\ i_N \end{bmatrix} = \begin{bmatrix} e_s \\ 0 \\ \vdots \\ 0 \end{bmatrix}
$$

（2-223）

式中，$\omega_0 = 1 / \sqrt{L_0 C_0}$ 为滤波器的中心频率；L_{ii} 表示第 i 个谐振器的电感增量；R_1 和 R_N 分别为输入和输出电阻；$L_{i(i+1)}(C_{i(i+1)})$ 是第 i 个和第 $i+1$ 个谐振器之间的互感（互容）。令式（2-223）对 $\omega_0 L_0$ 归一化有

$$
[z] = \begin{bmatrix}
R_1' + j\left(\dfrac{\omega}{\omega_0} - \dfrac{\omega_0}{\omega}\right) + jM_{11} & j\left(\dfrac{\omega}{\omega_0}M_{12} - \dfrac{\omega_0}{\omega}E_{12}\right) & 0 & 0 \\[3mm]
j\left(\dfrac{\omega}{\omega_0}M_{12} - \dfrac{\omega_0}{\omega}E_{12}\right) & j\left(\dfrac{\omega}{\omega_0} - \dfrac{\omega_0}{\omega}\right) + jM_{22} & \vdots & 0 \\[3mm]
0 & \vdots & & j\left(\dfrac{\omega}{\omega_0}M_{(N-1)N} - \dfrac{\omega_0}{\omega}E_{(N-1)N}\right) \\[3mm]
0 & 0 & j\left(\dfrac{\omega}{\omega_0}M_{(N-1)N} - \dfrac{\omega_0}{\omega}E_{(N-1)N}\right) & R_N' + j\left(\dfrac{\omega}{\omega_0} - \dfrac{\omega_0}{\omega}\right) + jM_{NN}
\end{bmatrix}
$$

（2-224）

式中

$$
M_{ii} = \frac{L_{ii}}{L_0}, \qquad M_{ij} = \frac{L_{ij}}{L_0}, \qquad E_{ij} = \frac{C_0}{C_{ij}} \tag{2-225}
$$

考虑带通—低通频率变换：

$$
\omega' = \frac{1}{W}\left(\frac{\omega}{\omega_0} - \frac{\omega_0}{\omega}\right) \tag{2-226}
$$

将式（2-224）对带宽因子 $W = \omega_0 / \Delta\omega$ 归一化（$\Delta\omega$ 是滤波器的实际带宽），这样

就有

$$
[z_1] = \begin{bmatrix}
R_1'' + j\omega' + jm_{11} & j\left(\dfrac{\omega}{\omega_0}m_{12} - \dfrac{\omega_0}{\omega}e_{12}\right) & 0 & 0 \\[3mm]
j\left(\dfrac{\omega}{\omega_0}m_{12} - \dfrac{\omega_0}{\omega}e_{12}\right) & j\omega' + jm_{22} & \vdots & 0 \\[3mm]
0 & \vdots & & j\left(\dfrac{\omega}{\omega_0}m_{(N-1)N} - \dfrac{\omega_0}{\omega}e_{(N-1)N}\right) \\[3mm]
0 & 0 & j\left(\dfrac{\omega}{\omega_0}m_{(N-1)N} - \dfrac{\omega_0}{\omega}e_{(N-1)N}\right) & R_N'' + j\omega' + jm_{NN}
\end{bmatrix}
$$

$$（2\text{-}227）$$

式中

$$
R'' = \frac{R}{\omega_0 L_0 W}, \qquad m_{ii} = \frac{M_{ii}}{W}, \qquad m_{i(i+1)} = \frac{M_{i(i+1)}}{W}, \qquad e_{i(i+1)} = \frac{E_{i(i+1)}}{W} \qquad （2\text{-}228）
$$

从式（2-227）可以看出，式（2-223）中的阻抗矩阵中主对角线上的元素被部分地影射到低通原型频率 ω' 域。为了将副对角线上的元素也影射到 ω' 域，需要作如下近似。对式（2-226）取反有

$$
\omega = \frac{\omega_0}{2}\left(\omega'W + \sqrt{\omega'^2 W^2 + 4}\right) \qquad （2\text{-}229）
$$

将式（2-229）代入式（2-227），则副对角线上的元素变为

$$
\frac{\omega}{\omega_0}m - \frac{\omega_0}{\omega}e = \frac{m}{2}\left[\omega'W + \sqrt{(\omega'W)^2 + 4}\right] - \frac{2e}{\omega'W + \sqrt{(\omega'W)^2 + 4}} \qquad （2\text{-}230）
$$

若将式（2-230）在 $\omega' = 0$ 附近展开成 Taylor 级数并取前两项有

$$
\frac{\omega}{\omega_0}m - \frac{\omega_0}{\omega}e = g\left(\omega' + b\right) \qquad （2\text{-}231）
$$

式中

$$
\begin{cases}
g = \dfrac{W}{2}(m+e) \\[3mm]
b = \dfrac{2}{W}\dfrac{m-e}{m+e}
\end{cases}
\quad 或 \quad
\begin{cases}
m = g\left(\dfrac{1}{W} + \dfrac{b}{2}\right) \\[3mm]
e = g\left(\dfrac{1}{W} - \dfrac{b}{2}\right)
\end{cases}
\qquad （2\text{-}232）
$$

利用式（2-231）可以将式（2-227）中的阻抗矩阵 $[z_1]$ 映射到低通频率 ω' 域，这样就得到低通原型中的阻抗矩阵为

$$
[z_2] = \begin{bmatrix}
R_1 + j\omega' + jm_{11} & jg_{12}(\omega' + b_{12}) & 0 & 0 \\[2mm]
jg_{12}(\omega' + b_{12}) & j\omega' + jm_{22} & \vdots & 0 \\[2mm]
0 & \vdots & & jg_{(N-1)N}(\omega' + b_{(N-1)N}) \\[2mm]
0 & 0 & jg_{(N-1)N}(\omega' + b_{(N-1)N}) & R_N + j\omega' + jm_{NN}
\end{bmatrix}
$$

$$（2\text{-}233）$$

为了简单起见，在式（2-233）中仍然用 R_1 和 R_N 分别表示输入和输出电阻。式（2-233）乘以 $-j$ 有

$$[A] = -j[z_2] \tag{2-234}$$

这样，环路电流向量[I]由以下方程支配：

$$\left(\omega'[U] - j[R] + [M]\right)[I] = [A][I] = -j[V] \tag{2-235}$$

式中，$[U]$ 为单位矩阵；$[R]$ 是一个除了 $R_{11} = R_1$ 和 $R_{NN} = R_N$ 外其余元素均为零的矩阵；$[V]$ 表示电压向量；$[M]$ 是一个对称的频变耦合矩阵：

$$[M] = \begin{bmatrix} m_{11} & g_{12}(\omega' + b_{12}) & 0 & 0 \\ g_{12}(\omega' + b_{12}) & m_{22} & \vdots & 0 \\ 0 & \vdots & & g_{(n-1)n}(\omega' + b_{(N-1)N}) \\ 0 & 0 & g_{(N-1)N}(\omega' + b_{(N-1)N}) & m_{NN} \end{bmatrix} \tag{2-236}$$

进而可以得到散射参数：

$$S_{21} = -j2\sqrt{R_1 R_N}\left[A^{-1}\right]_{N1}, \quad S_{11} = 1 + j2R_1\left[A^{-1}\right]_{11} \tag{2-237}$$

可以轻易地写出元素 $\left[A^{-1}\right]_{N1}$ 的分子

$$\text{num}\left(\left[A^{-1}\right]_{N1}\right) = (-1)^{N-1}\prod_{i=1}^{N-1} g_{i(i+1)}(\omega' + b_{i(i+1)}) \tag{2-238}$$

注意到 S_{21} 的传输零点就是式（2-238）的根：$-b_{i(i+1)}(i = 1, 2, \cdots, N-1)$。因为在综合前所有传输零点 $b_{i(i+1)}$ 都已经给定，所以利用这些传输零点可以将对两个耦合系数 $m_{i(i+1)}$ 和 $e_{i(i+1)}$ 的综合化简为对一个耦合参数 $g_{i(i+1)}$ 的综合（比较式（2-227）和式（2-236））。

利用对偶原则可以很容易地得到基于 J 变换器电路的综合方法。在这种情况下，图 2-73 中的耦合系数取式（2-219）所示的形式。这里只给出网络的导纳矩阵：

$$[y_2] = \begin{bmatrix} G_1 + j\omega' + je_{11} & jg_{12}(\omega' + b_{12}) & 0 & 0 \\ jg_{12}(\omega' + b_{12}) & j\omega' + je_{22} & \vdots & 0 \\ 0 & \vdots & & jg_{(N-1)N}(\omega' + b_{(N-1)N}) \\ 0 & 0 & jg_{(N-1)N}(\omega' + b_{(N-1)N}) & G_N + j\omega' + je_{NN} \end{bmatrix}$$

$$\tag{2-239}$$

可以看出它与式（2-233）对偶，式中

$$e_{ii} = \frac{E_{ii}}{W} = \frac{C_{ii}}{WC_0} \tag{2-240}$$

表示自耦合，并且有

$$\begin{cases} g = \dfrac{W}{2}(e+m) \\ b = \dfrac{2}{W}\dfrac{e-m}{e+m} \end{cases} \quad 或 \quad \begin{cases} e = g\left(\dfrac{1}{W}+\dfrac{b}{2}\right) \\ m = g\left(\dfrac{1}{W}-\dfrac{b}{2}\right) \end{cases} \tag{2-241}$$

G_1 和 G_N 表示输入和输出电导。

2. 梯度表达式

在综合中应该注意到 S_{21} 传输零点的个数必须小于 $N-1$，这是由式（2-238）的约束引起的。利用文献[22]介绍的梯度优化技术可继续这个综合程序。我们选用以下代价函数：

$$K = \sum_{i=1}^{n} |S_{11}(\omega_i')|^2 + \sum_{p=1}^{n} |S_{21}(\omega_p')|^2 \tag{2-242}$$

式中，ω_i' 和 ω_p' 都是经过精心考虑选取的频率点，如滤波器的零极点。由于式（2-236）的副对角线上的元素是频率的函数，因此本章中滤波器响应对耦合参数 g_{pq} 的偏导数与文献[22]略有不同：

$$\frac{\partial S_{11}}{\partial g_{pq}} = -\mathrm{j}4R_1(\omega'+b_{pq})[A^{-1}]_{1p}[A^{-1}]_{q1} \tag{2-243}$$

$$\frac{\partial S_{21}}{\partial g_{pq}} = \mathrm{j}2\sqrt{R_1 R_N}(\omega'+b_{pq})\cdot\left([A^{-1}]_{Np}[A^{-1}]_{q1}+[A^{-1}]_{Nq}[A^{-1}]_{p1}\right) \tag{2-244}$$

将式（2-243）和式（2-244）与文献[22]中相对应的公式（S_{11} 和 S_{21} 对 M_{pq} 的偏导数）进行对比可以发现，式（2-243）和式（2-244）中多出来的一项因子 $(\omega'+b_{pq})$ 并不会增加优化程序的复杂程度，因为在优化过程中，$(\omega'+b_{pq})$ 可以被视为常数。可以得到滤波器群延迟的表达式为

$$\tau = \mathrm{Im}\left[\frac{\sum_{k=1}^{N}\left(g_{(k-1)k}[A^{-1}]_{N(k-1)}+[A^{-1}]_{Nk}+g_{k(k+1)}[A^{-1}]_{N(k+1)}\right)[A^{-1}]_{k1}}{[A^{-1}]_{N1}}\right] \tag{2-245}$$

式中，$g_{01} = g_{N(N+1)} = 0$。

2.4.4　综合实例

例 2-9　当 $n = 3$，传输零点为（多项式 P 的根）$z_1 = \mathrm{j}3.02$，带内回波损耗为 22dB 时，以 K 变换器电路的形式综合滤波函数。设耦合矩阵的初始值为

$$[M] = \begin{bmatrix} 0 & 0.3(\omega'-3.2) & 0 \\ 0.3(\omega'-3.2) & 0 & 0.3 \\ 0 & 0.3 & 0 \end{bmatrix} \tag{2-246}$$

优化后的耦合矩阵为

$$[M] = \begin{bmatrix} -0.6756 & 0.3679(\omega'-3.2) & 0 \\ 0.3679(\omega'-3.2) & -0.3808 & 1.034 \\ 0 & 1.034 & 0.1071 \end{bmatrix} \tag{2-247}$$

将这个耦合矩阵代入式（2-236）和式（2-237）得到的响应曲线如图 2-74 所示。

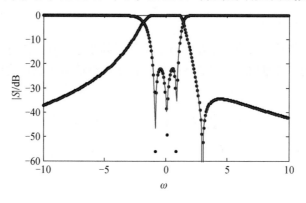

图 2-74　例 2-9 的综合结果

实线为混合电磁耦合滤波器综合结果；点为理想函数

例 2-10　当 $n=4$，传输零点为 $z_1 = -j2.45$、$z_2 = -j3.8$、$z_3 = j5.4$，带内回波损耗为 20dB 时，以 J 变换器电路的形式综合滤波函数。设耦合矩阵的初始值为

$$[M] = \begin{bmatrix} 0 & 0.3(\omega'+2.45) & 0 & 0 \\ 0.3(\omega'+2.45) & 0 & 0.3(\omega'+3.8) & 0 \\ 0 & 0.3(\omega'+3.8) & 0 & 0.3(\omega'-5.4) \\ 0 & 0 & 0.3(\omega'-5.4) & 0 \end{bmatrix} \tag{2-248}$$

优化后的耦合矩阵为

$$[M] = \begin{bmatrix} 0.6391 & 0.3784(\omega'+2.45) & 0 & 0 \\ 0.3784(\omega'+2.45) & 0.5545 & 0.1738(\omega'+3.8) & 0 \\ 0 & 0.1738(\omega'+3.8) & -0.0035 & 0.1676(\omega'-5.4) \\ 0 & 0 & 0.1676(\omega'-5.4) & -0.3444 \end{bmatrix}$$

$$\tag{2-249}$$

将这个耦合矩阵代入式（2-236）和式（2-237）得到的响应曲线如图 2-75 所示，可以看出，综合结果与理想滤波函数非常吻合。

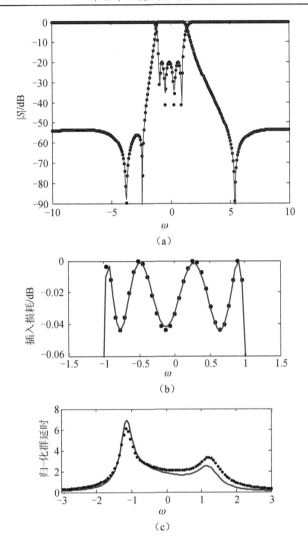

图 2-75　例 2-10 的综合结果

实线为混合电磁耦合滤波器的综合结果；点线为理想滤波函数

参 考 文 献

[1]　黄席椿, 高顺泉. 滤波器综合法设计原理. 北京: 人民邮电出版社,1977.

[2]　Gupta K C, Garg R, Chadha R. Computer Aided Design of Microwave Circuits. Norwood: Artech, 1981.

[3]　贾宝富, 王一凡, 罗正祥. 广义切比雪夫线性相位滤波器的设计. 电子科技大学学报,2008, 37(3):389-392.

[4]　Williams A E. A four-cavity elliptic waveguide filter. IEEE Transactions on Microwave Theory and Techniques, 1970, 18(12): 1109-1114.

[5]　Atia A E. New type of waveguide bandpass filters forsatellite transponders. COMSAT Technical

Review, 1971, 1: 21-43.

[6]　　Atia A E, Williams A E. Narrow-bandpass waveguide filters. IEEE Transactions on Microwave Theory Techniques, 1972, 20(4): 258-265.

[7]　　Atia A E, Williams A E, Newcomb R W. Narrow-band multiple-coupled cavity synthesis. IEEE Transactions on Circuit and System, 1974, 21(5): 649-655.

[8]　　Cameron R J. Fast generation of Chebyshev filter prototypes with asymmetrically prescribed transmission zeros. ESA, 1982, 6: 83-95.

[9]　　Cameron R J. General coupling matrix synthesis methods for Chebyshev filtering function. IEEE Transactions on Microwave Theory and Techniques,1999, 47(4): 433-442.

[10]　Cameron R J. Advanced coupling matrix synthesis techniques for microwave filters. IEEE Transactions on Microwave Theory and Techniques, 2003, 51(1): 1-10.

[11]　Cameron R J, Harish A R, Radcliffe C J. Synthesis of advanced microwave filters without diagonal cross-couplings. IEEE Transactions on Microwave Theory and Techniques,2002, 50(12): 2862-2872.

[12]　Cameron R J, Faugere J C, Deyfert F, et al. Coupling matrix synthesis for a new class of microwave filter configuration. IEEE MTT-S International Microwave Symposium Digest, 2005: 119-122.

[13]　Rhodes J D, Cameron R J. General extracted pole synthesis technique with applications to low-loss TE_{011} mode filters. IEEE Transactions on Microwave Theory and Techniques,1980, 28(9): 1018-1028.

[14]　Cameron R J. General prototype network synthesis methods for microwave filter. ESA, 1982, 6: 193-206.

[15]　Levy R. Theory of direct-coupled cavity filters. IEEE Transactions on Microwave Theory and Techniques, 1967, 15: 340-348.

[16]　Levy R. Filters with single transmission zeros at real or imaginary frequencies. IEEE Transactions on Microwave Theory and Techniques, 1976, 24(4): 172-181.

[17]　Hong J S, Lancaster M J. Design of highly selective microwave bandpass filters with a single pair of attenuation poles at finite frequencies. IEEE Transactions on Microwave Theory and Techniques, 2000, 48: 1098-1107.

[18]　Levy R. Direct synthesis of cascaded quadruplet (CQ) filters. IEEE Transactions on Microwave Theory Techniques, 1995, 43(12): 2940-2944.

[19]　Hershtig R, Levy R, Zaki K. Synthesis and design of cascaded trisection (CT) dielectric resonator filters. The 27th European Microwave Conference, Jerusalem, 1997: 784-791.

[20]　Chu Q X, Tu Z H. Determining transmission zeros of general Chebyshev lowpass prototype filter. Microwave and Optical Technology Letters, 2007, 49(9): 2270-2275.

[21]　Chu Q X, Tu Z H.A novel method to determine general Chebyshev filer transmission zeros. Microwave and Optical Technology Letters, 2007, 49(11): 2849-2851.

[22]　Amari S. Synthesis of cross-coupled resonator filters using an analytical gradient-based optimization technique. IEEE Transactions on Microwave Theory and Techniques,2000, 48(9): 1559-1564.

[23]　苏涛, 梁昌洪, 谢拥军. 广义 Chebyshev 最优滤波器设计. 电子学报, 2003, 31(12): 2018-2020.

[24]　Hong J S, Lancaster M J. Microstrip Filters for RF/Microwave Application. New Yorks: John Wiley & Sons, 2001.

[25]　Wenzel R J. Understanding transmission zero movement in cross-coupled filters. IEEE MTT-S International Microwave Symposium Digest, 2003: 1459-1462.

[26]　Amari S, Tadeson G, Cihlar J, et al. New parallel $\lambda/2$-microstrip line filters with transmission zeros at finite frequencies. IEEEMTT-S International Microwave Symposium Digest, 2003, 1:

543-546.

[27] Kuo J T, Hsu C L, Shih E. Compact planar quasi-elliptic function filter with inline stepped-impedance resonators. IEEE Transactions on Microwave Theory and Techniques, 2007, 55(8): 1747-1755.

[28] Matthaei G L, Fenzi N O, Forse R J, et al. Hairpin-comb filters for HTS and other narrow-band applications. IEEE Transactions on Microwave Theory and Techniques,1997, 45(8): 1226-1231.

[29] Matthaei G L. Narrow-band, fixed-tuned, and tunable bandpass filters with zig-zag hairpin-comb resonators. IEEE Transactions on Microwave Theory and Techniques, 2003, 51(4): 1214-1219.

[30] Matthaei G L. Microwave hairpin-comb filters for narrow-band applications: US, 6130189, 2000.

[31] Tsai C M, Lee S Y, Lee H M. Transmission-line filters with capacitively loaded coupled lines. IEEE Transactions on Microwave Theory and Techniques,2003, 51(5): 1517-1524.

[32] Chu Q X, Wang H. A compact open-loop filter with mixed electric and magnetic coupling. IEEE Transactions on Microwave Theory and Techniques, 2008, 56(2): 431-439.

[33] Wang H, Chu Q X. An EM-coupled triangular open-loop filter with transmission zeros very close to passband. IEEE Microwave and Wireless Components Letters, 2009, 19(2): 71-73.

[34] Wang H, Chu Q X. A narrow-band hairpin-comb two-pole filter with source-load coupling. IEEE Microwave and Wireless Components Letters, 2010, 20(7):372- 374.

[35] Menzel W, Balalem A. Quasi-lumped suspended stripline filters and diplexers. IEEE Transactions on Microwave Theory and Techniques, 2005, 53(10): 3230-3237.

[36] Wang H, Chu Q X. An inline coaxial quasi-elliptic filter with controllable mixed electric and magnetic coupling. IEEE Transactions on Microwave Theory and Techniques, 2009, 57(3): 667-673.

[37] Levy R. New cascaded trisections with resonant cross-couplings (CTR sections) applied to the design of optimal filters. IEEE MTT-S International Microwave Symposium Digest, 2004, 2: 447-450.

[38] Wang H, Chu Q X. Generation of transmission zero through electric and magnetic mixed coupling. International Conference on Microwave and Millimeter Wave Technology, Nanjing, 2008: 1-3.

[39] Hong J S, Lancaster M J. Couplings of microstrip square open-loop resonators for cross-coupled planar microwave filters. IEEE Transactions on Microwave Theory and Techniques,1996, 44(21): 2099-2109.

[40] Hong J S. Couplings of asynchronously tuned coupled microwave resonators. IEE Proceedings on Microwaves, Antennas and Propagation, 2000, 147(5): 354-358.

[41] Orchard H J, Temes G C. Filter design using transformed variables. IEEE Transactions on Circuit Theory, 1968, CT-15(4): 385-408.

[42] Thomas J B. Cross-coupling in coaxial cavity filters—A tutorial overview. IEEE Transactions on Microwave Theory and Techniques, 2003, 51(4): 1376-1398.

第3章　可控混合电磁耦合滤波器

本章将分别介绍基于混合电磁耦合理论设计的平面滤波器、同轴滤波器和 $TE_{01\delta}$ 模介质谐振器滤波器。

3.1 节详细分析全耦合四分之一波长谐振器滤波器、全耦合半波长谐振器滤波器和半耦合半波长谐振器滤波器三类电磁耦合机理。基于此分别提出矩形开口环滤波器[1]、具有缺陷地结构的三角形开口环滤波器[2]和发夹梳滤波器，并给出在各种微带滤波器中混合电磁耦合的控制方法。基于发夹梳滤波器，还提出具有源-端耦合的混合电磁耦合滤波器[3]，对拓展和丰富非相邻耦合技术具有参考意义。由于电磁耦合的抵消效应，这些小型平面可控混合电磁耦合滤波器的谐振器耦合间距小于传统的平面滤波器，结构紧凑、性能好，非常适合集成通信系统应用和高温超导滤波器应用。本小节最后还将混合电磁耦合引入双频应用中，提出混合电磁耦合双频滤波器，这个滤波器具有多个灵活可控的传输零点，实现了优越的双频隔离特性。

3.2 节分析可控混合电磁耦合同轴腔滤波器，其中电耦合和磁耦合可以被分别控制，从而实现准椭圆函数滤波器。由于滤波器中插入了附加的耦合装置，滤波器的体积变得更小，耦合更容易控制，因此可以得到灵活可控的传输零点从而实现非对称的滤波响应[4]。

3.3 节分析当探针馈电谐振器时，单个 $TE_{01\delta}$ 模谐振器自身包含两条耦合路径，即一个 $TE_{01\delta}$ 介质谐振器既作为谐振器贡献传输极点，同时信号通过谐振器自身又会产生相差形成传输零点。这彻底打破了产生传输零点必须构造谐振器到谐振器之间的多耦合路径的思想，也就是说一个单个的谐振器就是一个一阶的准椭圆函数滤波器，通过控制馈电的位置就可以控制传输零点[5]。基于这一新的耦合机制，本小节设计一种新型的直线阵准椭圆函数滤波器。该滤波器的全部耦合均由耦合膜片实现，设计方法简单实用，大大降低了 $TE_{01\delta}$ 介质谐振器滤波器的设计难度，具有很重要的理论和工程意义。

3.1　混合电磁耦合平面滤波器

近年来发展起来的新材料和新工艺，包括高温超导（HTS）、低温陶瓷共烧（LTCC）、单片微波集成电路（MMIC）、微机电系统（MEMS），极大地促进了对微带滤波器和其他平面滤波器的研究。

微带线是一种准 TEM 波传输线，这是由微带线的非对称结构造成的。在某些问题的分析中，如在耦合线分析中，由于微带的非对称结构（导带的一侧是介质基片，另一侧是空气），奇模相速和偶模相速会有略微的不同，因此会导致微带电路的分析结果与 TEM 传输线电路的分析结果在频率上产生偏差。然而，在工程分析中可以近似认为微带线中传输的是 TEM 波，这给微带电路的研究带来极大的方便。

3.1.1 耦合传输线的电磁耦合

1. 电磁耦合传输线

图 3-1 所示为一段长度为 l 的耦合传输线段，其中 Z_{0e} 和 Z_{0o} 分别表示偶模和奇模特性阻抗，其电压方程为

$$\begin{bmatrix} [v_{\mathrm{I}}] \\ [v_{\mathrm{II}}] \end{bmatrix} = \begin{bmatrix} z_{\mathrm{II}} & z_{\mathrm{III}} \\ z_{\mathrm{II\,I}} & z_{\mathrm{IIII}} \end{bmatrix} \begin{bmatrix} [i_{\mathrm{I}}] \\ [i_{\mathrm{II}}] \end{bmatrix} \tag{3-1}$$

式中

$$[v_{\mathrm{I}}] = [v_1, \quad v_2]^{\mathrm{T}}, \qquad [v_{\mathrm{II}}] = [v_3, \quad v_4]^{\mathrm{T}}$$
$$[i_{\mathrm{I}}] = [i_1, \quad i_2]^{\mathrm{T}}, \qquad [i_{\mathrm{II}}] = [i_3, \quad i_4]^{\mathrm{T}} \tag{3-2}$$

表示端口 1 到端口 4 的电压和电流。

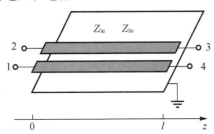

图 3-1 耦合传输线段

$$[z_{\mathrm{II}}] = \begin{bmatrix} z_{11} & z_{12} \\ z_{21} & z_{22} \end{bmatrix}, \qquad [z_{\mathrm{III}}] = \begin{bmatrix} z_{13} & z_{14} \\ z_{23} & z_{24} \end{bmatrix}$$
$$[z_{\mathrm{II\,I}}] = \begin{bmatrix} z_{31} & z_{32} \\ z_{41} & z_{42} \end{bmatrix}, \qquad [z_{\mathrm{IIII}}] = \begin{bmatrix} z_{33} & z_{34} \\ z_{43} & z_{44} \end{bmatrix} \tag{3-3}$$

为分块部分矩阵[6, 7]。如果端口 3 和端口 4 接负载 Z_{L}（$Y_{\mathrm{L}} = 1/Z_{\mathrm{L}}$），则新网络的端口 1 到端口 2 的阻抗矩阵可以写为

$$[Z] = [z_{\mathrm{II}}] + Y_{\mathrm{L}} [z_{\mathrm{III}}] ([U] - Y_{\mathrm{L}} [z_{\mathrm{IIII}}])^{-1} [z_{\mathrm{II\,I}}] \tag{3-4}$$

式中，$[U]$ 是一个 2×2 的单位矩阵。若端口 3 和端口 4 开路，即 $Y_{\mathrm{L}} = 0$，则端口 1 到端口 2 的自阻抗和互阻抗可以由式（3-4）推导得出

$$Z_{11} = z_{11} = -\frac{\mathrm{j}}{2}(Z_{0e} + Z_{0o})\cot\theta$$

$$Z_{12} = z_{12} = -\frac{\mathrm{j}}{2}(Z_{0e} - Z_{0o})\cot\theta \tag{3-5}$$

式中，$\theta = \beta l$，$\beta = \omega\sqrt{\mu\varepsilon}$ 为介质中的传播常数。这样，如果端接开路的耦合传输线段源系统阻抗为 Z_c 的外部电路在端口 1 和端口 2 激励，可以得到两个端口的传输系数

$$S_{12} = \frac{-\mathrm{j}Z_c(Z_{0e} - Z_{0o})\cot\theta}{Z_{0e}Z_{0o} \cdot \left(\cot\theta + \mathrm{j}\frac{Z_c}{Z_{0e}}\right)\left(\cot\theta + \mathrm{j}\frac{Z_c}{Z_{0o}}\right)} \tag{3-6}$$

现在，可以看出 S_{12} 的零点就是式（3-6）分子的零点

$$\theta = \frac{2k+1}{2}\pi，\quad k = 0,1,2,\cdots \tag{3-7}$$

以及式（3-6）分母的私有极点

$$\theta = k\pi，\quad k = 0,1,2,\cdots \tag{3-8}$$

图 3-2 所示为这样一段端接开路负载的耦合传输线段网络的响应曲线。

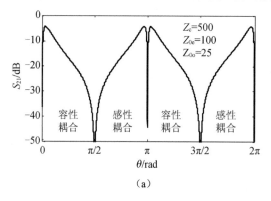

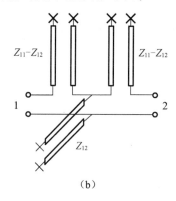

（a）　　　　　　　　　　　　　　　（b）

图 3-2　当端口 3 和端口 4 开路时端口 1 到端口 2 的传输系数和等效去耦电路（参考图 3-1）

事实上，由式（3-5）可以得出如图 3-2 所示的等效去耦电路。去耦电路的串臂和并臂具有相同的长度，并臂阻抗和串臂阻抗分别为

$$Z_p = Z_{12} = -\frac{\mathrm{j}}{2}(Z_{0e} - Z_{0o})\cot\theta，\quad Z_s = Z_{11} - Z_{12} = -\mathrm{j}Z_{0o}\cot\theta \tag{3-9}$$

当 $\theta = (2k+1)\pi/2$ 时，有 $Z_s = Z_p = 0$，这就意味着串臂 Z_s 是一个带通元件而 Z_p 是一个带阻元件，传输零点是由并臂 $Z_p = Z_{12}$ 产生的。这时并臂也可以由一个串联的 LC 谐振器代替。

当 $\theta = k\pi$ 时，有 $Z_s = Z_p = \mathrm{j}\infty$，这就是说串臂 Z_s 是一个带阻元件，而并臂 Z_p 是一个带通元件。此时的传输零点是由串臂 $Z_s = Z_{11} - Z_{12}$ 产生的。

当 $k\pi < \theta < (2k+1)\pi/2$ 时，由式（3-5）可知 $\mathrm{Im}(Z_{12}) < 0$，意味着容性耦合；当 $(2k-1)\pi/2 < \theta < k\pi$ 时 $\mathrm{Im}(Z_{12}) > 0$，意味着感性耦合（图3-2）。

在图 3-1 中，若端口 3 和端口 4 短路 $(Z_L = 0)$，仿照前面的推导可以得到下列公式：

$$Y_{11} = -\frac{\mathrm{j}}{2}\left(Y_{0e} + Y_{0o}\right)\cot\theta$$

$$Y_{12} = -\frac{\mathrm{j}}{2}\left(Y_{0e} - Y_{0o}\right)\cot\theta \qquad (3\text{-}10)$$

$$S_{12} = \frac{\mathrm{j}Y_c\left(Y_{0e} - Y_{0o}\right)\cot\theta}{Y_{0e}Y_{0o}\left(\cot\theta + \mathrm{j}\dfrac{Y_c}{Y_{0e}}\right)\left(\cot\theta + \mathrm{j}\dfrac{Y_c}{Y_{0o}}\right)} \qquad (3\text{-}11)$$

可以看出式（3-11）与式（3-6）具有相同的传输零点，即式（3-7）和式（3-8）给出的零点。由式（3-10）可以给出如图 3-3 所示的等效去耦电路。并臂导纳和串臂导纳分别为

$$Y_p = Y_{11} + Y_{12} = -\mathrm{j}Y_{0e}\cot\theta, \quad Y_s = -Y_{12} = \frac{\mathrm{j}}{2}\left(Y_{0e} - Y_{0o}\right)\cot\theta \qquad (3\text{-}12)$$

当 $\theta = (2k+1)\pi/2$ 时，有 $Y_p = Y_s = 0$，这就意味着并臂 Y_p 是一个带通元件，而串臂 Y_s 是一个带阻元件，传输零点是由串臂 $Y_s = -Y_{12}$ 产生的。这时串臂也可以由一个并联的 LC 谐振器代替。

当 $\theta = k\pi$ 时，有 $Y_p = Y_s = \mathrm{j}\infty$，这就是说并臂 Y_p 是一个带阻元件，而 Y_s 是一个带通元件。此时的传输零点是由并臂 $Y_p = Y_{11} + Y_{12}$ 产生的。当 $k\pi < \theta < (2k+1)\pi/2$ 时，由式（3-10）可知 $\mathrm{Im}(Y_{12}) < 0$，意味着感性耦合；当 $(2k-1)\pi/2 < \theta < k\pi$ 时，$\mathrm{Im}(Y_{12}) > 0$，意味着容性耦合（图3-3）。

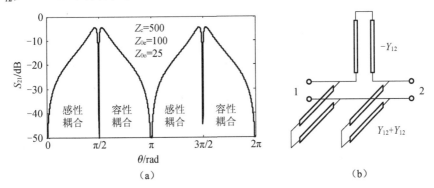

图 3-3　端口 3 和端口 4 短路时，端口 1 到端口 2 的传输系数和等效去耦电路（参考图3-1）

注意到图 3-2 和图 3-3 中没有出现极点，这是由于串臂和并臂具有相同的电长度，还注意到如果图 3-3 的曲线向左或向右移动 $\pi/2$ 则与图 3-2 的曲线相同。事实

上，即便耦合传输线段的终端接任意的电抗负载，耦合抗纳 $Z_{12}(Y_{12})$ 也是 θ 的函数并且随频率或电长度的变化在负无穷到正无穷之间变化。这个可变的耦合抗纳的结果是产生传输零点，如图 3-2 和图 3-3 所示。控制和改变这些传输零点位置的方法有：改变耦合线的终端负载电抗 $\text{Im}(Z_L)$ [8,9]；改变传输线的形状（如使用阶梯阻抗线[10]）；改变耦合的长度，下面将展开讨论这一点。

2. 全耦合四分之一波长谐振器

集总电路比分布电路更抽象，更具有一般性，更便于综合。许多数值综合实例证明，将分布参数转换为集总参数设计窄带滤波器更高效。

图 3-4 显示了一段耦合四分之一波长谐振器从分布电路过渡到集总电路的过程。谐振器的顶部开路，底部短路。我们知道，如果传输线的长度 θ 为 $\pi/2$，它将成为一个谐振器。电场能量集中在开路端而磁场能量集中在短路端。为了实现耦合，谐振器的长度必须缩短；而开路端的电容效应应该相对地被增大，记为 C_1 和 C_2；谐振器之间的电磁耦合效应可以被视为一个耦合电容 C_{12} 和耦合电感 L_{12} 并联，因为从图 3-3 可以看出此时 $Y_{12} \approx 0$，由于图 3-4(b) 的传输线谐振器的长度小于 $\pi/2$，所以它可以被等效为一个串联电感，这样就得到图 3-4(c) 所示的集总电路了。不难发现，当与外部电路耦合时，图 3-4(c) 所示的电路实际上就是第 2 章介绍的 J 变换器耦合谐振器电路（图 2-72）。

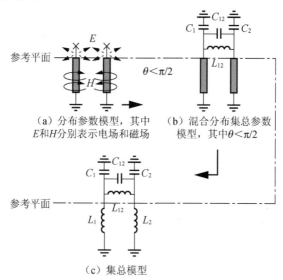

（a）分布参数模型，其中 E 和 H 分别表示电场和磁场

（b）混合分布集总参数模型，其中 $\theta < \pi/2$

（c）集总模型

图 3-4　四分之一波长谐振器的分布参数模型到集总参数模型的过渡变换

3. 电磁耦合半波长谐振器

考虑如图 3-5 所示的部分耦合开路传输线段。线段 A 和线段 B 具有相同的特

性阻抗 Z_0，系统阻抗为 Z_c，线的总长为 $\theta(\omega_0) = \pi$。这样，每一个单独的传输线都可以被视为一个半波长谐振器（ω_0 是基频）。若 $\theta_A(\omega_0) = 0$，则所有传输零点都出现在 $k\pi/2$（$k = 1, 2, \cdots$）处并且电路响应将没有通带（图 3-2）。实现谐振器耦合的条件是 θ_A 不为零。当耦合长度 θ_B 从 π 减小到 0 时，可以观察到下面的现象（参考图 3-6）。

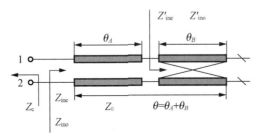

图 3-5　部分耦合半波长谐振

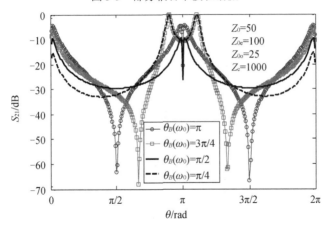

图 3-6　当耦合长度 $\theta_B(\omega_0)$ 不同时图 3-5 所示电路的响应

（1）当两根传输线完全耦合时 [$\theta_B(\omega_0) = \pi$]，电路有 3 个传输零点分别位于 $\theta_{z1} = \pi/2$，$\theta_{z2} = \pi$ 和 $\theta_{z3} = 3\pi/2$ 处，此时电路没有通带。

（2）当耦合长度减小到 $\theta_B(\omega_0) = 3\pi/4$ 时，出现了一个潜在的通带——两个传输极点；带宽在此时达到极大值；同时所有的传输零点向右移动。

（3）当 $\theta_B(\omega_0)$ 减小到 $\pi/2$ 时，通带带宽减小并消失，这是因为第一个传输零点此时已经移动到了 $\theta_{z1} = \pi$。

（4）当 $\theta_B(\omega_0)$ 减小到 $\pi/4$ 时，通带带宽又一次增大到一个极大值，第一个传输零点 θ_{z1} 向右移动到了 2π。

（5）当 $\theta_B(\omega_0)$ 继续减小时，通带开始变窄并且于 $\theta_B(\omega_0) = 0$ 时消失，此时所有传输零点趋向无穷频率。

随着耦合长度的减小，耦合的变化规律是弱—强—弱—强—弱。传输零点的位置取决于耦合长度的大小。由于我们更关心那些距离通带较近的传输零点，所以我们只考虑 $\theta_B(\omega_0) \approx \pi$ 和 $\theta_B(\omega_0) \approx \pi/2$ 的弱耦合情况。

1）全耦合半波长谐振器

当 $\theta_B(\omega_0) \approx \pi$ 时，耦合线段的频率响应如图 3-7 所示，通带位于 $\theta = \pi$ 处。距离通带最近的传输零点为第二个零点 $\theta_{z2} = 1.05\pi$ [对应于 $\theta_B(\omega_0) = 0.95\pi$] 和 $\theta_{z2} = 1.11\pi$ [对应于 $\theta_B(\omega_0) = 0.9\pi$]。这个零点是由耦合部分 B 的长度 $\theta_B(\omega_{z2}) = \pi$ 引起的。由于通带位于第一和第二个传输零点之间，所以根据图 3-2 可知，两个谐振器之间的耦合为磁（感性）耦合。考虑图 3-2 中的电路以及式（3-9），图 3-5 中的耦合线谐振器可以等效为一个 T 形电路，如图 3-8 所示。因为 $Z_s(\omega_{z2})$ 和 $Z_p(\omega_{z2})$ 表现出并联谐振特性，所以在这个频率使用 T 形电路对于设计滤波器不太方便。因此图 3-8 中的 T 形电路被进一步等效为 Π 形电路，等效变换应该满足下列条件：

$$Y_{11} = \frac{-\mathrm{j}(Z'_{0e} + Z'_{0o})}{2Z'_{0e}Z'_{0o}}\tan\theta_B$$

$$Y_{12} = \frac{\mathrm{j}(Z'_{0e} - Z'_{0o})}{2Z'_{0e}Z'_{0o}}\tan\theta_B \qquad (3-13)$$

式中，Y_{11} 和 Y_{12} 表示 Π 形电路的短路导纳参数。由于未耦合线长 $\theta_A(\omega_0) \ll \pi$，所以它也可以被等效为一个并联电纳。不难发现，图 3-8 中下面的电路实际上就是图 2-72 的混合电磁耦合 J 变换器等效电路。

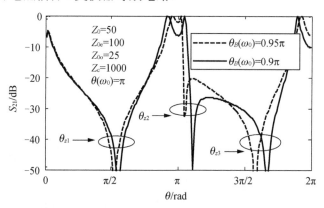

图 3-7　当 $\theta_B(\omega_0) \approx \pi$ 时，图 3-5 所示电路的频率响应

2）半耦合半波长谐振器

当 $\theta_B(\omega_0) \approx \pi/2$ 时，频率响应如图 3-9 所示。距通带最近的传输零点为第一个传输零点 $\theta_{z1} = 0.91\pi$ [对应 $\theta_B(\omega_0) = 0.55\pi$] 和 $\theta_{z1} = 1.11\pi$ [对应 $\theta_B(\omega_0) = 0.45\pi$]，此时耦合长度为 $\theta_B(\omega_{z1}) = 0.5\pi$。当只考虑通带特性和最近的传输零点时，从分布电路

向集总电路转换的过程如图 3-10 所示。可以看出，图 3-10 所示的 T 形电路可以等效为图 2-69 所示的混合电磁耦合 K 变换器电路。

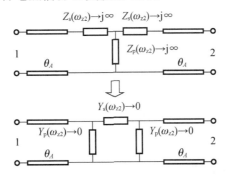

图 3-8 全耦合半波长谐振器的等效 T 形电路和等效 Π 型电路

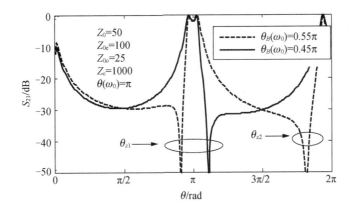

图 3-9 当 $\theta_B(\omega_0) \approx \pi/2$ 时，图 3-5 所示电路的频率响应

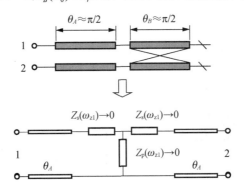

图 3-10 半耦合半波长谐振器的等效 T 形电路

4. 混合电磁耦合实例

本章所有微带电路均采用介电常数为 $\varepsilon_r = 2.56$、厚度为 0.775mm 的介质基片，

后面不再赘述。为了进一步证明我们的理论，首先考虑全耦合的四分之一波长谐振器对。两个二阶的四分之一波长阶梯阻抗谐振器滤波器（E-type 和 M-type）以及它们的频率响应曲线如图 3-11 所示。E-type 滤波器的高阻线耦合距离比 M-type 滤波器的更大。所以在 E-type 滤波器中，电耦合占优，而在 M-type 滤波器中，磁耦合占优。低阻线耦合距离越近，电耦合越强而磁耦合相对就越弱。这类耦合四分之一波长谐振器电路可以用混合电磁耦合 J 变换器电路等效。正如我们所预期的，E-type 滤波器的传输零点 f_m 出现在通带左侧，而 M-type 滤波器的传输零点出现在右侧。改变这类滤波器零点的其他方法见文献[8]和文献[4]。

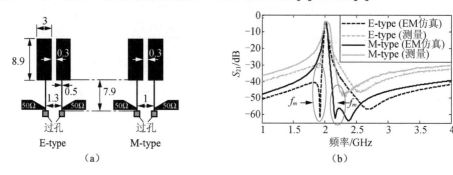

图 3-11　全耦合四分之一波长阶梯阻抗谐振器滤波器

图 3-12 给出了两个二阶的全耦合半波长阶梯阻抗谐振器滤波器及其频率响应曲线[9]。这类电路也可以用电磁耦合 J 变换器电路来等效。电耦合占优的 E-type 滤波器的高阻线的耦合距离比磁耦合占优的 M-type 滤波器更大。当电耦合占优时，传输零点位于左侧而磁耦合占优时传输零点位于右侧，这也符合我们前面介绍的理论。

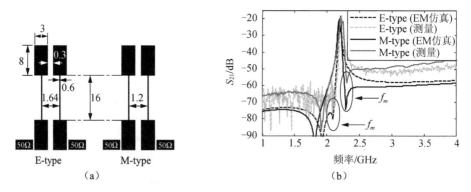

图 3-12　全耦合半波长阶梯阻抗谐振器滤波器及其频率响应曲线

图 3-13 给出了两个二阶的半耦合半波长阶梯阻抗谐振器滤波器及其频率响应曲线。谐振器的谐振频率为半个波长，谐振器的耦合长度约为四分之一的波长，因此这类滤波器可以用电磁耦合 K 变换器电路来等效。E-type 滤波器的耦合长度

小于四分之一波长，传输零点 f_m 出现在通带右侧；M-type 滤波器的耦合长度大于四分之一波长，传输零点 f_m 出现在通带左侧，与我们的理论期望是一致的。

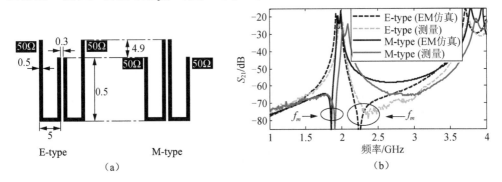

（a）　　　　　　　　　　　　　　（b）

图 3-13　半耦合半波长阶梯阻抗谐振器滤波器及其频率响应曲线

3.1.2　矩形开口环滤波器

图 3-14 所示为一个二阶微带开口环谐振器滤波器。谐振器长度约为半个波长。耦合边的长度小于四分之一的波长，因此第 2 章中的电磁耦合 K 变换器电路适用于此结构。观察图 3-15 给出的谐振器边缘的电磁场分布可以发现，在基模频率下，电场最大值发生在开口端，而磁场最大值发生在开口的两个邻边。因此电耦合 E_C 和磁耦合 M_C（耦合系数定义见 2.4.2 节）应该对开口尺寸和开口邻边耦合线尺寸的变化较为敏感。为了获得较强的磁耦合，耦合边采用长为 L_H、宽为 W_H 的高阻

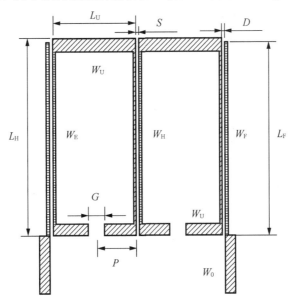

图 3-14　二阶混合电磁耦合开路环滤波器

抗线。开口间隙一侧的线宽为 W_U，间隙距离为 G。在下面的分析中将会看到，开路间隙的位置 P 对电、磁耦合的比例影响很大。由于耦合边的边沿场随着远离谐振器而呈指数递减的趋势，所以谐振器的间隙 S 是另一个调节耦合的重要参数。宽为 W_F、长为 L_F 的馈电延长线与宽为 W_E 的谐振器侧边耦合构成了输入/输出结构。馈线宽度为 $W_0 = 2mm$ 以保证滤波器和系统匹配。D 表示馈电线和谐振器的间距。采用商业电磁仿真软件 IE3D 进行下面的分析和设计（本章所有的微带电路仿真均由商业软件 IE3D 完成，后面不再赘述）。对图 3-14 所示的混合电磁耦合结构的研究分为两种情况：一种是 P 较大的情况；另一种是 P 较小的情况。除了间隙位置 P 和谐振器间距 S 外，所有的尺寸均保持不变：$W_U = 2.2mm$，$W_H = 0.5mm$，$W_E = 0.5mm$，$L_U = 15mm$，$L_H = 35mm$，$G = 3mm$。

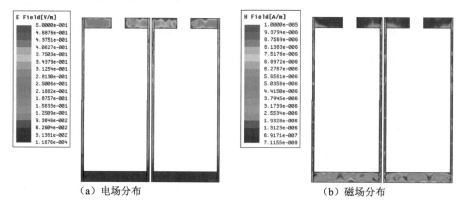

（a）电场分布　　　　　　　　　　　　（b）磁场分布

图 3-15　电磁耦合开口环滤波器的电场分布和磁场分布

当 P 较大时，电、磁耦合系数的提取结果如图 3-16 所示。可以看出，磁耦合 M_C 总是大于电耦合 E_C，因此总耦合是正的，并且电磁耦合都随 S 的增大呈指数递减，增大 S 会减小总耦合。

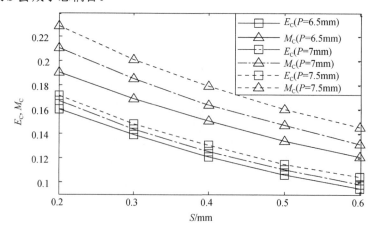

图 3-16　当 P 取较大值时，图 3-14 所示结构的耦合系数提取结果

当 P 较小时，电、磁耦合系数的提取结果如图 3-17 所示。可以看出，磁耦合 M_C 总是小于电耦合 E_C，因此总耦合是负的，并且电磁耦合都随 S 的增大呈指数递减的趋势，增大 S 会减小总耦合。

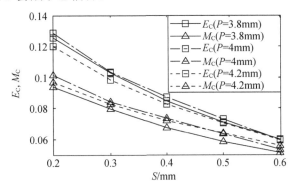

图 3-17　当 P 取较小值时，图 3-14 所示结构的耦合系数提取结果

图 3-18 给出了磁耦合与电耦合之比 M_C/E_C 随 S 变化的曲线，它可以进一步解释参数 P 对电磁耦合的影响。可以看出，M_C/E_C 随着 P 的增大迅速增大，也就是说总耦合中磁耦合的比例随着 P 的增大单调增大。改变 P 的直接结果是传输零点 f_m 的移动，这是因为电磁耦合和传输零点具有式（2-218）的关系。如果 M_C/E_C 的值接近 1，则传输零点距离谐振器的谐振频率 f_0 很近，如图 3-19 所示。一般情况下，改变 P 的值会影响谐振频率 f_0，但相对于传输零点的变化，这个影响要小得多。图 3-19 中谐振频率的波动为 $f_0 = 1.09\text{GHz} \pm 0.5\%$。

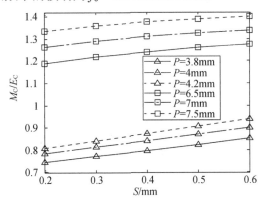

图 3-18　磁电耦合系数比 M_C/E_C 随 S 变化的曲线

由于加工条件的限制，谐振器之间的间距不能太小，所以电磁耦合的强度是受限制的。当传输零点靠近通带时，总耦合系数比纯粹的电、磁耦合系数要小得多。所以混合电磁耦合开口环滤波器可实现的带宽比传统的开口环滤波器要窄。我们发现，增大 W_E 会使电磁耦合增大许多。而这样做引起的频率偏移可以通过重

新调整谐振器的阶梯阻抗比和长度比来弥补。图 3-20 比较了两个具有不同阶梯阻抗比和长度比的二阶滤波器的响应。可以看出它们具有相同的传输零点，W_E = 1.5mm 的滤波器的 3dB 带宽为 52.5MHz（相对带宽 4.8%），而 W_E = 0.5mm 的滤波器的 3dB 带宽仅为 45MHz（相对带宽 4.1%）。

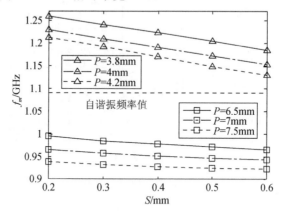

图 3-19　传输零点和谐振频率的变化

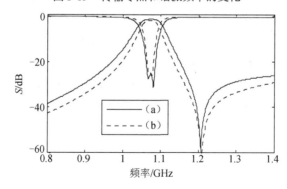

图 3-20　具有相同传输零点和不同带宽的电磁耦合矩形开口环滤波器响应

图 3-20 中，尺寸参数为：W_U = 2.2mm，W_H = 0.5mm，W_0 = 2mm，S = 0.5mm，G = 3mm。曲线（a）的参数为：D = 0.37mm，P = 3mm，W_E = 1.5mm，L_U = 16mm，L_H = 39mm，L_F = 39mm。曲线（b）的参数为：D = 0.5mm，P = 4mm，W_E = 0.5mm，L_U = 15mm，L_H = 35mm，L_F = 34mm。这里，对二阶混合电磁耦合开口环滤波器进行简单的小结：首先，无论改变 P 还是 S 都会影响耦合的结果；其次，电耦合系数、磁耦合系数、总耦合系数的绝对值随着 S 的增大而减小；最后，磁电耦合之比 M_C/E_C 随着 P 的增大而增大，因此总能找到一个特殊的 P 和 S 组合以满足需要的 E_C 和 M_C，进而得到需要的滤波特性。

根据前面的分析，我们设计并加工了两个二阶混合电磁耦合微带开口环滤波器（结构 1 和结构 2）。从图 3-16、图 3-17 和图 3-19 中可以看出：E_C = 0.1109，M_C = 0.1471，f_m = 0.945GHz，所对应的结构 1 的尺寸参数为：P = 7mm，S = 0.5mm，

$E_C = 0.1288$，$M_C = 0.1011$，$f_m = 1.225$GHz；所对应的结构 2 的尺寸为 $P = 4$mm，$S = 0.2$mm。利用这些耦合结果可以预测混合耦合电路模型的响应，如图 3-21 和图 3-22 所示。为了检查电路响应，图 3-21 和图 3-22 还给出了电磁仿真结果和实验测试结果。结构 1 的测试指标为：工作频率为 1.09GHz，3dB 带宽为 44MHz，插损为 1.6dB，传输零点为 928MHz。结构 2 的测试指标为：工作频率为 1.09GHz，3dB 带宽为 40MHz，插损为 1.75dB，传输零点为 1.22GHz。实验测试结果和仿真结果之间存在约 10MHz 的偏差，这是由仿真模型与实测模型的差别造成的，如加工容差。滤波器的尺寸为 $0.13\lambda_0 \times 0.1\lambda_0$（$\lambda_0$ 为自由空间的工作波长）。图 3-23 为其中一个二阶滤波器的实物照片。

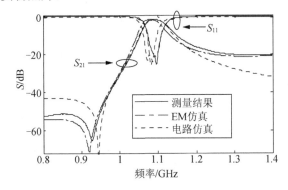

图 3-21　结构 1 的频率响应

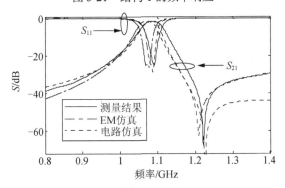

图 3-22　结构 2 的频率响应

图 3-23　二阶混合电磁耦合开口环滤波器实物图

对于这两个二阶滤波器的例子，仿真或者实测结果与电路响应在高频处的偏差是因为等效电路没有考虑寄生特性。另外，电磁仿真的结果是在强激励下得到的，而用于电路仿真的信息是在弱激励下得到的。不同的输入/输出耦合结构导致了电路仿真和电磁仿真的频率偏差。对于图 3-21 和图 3-22 所示的两个滤波器，电磁仿真的中心频率分别为 1.082GHz 和 1.074GHz，而电路仿真的中心频率为 1.088GHz 和 1.084GHz。电路仿真的误差为 0.55% 和 0.93%。滤波器的无载 Q 值的估计值为 $Q = 170$。

将两个二阶滤波器级联起来可以构成一个四阶的混合电磁耦合滤波器，如图 3-24 所示。现设计一个级联滤波器，中心频率为 1.05GHz，相对带宽为 4.2%，两个传输零点分别位于 0.956GHz 和 1.1505GHz。有载 Q 值为 $Q_e = 20$。第一个谐振器（从左边起）和第二个谐振器之间的耦合为 $E_{C12} = 0.1769$ 和 $M_{C12} = 0.2134$，它们实现通带左侧的传输零点 0.956GHz；第三个和第四个谐振器的耦合为 $E_{C34} = 0.2185$ 和 $M_{C34} = 0.182$，它们实现通带右侧的传输零点 1.1505GHz；第二和第三个谐振器之间的耦合计为纯磁耦合 $k = 0.025$（忽略它的混合耦合效应）。根据前面介绍的电磁耦合系数的提取过程，得到滤波器的尺寸参数为：$W_{UL} = 2.1$mm，$W_{UR} = 0.5$mm，$W_E = 4$mm，$W_H = 0.5$mm，$W_0 = 2.12$mm，$W_{UL} = 2.1$mm，$L_{UL} = 22$mm，$L_{UR} = 18.5$mm，$L_{FL} = 26.88$mm，$L_{FR} = 29.88$mm，$L_H = 35$mm，$G = 3$mm，$P_L = 6.9$mm，$P_R = 6.5$mm，$S_L = 0.3$mm，$S_R = 0.31$mm，$S_{23} = 0.53$mm。滤波器的响应结果如图 3-25 所示。加工公差带来了实测结果与仿真结果之间 18MHz 的偏差。实测的传输零点为 982.5MHz 和 1.1665GHz。在实际中心频率 1.056GHz 附近，测试的插损为 3.4dB，回波损耗为 25dB。滤波器的实物图如图 3-26 所示。滤波器的总尺寸为 $0.13\lambda_0 \times 0.29\lambda_0$。在电路仿真中考虑了滤波器的品质因数 $Q = 163$。值得一提的是，由于加工精度的限制，采用 W_E 线较宽的谐振器可以增加滤波器的带宽。

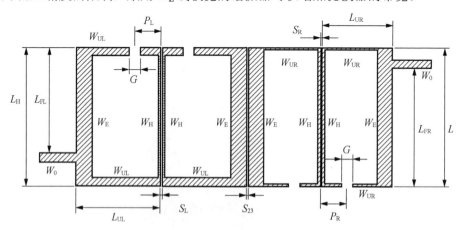

图 3-24　四阶混合电磁耦合微带开口环滤波器结构

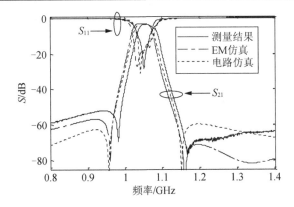

图 3-25　四阶电磁耦合微带开口环滤波器的响应结果

图 3-26　四阶电磁耦合微带开口环滤波器的实物图

3.1.3　三角形开路环滤波器

根据式（2-215）和式（2-217），在混合电磁耦合滤波器中，决定带宽的总耦合系数 k 是磁耦合系数减去电耦合系数的结果。由式（2-218）可知，在阻带频率，磁耦合和电耦合的抵消作用产生了耦合零点或者称为传输零点：

$$f_z = f_0 \sqrt{\frac{E_C}{M_C}} \tag{3-14}$$

因此如果想要得到一个距离通带很近的传输零点，则 E_C/M_C 应该趋向 1。但是由于式（2-217）的约束，当 E_C/M_C 趋向 1 时总耦合系数肯定会很小，除非 M_C 和 E_C 都很大。另一方面，无论对于电磁耦合滤波器还是非电磁耦合滤波器，要实现一个较宽的带宽就要求滤波器主耦合具有较大的值。然而，在现实的物理世界中，要同时实现很强的电耦合和磁耦合是不容易的，这就是当传输零点距离通带很近时电磁耦合滤波器的带宽比纯粹的电/磁耦合滤波器带宽要窄许多的原因。这个缺点使级联的电磁耦合准椭圆滤波器逊色于交叉耦合滤波器，因为实际应用中的指标往往要求实现距离通带很近的传输零点。下面介绍一种具有背槽的三角形开口环滤波器。这种滤波器不但可以同时实现较宽的带宽和近通带传输零点，而且耦合的调节范围也比矩形开口环滤波器更大。

图 3-27 为一个具有背槽的二阶混合电磁耦合直角三角形开口环滤波器。在矩形开口环滤波器中，高阻线比低阻线长从而可以实现强磁耦合，但若高阻线过长则低阻线必然过短，从而不能为开口间隙 P 提供较大的调节范围，进而不足以提供合适的电耦合或磁耦合。矩形开口环不足以实现近通带传输零点，而采用三角形的开口环谐振器可以解决这个问题。与矩形开口环相比，三角形开口环谐振器的高阻线耦合边的长度和间隙位置 P 的调节范围都更大。

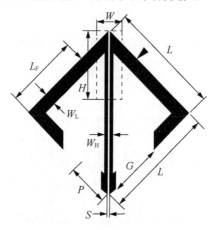

图 3-27　一个具有背槽的二阶混合电磁耦合直角三角形开口环滤波器的几何结构

虽然知道耦合距离 S 越小耦合越强，但是由于工艺最小只能加工出 $S = 0.2\text{mm}$ 的缝隙，因此基于这一限制的做法[2]是在耦合线背部的地板上刻蚀一个矩形槽，这样将极大地增加耦合的强度。图 3-28 给出了两个二阶电磁耦合三角形开口环滤波器，一个记为 M-type（磁耦合占优）滤波器，另一个记为 E-type（电耦合占优）滤波器。滤波器的部分尺寸参数为：$L = 18.0\text{mm}$, $W_H = 0.5\text{mm}$, $W_L = 2.0\text{mm}$, $W = 4.0\text{mm}$, $H = 13.0\text{mm}$。M-type 滤波器的设计指标为：中心频率 $f_0 = 2.15\text{GHz}$，3dB 带宽 FBW = 14.28%，传输零点 $f_z = 1.90\text{GHz}$；设计参数为：$M_C = 0.4052$, $E_C = 0.3257$, $Q_e = 12.5$。E-type 滤波器的设计指标为：中心频率 $f_0 = 2.15\text{GHz}$，3dB 带宽 FBW = 13.58%，传输零点 $f_z = 2.45\text{GHz}$；设计参数为：$M_C = 0.3224$, $E_C = 0.4044$, $Q_e = 12.5$。两个滤波器的仿真频率响应如图 3-29 和图 3-30 所示。两个滤波器仿真结果的指标为：①M-type 滤波器，$f_z = 1.83\text{GHz}$, FBW = 12.98%；②E-type 滤波器，$f_z = 2.40\text{GHz}$, FBW = 14%。不难看出，当传输零点接近通带时，M-type 和 E-type 滤波器的带宽都很宽（与矩形开口环滤波器的 FBW≤5% 相比）。需要说明的是，无论在 M-type 滤波器还是 E-type 滤波器中，抽头馈线在 3GHz 的频率引入了一个附加的传输零点。此外，为了抑制第一个寄生通带，滤波器馈线上加载了两个开路枝节线。从图 3-29 和图 3-30 可以看出寄生频率的抑制效果。

（a）M-type 滤波器　　　　　　　　　　　（b）E-type 滤波器

$S = 0.3, P = 5.7, G = 8.6, L_F = 11.75$　　　　　$S = 0.3, P = 1.66, G = 0.5, L_F = 3.1$

图 3-28　两个二阶电磁耦合三角形开口环滤波器（所有单位均为 mm）

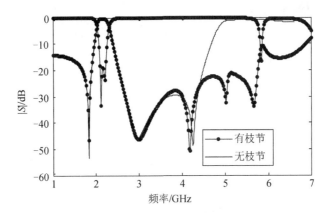

图 3-29　M-type 三角形开口环滤波器的仿真响应

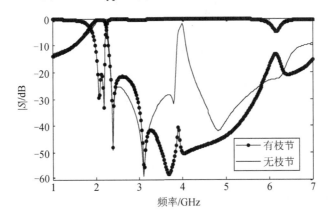

图 3-30　E-type 三角形开口环滤波器的仿真响应

现需要设计一个三阶的准椭圆滤波器，中心频率 f_0 = 2.15GHz，22dB 回波损耗带宽 FBW = 7.14%，传输零点 f_z = 2.45GHz。事实上，这个滤波器的耦合矩阵已经由式（2-247）给出。经过低通-带通频率变换，耦合矩阵式（2-247）中的耦合系数可以表示为 3 个谐振器的谐振频率：$f_{r1} = 2.23\text{GHz}$，$f_{r2} = 2.195\text{GHz}$，$f_{r3} = 2.152\text{GHz}$；混合电磁耦合系数 $E_C = 0.3957$ 和 $M_C = 0.3224$，以及纯粹的磁耦合系数 $k_{23} = 0.0805$。外部耦合取 $Q_e = 10$。这些设计参数最终由图 3-31 所示的结构实现。适当选择最右边谐振器的阻抗比以使它的第一个寄生频率远至 $4f_0$。

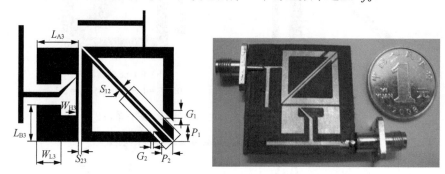

图 3-31　三阶级联电磁耦合三角形开口环滤波器
其中 $G_1 = 1.4$，$G_2 = 0.6$，$P_1 = 3.18$，$P_2 = 2.09$，$W_{H3} = 0.5$，$W_{L3} = 5.0$，
$L_{A3} = 8.4$，$L_{B3} = 6.9$，$S_{12} = 0.24$，$S_{23} = 0.57$（所有单位均为 mm）

　　滤波器的仿真和测试结果如图 3-32 所示，可以看出它们吻合良好。实测的 3dB 带宽为 6.05%，比仿真的带宽 7% 窄了一点。实测的传输零点为 2.35GHz。从 2.33GHz 开始抑制水平高于 25.6dB，并且高阻带的裙带非常陡峭。馈电抽头在 1.42GHz 和 2.83GHz 处引入了两个附加的传输零点。

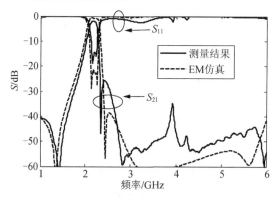

图 3-32　三阶级联电磁耦合三角形开口环滤波器的仿真、测试结果

3.1.4　发夹梳滤波器

1.　级联耦合发夹梳滤波器

图 3-33（a）给出了传统的"发夹"滤波器，其中所有的谐振器的方向交替变化。这使得谐振器之间的电耦合和磁耦合呈现加法效应，所以它适合于宽带滤波

器的应用，但不适合窄带滤波器的应用，因为窄带滤波器要求谐振器相距很远，从而导致滤波器尺寸过大。图 3-33（b）为"发夹梳"滤波器，其中所有谐振器的方向相同，使谐振器之间的电耦合和磁耦合呈现低效效应。使用这种结构实现的窄带滤波器的谐振器的间距可以很小。

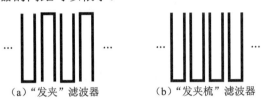

（a）"发夹"滤波器　　　　　　（b）"发夹梳"滤波器

图 3-33　"发夹"滤波器和"发夹梳"滤波器

如果在图 3-33 所示的发夹梳滤波器中，令谐振器的耦合边不等长并控制耦合边的长度，就可以构造出形如图 3-13 所示的可控电磁耦合发夹梳滤波器。

图 3-34 给出了一个三阶可控电磁耦合发夹梳滤波器，它实现了式（2-249）的电磁耦合矩阵。图 3-35 给出了这个滤波器的频率响应，实验与仿真吻合良好。左边两个谐振器的耦合长度超过四分之一波长，所以耦合是磁耦合并且实现了滤波器低阻带的传输零点 3.2GHz；右边两个谐振器的耦合长度不足四分之一波长，所以它是电耦合并且实现了滤波器高阻带的传输零点 5.1GHz。实际滤波器的 2dB 带宽为 10%，中心频率为 4GHz，回波损耗为 16.9dB。值得注意的是，由第一和第二个谐振器的磁耦合引起的第二个传输零点正好位于第一个寄生频率 8GHz 处，因此它有效地抑制了一个潜在的通带。

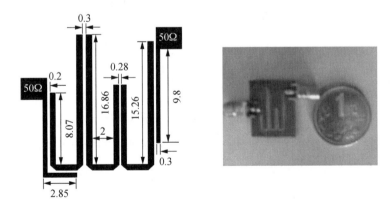

图 3-34　三阶可控电磁耦合发夹梳滤波器（单位为 mm）

2. 源-端耦合发夹梳滤波器

图 3-36 所示为一个具有源-端耦合的抽头馈电二阶发夹梳滤波器的拓扑结构。

Z_{0e} 和 Z_{0o} 为偶模和奇模特征阻抗。所有线都具有相同的特性阻抗 Z_0。因此在本小节的分析中它可以被归一化。谐振器的总长度为

$$\theta(f_0) = \theta_1 + \theta_2 + \theta_c = \pi \tag{3-15}$$

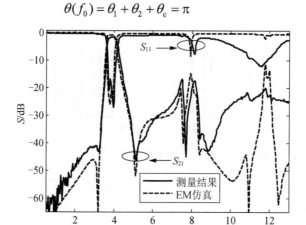

图 3-35　三阶可控电磁耦合发夹梳滤波器的频率响应

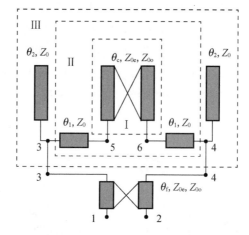

图 3-36　源-端耦合发夹梳滤波器

谐振器在中心频率 f_0 工作于半波长。图 3-36 所示的拓扑可用被分成 3 个子网络 I、II 和 III。节点 5 到节点 6 之间的网络 I 的传输系数由式（3-16）给出：

$$S_{56} = \frac{-\mathrm{j}(Z_{0e} - Z_{0o}) \cdot \cot\theta_c}{Z_{0e}Z_{0o} \cdot \left(\cot\theta_c + \mathrm{j}\dfrac{Z_P}{Z_{0e}}\right) \cdot \left(\cot\theta_c + \mathrm{j}\dfrac{Z_P}{Z_{0o}}\right)} \tag{3-16}$$

因此，式（3-16）的传输零点为

$$\theta_c = k\pi/2, \quad k = 0, 1, 2, \cdots \tag{3-17}$$

这里只考虑式（3-17）的第二个传输零点 $\theta_c(f_m) = \pi/2$。考虑式（3-15）、式（3-17）

以及关系式

$$\frac{\theta(f_m)}{\theta(f_0)} = \frac{\theta_c(f_m)}{\theta_c(f_0)} \qquad (3\text{-}18)$$

由电磁耦合产生的传输零点可以写为

$$\theta(f_m) = \frac{\pi^2}{2\theta_c(f_0)} \qquad (3\text{-}19)$$

在图 3-36 所示的滤波器中，耦合长度小于四分之一波长的为电耦合，即 $\theta_c(\omega_0) < \pi/2$，因此，滤波器有一个高阻带传输零点 $\theta(f_m) > \pi$。

从节点 3 和节点 4 看进去的网络 II 的传输零点与网络 I 的传输零点相同，因为长度为 θ_1 的线仅引入了一个相移。网络 II 的传输零点条件为

$$Y_{\text{oII}} = Y_{\text{eII}} \qquad (3\text{-}20)$$

式中，Y_{oII} 和 Y_{eII} 分别为网络 II 的奇模和偶模导纳。因为式（3-19）中隐含的传输零点频率 f_m 也是式（3-20）的根，它必然也是下列方程的根：

$$Y_{\text{oIII}} = Y_{\text{eIII}} \qquad (3\text{-}21)$$

式中

$$Y_{\text{oIII}} = j\tan\theta_2 + Y_{\text{oII}} \qquad (3\text{-}22)$$

和

$$Y_{\text{eIII}} = j\tan\theta_2 + Y_{\text{eII}} \qquad (3\text{-}23)$$

是网络 III 的奇/偶模导纳。从式（3-22）和式（3-23）可以看出，除了有与式（3-20）共同的根 f_m 外，式（3-21）还有独自的根，这个根使 $\tan\theta_2 = \infty$。这个根仅与变量 θ_2 有关，因此它可以被视为是一段长度为 $\pi/2$ 的枝节的产物，记为 f_s。与式（3-19）类似，f_s 可以写为 θ 的形式：

$$\theta(f_s) = \frac{\pi^2}{2\theta_2(f_0)} \qquad (3\text{-}24)$$

举例证明上述理论，选择如下参数：$\theta_1 = 0$，$\theta_2(f_0) = 0.6\pi$，$\theta_c(f_0) = 0.4\pi$，$Z_e = 71$，$Z_o = 35$，$Z_0 = 100$。根据式（3-19）和式（3-24）可以得到两个传输零点 $\theta(f_m) = 1.25\pi$ 和 $\theta(f_s) = 0.83\pi$，见图 3-37。

要想推导出一个显式来说明源-端耦合引起的传输零点是不容易的。然而采用数值的分析可以使源-端耦合的研究变得容易许多。当考虑源-端的耦合长度为 θ_f 时，节点 1 到节点 2 的传输系数可以再一次利用奇偶模法得到。图 3-38 给出了不同源-端耦合长度 $\theta_f(f_0)$ 下滤波器的频率响应。当 θ_f 很小时 $[\theta_f(f_0) = 0.02\pi]$，在通带附近原先的两个传输零点 f_m 和 f_s 被分裂成 3 个另外的传输零点。增大 θ_f 至 $\theta_f(f_0) = 0.1\pi$，产生了更多的传输零点。可以发现，源-端耦合为引入和控制传输

零点提供了更大的自由度。与改变馈线抽头位置和改变耦合长度相比，源-端耦合对通带的影响更小。

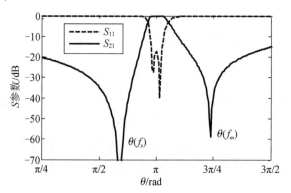

图 3-37　节点 3 到节点 4 的网络Ⅲ的响应

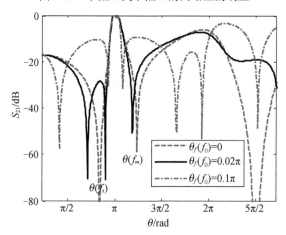

图 3-38　不同源-端耦合长度 θ_f 下，节点 1 到节点 2 的滤波器频率响应

　　前面介绍的源-端耦合/混合电磁耦合滤波器的理论最终被图 3-39 中的微带滤波器实现。滤波器的 2dB 带宽为 6.26%，中心频率为 4.32GHz，3 个传输零点分别位于 2.6GHz、3.84GHz 和 4.78GHz。这些传输零点是由本小节介绍的机理产生的并且与理论预测十分吻合。通带的回波损耗为-18dB。从直流到 3.95GHz 以及从 4.68GHz 到 8.89GHz 的频带范围内滤波器的抑制水平为-15dB。-15dB 对 2dB 的矩形系数优于 2.7，这对一个简单的二阶滤波器来说是很好了。注意到加载到馈线上的两个开路枝节 1 和 2 可以改善滤波器高阻带的特性。枝节 1 在 6.8GHz 引入了一个传输零点，使上边的带裙更加陡峭；枝节 2 在 8.7GHz 引入了一个传输零点，有效地抑制了寄生频率。

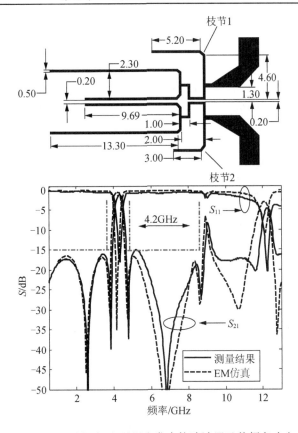

图 3-39　源-端耦合/电磁耦合发夹梳滤波器及其频率响应

3.2　混合电磁耦合同轴腔滤波器

文献[11]介绍了一种具有直线阵谐振器布局的准椭圆函数滤波器。然而在那之后很长一段时间内，由于缺乏更多的实现结构，这方面的研究鲜有报道。相比传统的梳状线 Chebyshev 滤波器，文献[11]中的滤波器谐振器相互距离更近，所以电耦合和磁耦合更强，并在工作频率附近引起了反谐振频点（传输零点）。文献[11]中的滤波器非常适合 VHF 和 UHF 频段的应用，但是如果应用于更高的频段，谐振器间过小的间隙会造成加工困难。此外，电耦合和磁耦合不可以被分别独立调节。

对于一些特殊的应用，直线阵滤波器结构优于交叉耦合滤波器结构：直线阵滤波器可以避免输入和输出端的隔离问题；在基站和卫星应用中，输入和输出位于相对的两侧，使滤波器更适合双工器和多工器应用，使多工器具有更紧凑的结构。文献[12]提出了一种直线阵的梳状线滤波器，但这个设计中只能由输入谐振器和输出谐振器实现两个传输零点，而输入腔和输出腔却不能贡献极点。

同轴腔滤波器作为梳状线滤波器的一类被广泛应用于基站通信中。在过去的

20 年间，人们对同轴滤波器的分析和设计做了大量的研究工作[13-16]。而这些研究都是围绕交叉耦合滤波器。本章提出了一种新型的直线阵同轴腔滤波器。在后面可以看到，采用混合电磁耦合技术，由于谐振器数目更少和谐振器体积更小（谐振器长度仅为 $\lambda_0/8$），滤波器的成本可以进一步被降低。此外，与交叉耦合滤波器相比，本章所要介绍的滤波器更容易实现非对称的滤波响应以满足发射和接收的隔离要求。本设计还解决了文献[11]中滤波器的调谐问题。

3.2.1　同轴腔中的电磁场模式

1.　同轴线中的主模——TEM 模

同轴线是典型的 TEM 传输线[17]，它有着中心导体，如图 3-40 所示，其中电磁场的支配方程为（截止波数为零，即 $k_c = 0$）

$$\begin{cases} \nabla_t^e \boldsymbol{E} = 0 \\ \nabla_t^e \boldsymbol{H} = 0 \end{cases} \tag{3-25}$$

场的表达式为

$$\begin{cases} E_r = \dfrac{E_0 a}{r} \exp(-\mathrm{j}\beta z) \\ H_\phi = \dfrac{E_0 a}{\eta r} \exp(-\mathrm{j}\beta z) \end{cases} \tag{3-26}$$

因此 TEM 波的磁场是沿 ϕ 方向的并且不随 ϕ 变化；电场是沿 r 方向的并且也与 ϕ 无关。同轴线内导体的轴向电流和内、外导体的电压可以定义为

$$\begin{cases} U = \displaystyle\int_a^b E_r \mathrm{d}r = E_0 a \ln\left(\dfrac{b}{a}\right) \exp(-\mathrm{j}\beta z) \\ I = \displaystyle\oint_l H_\phi \mathrm{d}l = \int_0^{2\pi} H_\phi r \mathrm{d}\phi = 2\pi r H_\phi \big|_{r=a} = \dfrac{2\pi E_0 a}{\eta} \exp(-\mathrm{j}\beta z) \end{cases} \tag{3-27}$$

因此可以得到同轴线的特性阻抗为

$$Z_0 = \frac{U}{I} = \frac{60}{\sqrt{\varepsilon_r}} \ln\left(\frac{b}{a}\right) \Omega \tag{3-28}$$

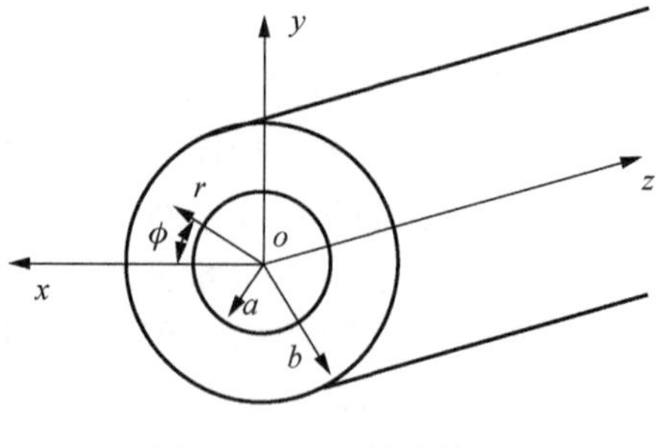

图 3-40　圆同轴传输线

2. 截止波导中的金属柱

窗（或称槽、膜片）耦合是同轴腔滤波器的基本耦合元件。窗耦合可以实现电耦合也可以实现磁耦合。对同轴腔窗耦合的建模可以通过求解矩形波导中的金属柱的问题来实现[13]。

考虑一个置于矩形波导中心的金属柱，如图 3-41 所示，金属柱的中间一小段断开。通过在 $r = a$ 处人为地引入一个边界面，可以将整个区域分为三个区域：一个圆柱区域（$r \leqslant a$）和两个波导区域 W_1 和 W_2。圆柱区域包含两个子区域 I（$r \leqslant r_0, b_1 \leqslant y \leqslant b_2$）和 II（$r_0 \leqslant r \leqslant a, 0 \leqslant y \leqslant b$）。在圆柱区域内，关于径向 $\hat{r}$ 的横向场可以写为

$$
\begin{aligned}
\boldsymbol{E}_{ct}^s(r,\phi,y) = & \sum_n \sum_j \left[C_{nj}^{se} J_n(\xi_j^{se} r) + D_{nj}^{se} Y_n(\xi_j^{se} r) \right] \boldsymbol{e}_{ctnj}^{se}(r,\phi,y) \\
& + \sum_n \sum_j \left[C_{nj}^{sh} J_n'(\xi_j^{sh} r) + D_{nj}^{sh} Y_n'(\xi_j^{sh} r) \right] \left| \xi_j^{sh} \right| \boldsymbol{e}_{ctnj}^{sh}(r,\phi,y)
\end{aligned} \tag{3-29}
$$

$$
\begin{aligned}
\boldsymbol{H}_{ct}^s(r,\phi,y) = & \sum_n \sum_j \left[C_{nj}^{se} J_n'(\xi_j^{se} r) + D_{nj}^{se} Y_n'(\xi_j^{se} r) \right] \left| \xi_j^{se} \right| \boldsymbol{h}_{ctnj}^{se}(r,\phi,y) \\
& + \sum_n \sum_j \left[C_{nj}^{sh} J_n(\xi_j^{sh} r) + D_{nj}^{sh} Y_n(\xi_j^{sh} r) \right] \boldsymbol{h}_{ctnj}^{sh}(r,\phi,y)
\end{aligned} \tag{3-30}
$$

式中

$$
\xi_j^{sq^2} = k^2 - k_j^{sq^2} = k_0^2 \varepsilon_r - k_j^{sq^2} \hat{\phi}, \quad q = e, h \tag{3-31}
$$

J_n 和 Y_n 分别为第一类和第二类 Bessel 函数；$s = $ I 或 II；在区域 I 中不存在第二类 Bessel 函数 $D_{nj}^{Iq} = 0$（$q = e$ 和 h）；$\boldsymbol{e}_{ctnj}^{sq}$ 和 $\boldsymbol{h}_{ctnj}^{sq}$ 表示在圆柱区域中的横电 TE_y（$q = h$）模或横磁 TM_y（$q = e$）模的本征模式场。

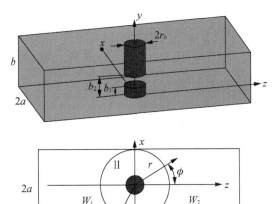

图 3-41 置于矩形波导中心的金属柱

对于 TE$_y$ 模有

$$e_{ctnj}^{sh}(r,\phi,y) = \hat{\phi}\frac{1}{\xi_j^{sh^2}}\Phi_n^h(\phi)h_{yj}^{sh}(k_j^{sh},y) \tag{3-32}$$

$$j\omega\mu h_{ctnj}^{sh}(r,\phi,y) = \hat{y}\Phi_n^h(\phi)h_{yj}^{sh}(k_j^{sh},y) + \hat{\phi}\frac{1}{\xi_j^{sh^2}}\frac{\partial^2}{r\partial\phi\partial y}\left\{\Phi_n^h(\phi)h_{yj}^{sh}(k_j^{sh},y)\right\} \tag{3-33}$$

式中

$$\Phi_n^h(\phi) = \begin{Bmatrix} \cos(n\phi) \\ -\sin(n\phi) \end{Bmatrix} \tag{3-34}$$

$$h_{yj}^{sh}(k_j^{sh},y) = \begin{cases} \sin[k_j^{\mathrm{I}\,h}(y-b_1)], & k_j^{\mathrm{I}\,h} = \dfrac{j\pi}{b_2-b_1}, & \text{区域 I} \\[3mm] \sin(k_j^{\mathrm{II}\,h}y), & k_j^{\mathrm{II}\,h} = \dfrac{j\pi}{b}, & \text{区域 II} \end{cases} \tag{3-35}$$

对于 TM$_y$ 模有

$$e_{ctnj}^{se}(r,\phi,y) = \hat{y}\Phi_n^e(\phi)e_{yj}^{se}(k_j^{se},y) + \hat{\phi}\frac{1}{\xi_j^{se^2}}\frac{\partial^2}{r\partial\phi\partial y}\left\{\Phi_n^e(\phi)e_{yj}^{se}(k_j^{se},y)\right\} \tag{3-36}$$

$$j\omega\mu h_{ctnj}^{se}(r,\phi,y) = \hat{\phi}\frac{k^2}{\xi_j^{se^2}}\Phi_n^e(\phi)e_{yj}^{se}(k_j^{se},y) \tag{3-37}$$

式中

$$\Phi_n^e(\phi) = \begin{Bmatrix} \cos(n\phi) \\ \sin(n\phi) \end{Bmatrix} \tag{3-38}$$

$$e_{yj}^{se}(k_j^{se},y) = \begin{cases} \cos[k_j^{\mathrm{I}\,e}(y-b_1)], & k_j^{\mathrm{I}\,h} = \dfrac{j\pi}{b_2-b_1}, & \text{区域 I} \\[3mm] \cos(k_j^{\mathrm{II}\,e}y), & k_j^{\mathrm{II}\,h} = \dfrac{j\pi}{b}, & \text{区域 II} \end{cases} \tag{3-39}$$

在波导区域 W_1 和 W_2，关于 $\hat{r}$ 的横向场是波导模横向本征模场的线性叠加，包括前向（F）波和后向（B）波：

$$\begin{Bmatrix} \boldsymbol{E}_{wt}^{(1)}(x,y,z) \\ \boldsymbol{E}_{wt}^{(2)}(x,y,z) \end{Bmatrix} = \sum_{q=e,h}\sum_m\sum_i\left[\begin{Bmatrix} A_{mi}^{(1)q} \\ B_{mi}^{(2)q} \end{Bmatrix}\boldsymbol{e}_{wtmi}^{qF} + \begin{Bmatrix} B_{mi}^{(1)q} \\ A_{mi}^{(2)q} \end{Bmatrix}\boldsymbol{e}_{wtmi}^{qB}\right] \tag{3-40}$$

$$\begin{Bmatrix} \boldsymbol{H}_{wt}^{(1)}(x,y,z) \\ \boldsymbol{H}_{wt}^{(2)}(x,y,z) \end{Bmatrix} = \sum_{q=e,h}\sum_m\sum_i\left[\begin{Bmatrix} A_{mi}^{(1)q} \\ B_{mi}^{(2)q} \end{Bmatrix}\boldsymbol{h}_{wtmi}^{qF} + \begin{Bmatrix} B_{mi}^{(1)q} \\ A_{mi}^{(2)q} \end{Bmatrix}\boldsymbol{h}_{wtmi}^{qB}\right] \tag{3-41}$$

式中，$q=e$ 时表示 TM 模，$q=h$ 时表示 TE 模。任意一本征模的横向场为

$$\begin{Bmatrix} \boldsymbol{e}_{wtmi}^{qF} \\ \boldsymbol{e}_{wtmi}^{qB} \end{Bmatrix} = \left[\hat{y}e_{wymi}^q + \hat{\phi}(e_{wymi}^q\cos\phi \mp e_{wymi}^q\sin\phi)\right]\cdot\exp(\mp\gamma_{mi}z) \tag{3-42}$$

$$\begin{Bmatrix} \boldsymbol{h}_{wtmi}^{q\text{F}} \\ \boldsymbol{h}_{wtmi}^{q\text{B}} \end{Bmatrix} = \pm \left[\hat{\boldsymbol{y}} h_{wymi}^{q} + \hat{\boldsymbol{\phi}}(h_{wymi}^{q} \cos\phi \mp h_{wymi}^{q} \sin\phi) \right] \cdot \exp(\mp \gamma_{mi} z) \tag{3-43}$$

式中

$$e_{wymi}^{q}(x,y) = \begin{cases} \sin[k_{xm}(x+a)]\sin(k_{yi}y), & q = e \\ 0, & q = h \end{cases} \tag{3-44}$$

$$h_{wymi}^{q}(x,y) = \begin{cases} 0, & q = e \\ \sin[k_{xm}(x+a)]\sin(k_{yi}y), & q = h \end{cases} \tag{3-45}$$

$$\gamma_{mi}^{2} = k_{xm}^{2} + k_{yi}^{2} - k_{0}^{2}\varepsilon_{r}, \qquad k_{xm} = \frac{m\pi}{2a}, \qquad k_{yi} = \frac{i\pi}{b} \tag{3-46}$$

在边界 $r=0$ 和 $r=a$ 上利用模式匹配条件可以求得区域中本征模的系数。所有区域的电磁场分布如图 3-42 所示，可以看出，在金属柱的开路端有很强的纵向电场分布，而在金属柱的根部有很强的横向磁场分布。

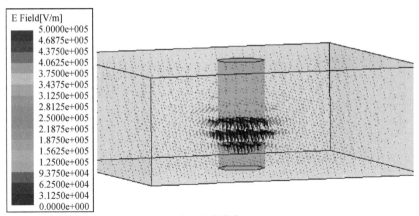

（a）电场分布

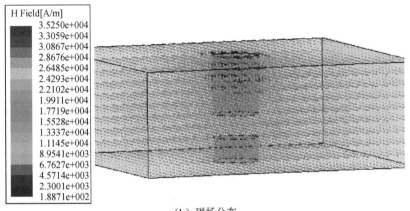

（b）磁场分布

图 3-42　置于矩形波导中心的金属柱附近的电场分布和磁场分布

3.2.2 传统同轴腔的等效传输线模型

虽然耦合同轴腔中的电磁场非常复杂，但谐振腔的模式主要还是 TEM 模，因此采用 TEM 传输线谐振器模型来等效同轴腔滤波器对于分析设计同轴腔滤波器是十分方便的。

图 3-43 给出了单个同轴腔谐振器及其等效传输线谐振器模型，内导体开路端与腔壁之间的电场可以等效为一个它们之间的电容；由于磁场集中在内导体的短路端，因此短路端也可以等效为一个电感。当耦合窗设在耦合腔壁靠近内导体开路端的一侧时，容性耦合占优，因此耦合同轴腔可以等效为图 3-44 所示的 J 变换器电路。当耦合窗设在耦合腔壁靠近内导体短路端的一侧时，感性耦合占优，因此耦合同轴腔可以等效为图 3-45 所示的 K 变换器电路。

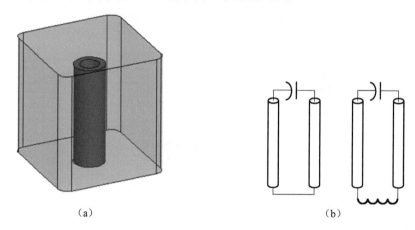

（a）　　　　　　　　　　　　　　　　　（b）

图 3-43　单个同轴腔的传输线谐振器等效模型

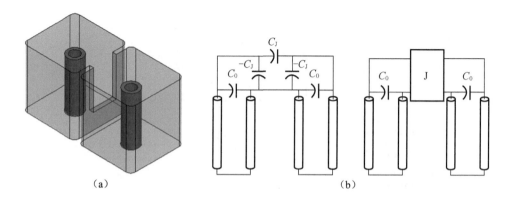

（a）　　　　　　　　　　　　　　　　　（b）

图 3-44　容性耦合的同轴腔的等效电路模型

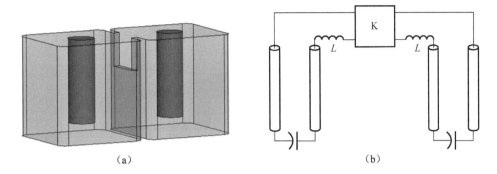

图 3-45　感性耦合的同轴腔的等效电路模型

3.2.3　混合电磁耦合同轴腔滤波器设计

1. 混合电磁耦合在同轴腔中的实现

为了构造混合电磁耦合从而实现直线阵准椭圆函数滤波器，同轴腔谐振器的内导体被改造为图 3-46 所示的结构。内导体开路端的圆盘极大地增加了同轴腔的负载电容（图 3-43），这样不但缩短了谐振器的长度（谐振器传输线仅有 $\lambda_0/8$），而且极大地增强了谐振器间的容性耦合[18]。为了进一步增强容性耦合，用一片贴在介质材料表面的导体带将两个内导体的开路面连接起来。一根导体棒将两个内导体的柱身直接连接起来，这样，流过导体棒表面的电流可以等效为一个耦合的电感，这个电流是由穿过导体棒和同轴内导体所构成的闭合回路的磁通感生的感应电流，如图 3-47 所示。

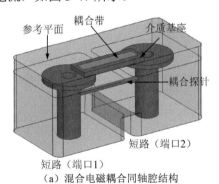

（a）混合电磁耦合同轴腔结构

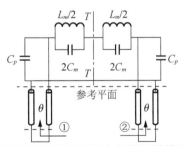

（b）将内导体开路端平面取为参考面后的等效电路

图 3-46　改造后的同轴腔谐振器结构

用 TEM 波端口代替短路面后可以得到端口的 S 参数，然后在特定的频点将这些参数代入图 3-46（b）所示的等效电路可以提取出这些元件的值。

文献[19]～文献[21]中的同轴腔建模方法非常适合于图 3-46 所示的混合耦合同轴腔结构。仿照此法，如果移除耦合腔底部的短路端取而代之以 TEM 模激励源，

则整个结构可以看作两根相互耦合的同轴电缆。图 3-46 所示的等效电路与文献[19]
中相应等效电路的唯一区别是附加的电感 L_m，它分流了流入参考面的总电流。

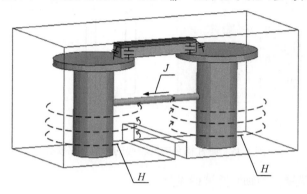

图 3-47　混合电磁耦合同轴腔中的磁场 H 和耦合导体棒上的感应电流 J

例如，HFSS 仿真得到图 3-46 所示的三维结构在某一频率（例如，谐振器的
谐振频率 $f_r = 1.7475\text{GHz}$）的 S 参数为 $S_{11} = -0.98-\text{j}0.16$，$S_{21} = 0.02-\text{j}0.12$；传输零
点频率为 $f_0 = 1.64\text{GHz}$，偶模反射系数 Γ_e 发生 $180°$ 相位突变（Γ_e 的相位为 ψ）的
频率为 $f_s = 1.74\text{GHz}$；由公式可以估算出端口 1 和端口 2 口径面的特性阻抗约为
$Z_0 = 71.26\Omega$。由上述仿真结果可以得到电路在 f_0 处的奇、偶模反射系数为

$$\Gamma_\text{o} = S_{11} + S_{21}, \quad \Gamma_\text{e} = S_{11} + S_{21} \tag{3-47}$$

图 3-46 中同轴线的长度 θ 是未知的，电路的偶模反射系数为

$$\Gamma_\text{e} = \exp(-\text{j}2\theta_1) \cdot \Gamma_\text{e0} = \exp(-\text{j}2\theta_1)\frac{Y_0 - \text{j}\omega C_p}{Y_0 + \text{j}\omega C_p} \tag{3-48}$$

式中，由并联电容 C_p 引起的偶模反射系数为

$$\alpha = \arg(\Gamma_\text{e0}) = -2\arctan\frac{\omega C_p}{Y_0} \tag{3-49}$$

令

$$\Gamma_\text{e} = |\Gamma_\text{e}|\exp(\text{j}\psi) \tag{3-50}$$

则由（3-48）～式（3-50）可知

$$\psi = \alpha - 2\theta \tag{3-51}$$

若令 $\omega_s = 2\pi f_s$ 表示 Γ_e 的相位为 $\psi = \pm180°$ 的相位突变点频率（图 3-48），则有
如下方程组：

$$\begin{cases} \psi(\omega_r) = \alpha(\omega_r) - 2\theta(\omega_r) \\ \psi(\omega_s) = \alpha(\omega_s) - 2\theta(\omega_s) = \pm\pi \end{cases} \tag{3-52}$$

式中

$$\alpha(\omega_s) = 2\arctan\left[\frac{\omega_s}{\omega_r}\tan\frac{\alpha(\omega_r)}{2}\right], \quad \theta(\omega_s) = \frac{\omega_s}{\omega_r}\theta(\omega_r) \tag{3-53}$$

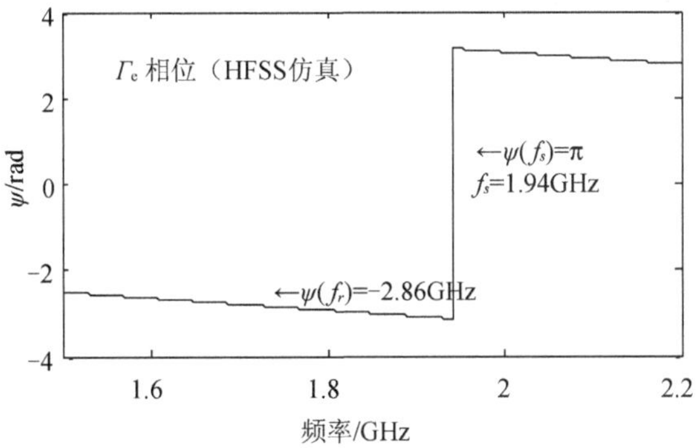

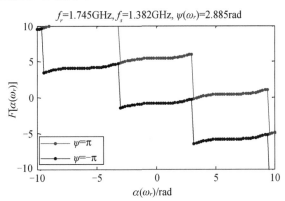

图 3-48　三维模型的偶模反射系数相位的 EM 仿真结果（HFSS）

由式（3-52）得到

$$F\left[\alpha(\omega_r)\right] = 2\arctan\left[\frac{\omega_s}{\omega_r}\tan\frac{\alpha(\omega_r)}{2}\right] - \frac{\omega_s}{\omega_r}\left[\alpha(\omega_r) - \psi(\omega_r)\right] \pm \pi = 0 \tag{3-54}$$

$$\theta(\omega_r) = \frac{\alpha(\omega_r) - \psi(\omega_r)}{2} \tag{3-55}$$

式（3-54）的显式解是不容易求得的，但是我们可以通过函数 $F\left[\alpha(\omega_r)\right]$ 的曲线找到它的近似解，如图 3-49 所示。

图 3-49　函数 $F\left[\alpha(\omega_r)\right]$ 的曲线

得到 $\alpha(\omega_r)$ 和 $\theta(\omega_r)$ 后，便可以由式（3-49）求得电容 C_p 的值为

$$C_p = -\frac{Y_0}{\omega_r}\tan\frac{\alpha(\omega_r)}{2} = 0.93\text{pF}$$

同轴线谐振器的电长度为

$$\theta(\omega_r) = \frac{\alpha(\omega_r) - \psi(\omega_r)}{2} = 45.93°$$

现在求解 C_m、L_m。若不考虑传输线 θ 的相移，图 3-46 所示电路的奇模输入导纳为

$$Y_{ino0} = j\left[\omega_r(C_p + 2C_m) - \frac{2}{\omega_r L_m}\right] = j\left(\omega_r C_p + 2\frac{\omega_r^2 - \omega_m^2}{\omega_r}C_m\right) \tag{3-56}$$

式中，$\omega_m = (L_m C_m)^{-1/2}$ 为传输零点的位置，已经由 HFSS 仿真得到。考虑传输 θ 的相移后，电路的反射系数为

$$\Gamma_o(\omega_r) = \frac{Y_0 - Y_{ino0}}{Y_0 + Y_{ino0}}\exp(-j2\theta) \tag{3-57}$$

式中

$$\frac{Y_0 - Y_{ino0}}{Y_0 + Y_{ino0}} = \frac{Y_0\omega_r - j\omega_r^2 C_p - j2(\omega_r^2 - \omega_m^2)C_m}{Y_0\omega_r + j\omega_r^2 C_p + j2(\omega_r^2 - \omega_m^2)C_m} \tag{3-58}$$

解得

$$C_m = \frac{\omega_r}{j2(\omega_r^2 - \omega_m^2)}\left[Y_0\frac{1 - \Gamma_o\exp(j2\theta_1)}{1 + \Gamma_o\exp(j2\theta_1)} - j\omega_r C_p\right] = 1.04\text{pF}$$

$$L_m = \frac{1}{\omega_m^2 C_m} = 9.13\text{nH}$$

图 3-50 给出了图 3-46 所示耦合结构的 EM 仿真曲线和电路仿真曲线。可以看出，EM 仿真结果和电路仿真结果在很宽的频段内都吻合得很好，这样就证明了电耦合和磁耦合同时存在于新型的耦合结构中。

从图 3-46 可以看出，等效电路将电耦合和磁耦合集成在同一种类型的变换器（J 变换器）中，将电和磁耦合统一起来，简化了分析，若采用图 3-44 和图 3-45 所示的电路则很难做到这一点。

2. 二阶混合电磁耦合同轴腔滤波器

图 3-51（a）给出了一个包含外部耦合结构的二阶混合电磁耦合同轴腔滤波器结构。若将图 3-46 所示的并联电容 C_p 和传输线段 θ 用并联的电感 L 和电容 C 替换，则包含外部耦合的等效电路如图 3-51（b）所示。不难发现，图 3-51（b）所示的电路实际上就是图 2-72 中的电路。考虑式（2-219）～式（2-222）可以推出奇、偶模频率为

$$\omega_{ev} = (LC)^{-1/2}, \quad \omega_{od} = \left[\frac{LL_m(C + 2C_m)}{2L + L_m}\right]^{-1/2} \tag{3-59}$$

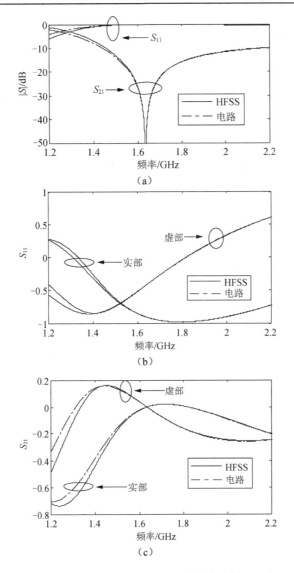

图 3-50　将短路端置换为 TEM 波端口后图 3-46 中电路的频率响应，f_r = 1.7475GHz

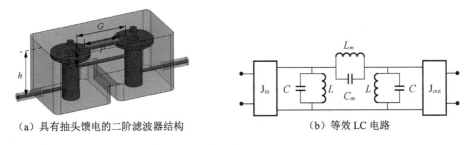

（a）具有抽头馈电的二阶滤波器结构　　　　　　　（b）等效 LC 电路

图 3-51　具有抽头馈电的二阶滤波器结构和等效 LC 电路

电、磁耦合系数为

$$E_C = \frac{C_m}{C + C_m}, \quad M_C = \frac{L}{L + L_m} \qquad (3\text{-}60)$$

传输零点和谐振器谐振频率为

$$\omega_m = (L_m C_m)^{-1/2}, \quad \omega_r = \left[\frac{LL_m(C + C_m)}{L + L_m}\right]^{-1/2} \qquad (3\text{-}61)$$

在图 3-51 中，P 表示耦合导体带的长度；G 表示介质基片的长度；S 表示内导体开路端到金属耦合棒的距离。凭直觉可以认为导带的长度 P 越长，电耦合系数 E_C 越大；间距 S 越小，磁耦合 M_C 越强。这一假设是基于一个物理概念，即导带和同轴内导体开路端的分布电容取决于导带的面积，而耦合金属棒上的电流取决于穿过耦合棒、同轴内导体、腔壁三者构成的回路的磁通量。为了证明我们的假设，并且进一步研究混合耦合同轴结构的特性，在下面的仿真中，图 3-51 中的滤波器将被相同的外部耦合（即 $h = 21.2\text{mm}$）激励。金属导带附着的介质基片的厚度为 1.3mm，相对介电常数为 $\varepsilon_r = 5.7$。

1）耦合导带的影响

保持 S 不变（如 $S = 7.5\text{mm}$），改变导带长度 P，滤波器的仿真结果如图 3-52 所示。可以发现，奇模频率和传输零点随 P 的增大而向左移动，而偶模谐振频率不变。这是因为串联的耦合电容 C_m 的值很大程度上取决于耦合导带和同轴线内导体间的分布电容，所以增长导带长度将会增强电容 C_m。由式（3-59）和式（3-61）可知，C_m 的改变会改变奇模频率和传输零点，却不会改变偶模频率。

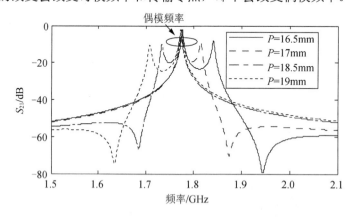

图 3-52　当 $G = 24\text{mm}$ 和 $S = 7.5\text{mm}$ 时改变导带长度 P 的影响

2）耦合导体棒的影响

保持 P 不变（如 $P = 19\text{mm}$），改变 S，滤波器的仿真结果如图 3-53 所示。与耦合导带的影响相似，奇模频率和传输零点随 S 的增大向左移动，而偶模谐振频率不变化。这是因为图 3-51 中的串联电感 L_m 很大程度上取决于耦合棒的高度 S。在式（3-59）和式（3-61）中，增加 S 会增大 L_m。

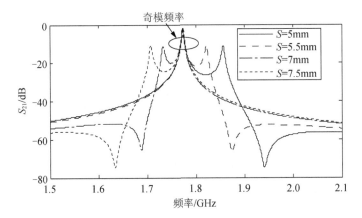

图 3-53　当 $G = 24$mm 和 $P = 19$mm 时改变耦合棒位置 S 的影响

　　值得注意的是，为了清晰地显示两个谐振峰值或模式频率，图 3-52 和图 3-53 中所有的曲线都是在将端口阻抗归一到一个很小值后得到的，在此这个值选为 2Ω。在设计两阶滤波器时，外部耦合必须事先被确定，也就是说在提取模式频率或耦合系数之前，馈电抽头应该已经被包含在整个模型之中，因为在实际结构中，抽头并不是一个理想的变换器，它不仅会影响模式频率也会改变由图 3-46 所示的不含外部耦合的耦合同轴电缆中提取出的传输零点。

　　首先确定馈电抽头位置 $h = 21.2$mm 以满足外部耦合 Q_e 的要求。然后将端口阻抗归一化到一个很小的值从而清晰地显示出模式频率。很显然，奇模频率和传输零点频率的改变导致耦合系数的改变，见图 3-52 和图 3-53。但由式（3-60）和式（3-61）可以看出，谐振频率 f_r 也被改变了。因此，用 f_r、E_C 和 M_C 设计滤波器似乎有点不太方便。如果我们注意到自始至终都没有变化的偶模谐振频率 f_{ev}，则问题变得简单许多。利用式（2-212）和式（2-213）可以将 f_r、E_C 和 M_C 三个参数转化成另外三个可测的频率：$f_{ev} = 1.775$GHz，$f_{od} = 1.722$GHz，$f_m = 1.663$GHz。

　　至此，滤波器的设计方法可以归纳为：选择 P、S 和谐振器长度的初始值以保证 $f_{ev} = 1.775$GHz；然后调整 P 和 S 以满足另外两个设计目标 $f_{od} = 1.722$GHz 和 $f_m = 1.663$GHz。图 3-54 给出了部分的奇模频率 f_{od} 对 P 和 S 的变化曲线；图 3-55 给出了部分的传输零点频率 f_m 对 P 和 S 的变化曲线。在这两幅图中，偶模频率均为 $f_{ev} = 1.775$GHz。我们可从这两幅图中读出，当 $S = 7.5$mm 和 $P = 19.71$mm（导带长度定为 4.5mm）时，这个二阶混合耦合同轴滤波器可以满足给定的设计指标。所有电路仿真、电磁仿真以及测试结果吻合良好，如图 3-56 所示。滤波器的实物图如图 3-57 所示。

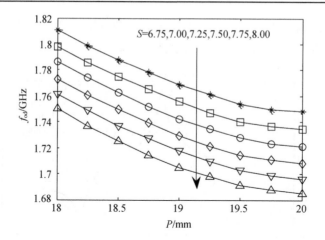

图 3-54　奇模频率 f_{od} 的变化（$f_{ev} = 1.775\text{GHz}$，$G = 20\text{mm}$）

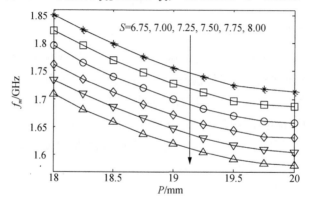

图 3-55　传输零点 f_m 的变化（$f_{ev} = 1.775\text{GHz}$，$G = 20\text{mm}$）

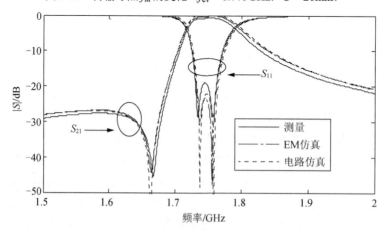

图 3-56　二阶电磁耦合同轴滤波器的频率响应

图 3-57　二阶电磁耦合同轴滤波器的实物图

简单总结上面的设计过程，指标为：传输零点 f_m = 1.663GHz，中心频率 f_0 = 1.7475GHz，带宽为 45MHz，回波损耗为 20dB。这个指标是参考一个 GSM 系统的应用。根据指标，可以给出图 3-51 所示电路原型的设计参数如下：f_r = 1.74GHz，k = −0.0306，E_C = 0.319，M_C = 0.2913，Q_e = 37.65。首先设计抽头耦合结构，以满足 Q_e 的指标，然后将 f_r、E_C 和 M_C 三个参数转化为 f_{ev}、f_{od} 和 f_m，以设计 P、S 和谐振器长度。

从式（2-222）可以看出，同时实现一个大耦合系数 k 和距离谐振率很近的传输零点 f_m 是困难的，除非 E_C 和 M_C 都很大。在电磁耦合同轴滤波器中，E_C 和 M_C 都有很大的值，因此在不减小带宽的情况下，设计的滤波器可以实现距离中心频率很近的传输零点。

3. 高阶混合电磁耦合同轴腔滤波器

前面介绍了电磁耦合同轴滤波器的基本概念。但是二阶滤波器不足以作为基站滤波器应用。下面介绍一个高阶同轴滤波器的设计。

首先我们考虑一个三阶的准椭圆函数滤波器。该滤波器具有两个非对称的传输零点 f_{m1} = 1.615GHz 和 f_{m2} = 1.817GHz，中心频率为 1.73GHz（这个工作频率邻近 GSM 工作频段），相对带宽为 3.6%，回波损耗为 18dB。采用传统的三阶交叉耦合 CT 滤波器最多只能实现一个传输零点，而采用混合电磁耦合滤波器可以实现这个指标中的两个传输零点，如图 3-58 所示。利用带通-低通频率变换可以得到低通原型传输零点的位置 ω'_{z1} = −3.79 和 ω'_{z2} = 2.74。由于同轴腔谐振器属于 $\lambda/4$ 短路传输线谐振器，因此综合时应该采用 J 变换器电路。

利用式（2-212）和式（2-213）可将其耦合系数转化为图 3-59 中的耦合系数。第一个传输零点 f_{z1} 由电磁耦合 $E_C^{(12)}$ 和 $M_C^{(12)}$ 实现，第二个传输零点 f_{z2} 由电磁耦合 $E_C^{(23)}$ 和 $M_C^{(23)}$ 实现。提取非对称耦合结构的耦合系数的公式由下式给出：

$$E_{\mathrm{C}}^{(ij)} = \frac{C_m}{\sqrt{C_{ri}C_{rj}}} = \sqrt{E_{\mathrm{C}}^{(i)}E_{\mathrm{C}}^{(j)}} \;, \quad M_{\mathrm{C}}^{(ij)} = \frac{\sqrt{L_{ri}L_{rj}}}{L_m} = \sqrt{M_{\mathrm{C}}^{(i)}M_{\mathrm{C}}^{(j)}} \;, \quad i,j = 1,2,\cdots \quad （3\text{-}62）$$

式中，C_m 表示第 i 个和第 j 个谐振器之间的互电容；L_m 表示第 i 个和第 j 个谐振器之间的互电感。最终的外部 Q 值、电磁耦合系数和各谐振频率为

$$f_{r1} = 1.711\mathrm{GHz}, \quad f_{r2} = 1.733\mathrm{GHz}, \quad f_{r3} = 1.752\mathrm{GHz}$$

$$Q_{\mathrm{e}} = 27.4, \quad E_{\mathrm{C}}^{(12)} = 0.2875, \quad M_{\mathrm{C}}^{(12)} = 0.2529$$

$$E_{\mathrm{C}}^{(23)} = 0.3682, \quad M_{\mathrm{C}}^{(23)} = 0.4004$$

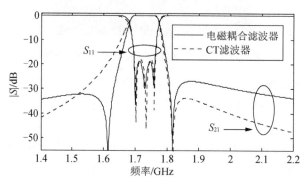

图 3-58　混合电磁耦合滤波器与传统的 CT 滤波器的比较

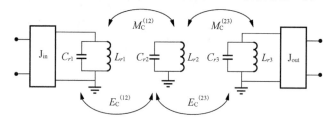

图 3-59　三阶混合电磁耦合滤波器的等效电路

从非同步调谐耦合结构中提取电磁耦合系数与在同步调谐结构中提取耦合系数略有区别。图 3-60 为一个简单的三阶同轴腔滤波器模型，可以看出，所有耦合都是非对称的。膜片 12 和 23 将整个结构分成 3 个谐振器。我们只考虑如何提取耦合 $E_{\mathrm{C}}^{(12)}$ 和 $M_{\mathrm{C}}^{(12)}$，它与提取耦合 $E_{\mathrm{C}}^{(23)}$ 和 $M_{\mathrm{C}}^{(23)}$ 的方法是相同的。

如果用一个小矩形面作为激励加在谐振器 2 右边的腔壁上，并将谐振器 2 短路，则端口①和端口②之间的二端口网络成为非对称的耦合腔，等效电路如图 3-61 所示。根据式（3-62），膜片 12 左右两边的部分可以被分别处理。这样，提取 $E_{\mathrm{C}}^{(12)}$ 和 $M_{\mathrm{C}}^{(12)}$ 就变为提取 $E_{\mathrm{C}}^{(1)}$、$M_{\mathrm{C}}^{(1)}$、$E_{\mathrm{C}}^{(2)}$ 和 $M_{\mathrm{C}}^{(2)}$，提取公式为式（2-220）和式（2-221）。一旦膜片 12 两边部分的耦合系数被分别提出，就需要将这两部分合起来并再次检查端口①到②的传输系数以确定合并后的结构是否满足图 3-61 所示电路的目标

值。图 3-60 所示结构的 S_{21} 曲线如图 3-62 所示，图中还给出了图 3-61 所示电路的目标响应以作对比。

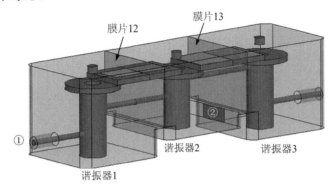

图 3-60　非同步调谐的 3 阶混合电磁耦合滤波器

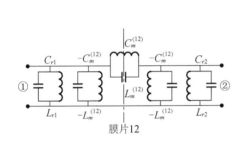

图 3-61　除去第 3 个谐振器后图 3-60
结构中端口①和端口②之间的等效电路

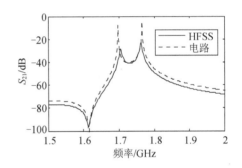

图 3-62　图 3-60 的三阶网络和图 3-61 的
二阶网络的响应比较

图 3-63 给出了最终设计的滤波器的电磁仿真和测试结果，可以看出它们吻合良好。实测的差损为 0.77dB，图中还给出了带内群延迟曲线。图 3-64 所示为滤波器的实物图。值得一提的是，在滤波器中使用介质基片（损耗正切为 0.003）会导致滤波器 Q 值的降低。由图 3-63 所示信息可以估计出混合电磁耦合滤波器的 Q 值约为 855，而具有相同谐振器数目而没有任何附加耦合元件的窗耦合同轴滤波器的 Q 值可以达到 3000。

接下来考虑采用同轴腔滤波器实现式（2-249）的混合电磁耦合矩阵。在这个例子中还将介绍电磁耦合滤波器的调试方法。耦合系数的确定方法与前面的三阶滤波器相同，滤波器结构和尺寸如图 3-65 所示。滤波器结构的仿真结果如图 3-66 所示，可以看出，它与电磁耦合滤波器的综合结果吻合良好。物理滤波器的 20dB 回波损耗带宽为 7.5%，3 个传输零点分别位于 1.57GHz、1.49GHz 和 2.125GHz。这个滤波器有 4 个反射零点和 3 个有限频率传输零点，因此设计和调试前面更难。借鉴文献[22]介绍的计算机辅助调谐方法可以给出如下的调试方法。

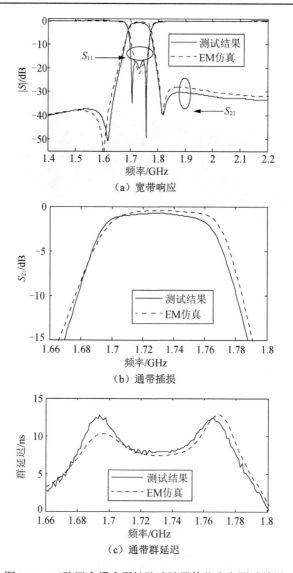

（a）宽带响应

（b）通带插损

（c）通带群延迟

图 3-63　三阶混合耦合同轴腔滤波器的仿真和测试结果

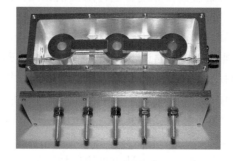

图 3-64　三阶混合耦合同轴腔滤波器实物图

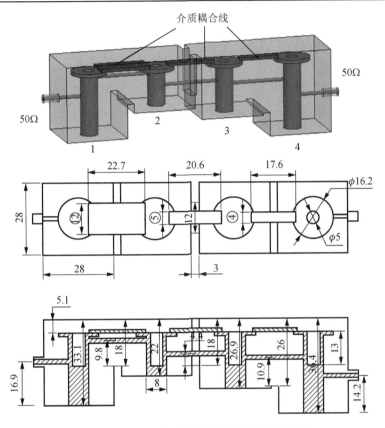

图 3-65　四阶混合耦合同轴腔滤波的结构和尺寸（单位：mm）

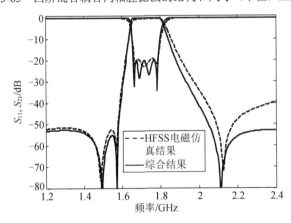

图 3-66　四阶混合耦合同轴腔滤波器频率响应的 HFSS 仿真结果和图 2-75
给出的综合结果的比较

（1）确定第一个谐振腔的外部 Q 值和谐振频率。首先任意选择第一和第二个
谐振腔的耦合尺寸，如导带长度、窗口高度等；然后将第一个和第二个谐振腔的

耦合膜片 12 短路或开路并仿真计算第一个谐振器的 S_{11} 相位。注意在 LC 等效电路中，理想的电壁或磁壁也应该被包含进去从而把第一个谐振器和其他谐振器隔离开。

（2）任意选择第二个和第三个谐振腔的耦合尺寸并短/开路膜片 23；然后在第二个谐振腔加一个弱激励结构并使得第一个谐振器的馈电端口失配，这样，可以通过传输曲线 S_{21} 确定第一个和第二个谐振器的耦合尺寸。在这一步中，第一个谐振器的端耦合已经被第（1）步确定了。

（3）选择膜片 34 耦合的尺寸并短/开路耦合膜片 12 和膜片 34；弱激励第二个和第三个谐振腔以确定第二个和第三个谐振器的耦合。在这一步中，所有前面步骤确定的尺寸保持不变。

（4）采用与（1）～（3）相同的方法可以确定剩下来的耦合尺寸包括第四个谐振器的外部耦合参数。在每一步中，上一步确定的尺寸都不变。

（5）当所有的尺寸都被确定后，保持这些尺寸不变，然后按照（1）改变第一个谐振腔输入耦合尺寸参数调整输入耦合。重复（1）～（4），更新所有的尺寸。经过若干次重复后，滤波器的响应将会接近我们的设计目标。

上述设计调试步骤如图 3-67 所示。

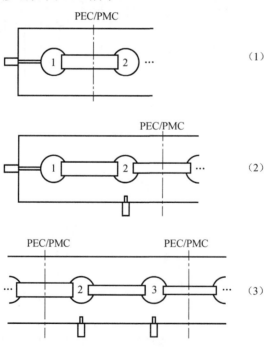

图 3-67　混合电磁耦合滤波器的设计调试步骤

3.3 电磁耦合 $TE_{01\delta}$ 模介质谐振器滤波器

1939 年，Richtmeyer 发现介质物体可以像金属腔那样工作，并将它们称为介质谐振器[22]（dielectric resonator，DR）。然而由于介质材料的损耗特性，直到 20 世纪 60 年代，介质谐振器才被应用于实际的微波电路。在早期的介质谐振器及其滤波器研究中，Harrison[23]将圆柱形 $TE_{01\delta}$ 介质谐振器置于 TE_{10} 截止矩形波导中，构造了一种带通滤波器。Cohn[24]给出了相邻介质谐振器块之间耦合系数的近似公式。但由于介质材料的温度稳定性系数仍然比所需的值高一个数量级，介质谐振器的应用仍然受到限制。

20 世纪 80 年代，由于陶瓷材料技术的突破和卫星通信的迅速发展，介质谐振器的应用研究被重新予以关注[25-28]。大量的新型高介电常数材料被研发出来。这些材料具有理想的、可控的低温度系数。新的滤波器技术[28-34]使介质谐振器滤波器的发展如鱼得水。这些技术有双模滤波器技术、准椭圆响应滤波器技术和严格的模匹配建模分析技术。如今的介质谐振器滤波器损耗低、尺寸小且具有极好的温度稳定性。

文献[35]认为，具有平面耦合拓扑的 $TE_{01\delta}$ 模介质谐振器滤波器的性能远远优于具有直线阵耦合拓扑的滤波器，因为它可以实现准椭圆滤波器响应。事实上，如果直线阵滤波器同样可以实现准椭圆函数滤波响应，必将更受到青睐。基于这个原因，本节分别提出了两种实现准椭圆函数响应的直线阵 $TE_{01\delta}$ 介质谐振器滤波器，滤波器性能优越，设计简单，每个传输零点均可以被独立控制。

3.3.1 $TE_{01\delta}$ 模介质谐振器

1. 介质谐振器的模式

$TE_{01\delta}$ 模谐振器可以是方形、圆柱形或圆环形，如图 3-68 所示。工程中常用的是圆柱形和圆环形介质谐振器。图 3-69 为一个置于圆柱金属腔内的环形介质谐振器，该谐振器被矩形波导激励，传输系数响应曲线的第一个峰值为 $TE_{01\delta}$ 模谐振频率，第二个峰值为 HE_{11} 模谐振频率。HE_{11} 模被广泛应用于双模滤波器。对于圆柱形和圆环形介质谐振器，频率最低的模式为 $TE_{01\delta}$ 模，它的电场分布呈环状分布，如

图 3-68 三种介质谐振器

图 3-70（a）所示。$TE_{01\delta}$模的磁场在谐振器的中心轴上最强，并且在谐振器之外仍然能够保持一定的强度，它与一个磁耦极子发出的磁场非常相似。

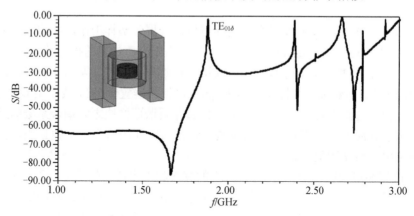

图 3-69　波导激励的环形介质谐振器的传输系数

2. Cohn 的简单介质谐振器模型

对介质谐振器严格的理论分析在数学上是非常复杂的。通过某些简单的手段为介质谐振器找到一些近似解不失为一个好的选择。Cohn 的介质谐振器模型[25]是一种简单常用的数学近似。这个模型假设介质谐振器在一个很长的理想磁壁（PMC）波导中，如图 3-71 所示。介质谐振器的顶部和底部与空气波导相接。这样，介质谐振器的问题被简化为波导问题。在介质区域，波导工作于截止频率之上；在空气区域，波导截止。在图 3-71（a）所示的模型中可能存在 TE 模和 TM模，它们应该满足的边界条件为：在 $r = a$ 的侧面上（r 为水平径向）有

$$H_{\varphi} = 0, \quad H_z = 0 \tag{3-63}$$

在 $z = 0$ 和 $z = L$ 的两个端面上

$$H_{\varphi} = 0, \quad H_r = 0 \tag{3-64}$$

利用柱坐标下的齐次波动方程以及边界条件式（3-63）和式（3-64）可以求出圆柱形介质谐振器的位函数和场解。这个求解过程类似于金属圆波导和金属圆柱腔的求解过程，但应当注意的是，磁导体与电导体边界条件不同，这里必须采用磁导体边界。这样便能直接写出场解。以 TE 模为例：

$$H_z = H_0 J_m \left(\frac{\chi_{mn}}{a} r \right) \binom{\sin(m\varphi)}{\cos(m\varphi)} e^{-j\beta z} \tag{3-65}$$

$$H_r = -j \frac{\beta}{k_c} H_0 J_m' \left(\frac{\chi_{mn}}{a} r \right) \binom{\sin(m\varphi)}{\cos(m\varphi)} e^{-j\beta z} \tag{3-66}$$

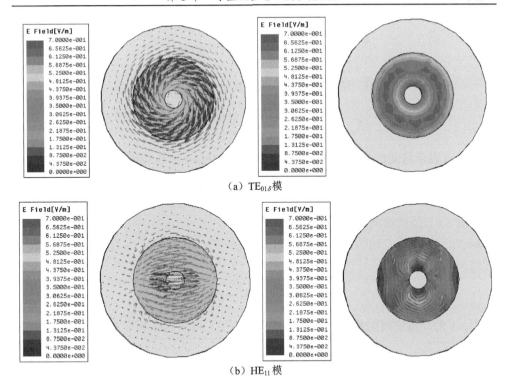

（a）TE$_{01\delta}$模

（b）HE$_{11}$模

图 3-70　圆腔中环形介质谐振器的电场矢量和电场强度分布图

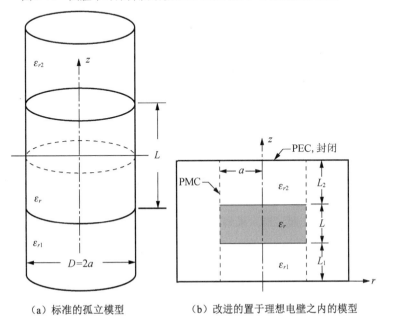

（a）标准的孤立模型　　　　　　　（b）改进的置于理想电壁之内的模型

图 3-71　Cohn 的介质滤波器模型

$$H_\varphi = \pm j \frac{\beta m}{k_c^2 r} H_0 J_m \left(\frac{\chi_{mn}}{a} r \right) \binom{\sin(m\varphi)}{\cos(m\varphi)} e^{-j\beta z} \qquad (3\text{-}67)$$

$$E_r = \pm j \frac{\omega \mu m}{k_c^2 r} H_0 J_m \left(\frac{\chi_{mn}}{a} r \right) \binom{\sin(m\varphi)}{\cos(m\varphi)} e^{-j\beta z} \qquad (3\text{-}68)$$

$$E_\varphi = j \frac{\omega \mu}{k_c} H_0 J_m' \left(\frac{\chi_{mn}}{a} r \right) \binom{\sin(m\varphi)}{\cos(m\varphi)} e^{-j\beta z} \qquad (3\text{-}69)$$

式中，β 表示纵向的传播常数；χ_{mn} 表示 m 阶 Bessel 函数的第 n 个根。

根据 $r = a$ 时，$H_z = 0$，即式（3-63）的边界条件，有

$$J_m(k_c a) = J_m(\chi_{mn}) = 0 , \quad k_c = \chi_{mn}/a \qquad (3\text{-}70)$$

由 $z = 0$ 处的纵向边界条件可知式（3-65）～式（3-67）中的因子 $\exp(-j\beta z)$ 变为 $\sin\beta z$；由 $z = L$ 处的边界条件可知 $\beta L = p\pi$ $(p = 0,1,\cdots)$。因为介质中的波数可以写为

$$k = \frac{\omega}{v} = \sqrt{k_c^2 + \beta^2} \qquad (3\text{-}71)$$

式中，v 为介质中波的相速度。所以由式（3-70）可知谐振频率为

$$f = \frac{v}{2\pi} \sqrt{k_c^2 + \beta^2} = \frac{1}{2\pi\sqrt{\mu\varepsilon}} \sqrt{\left(\frac{\chi_{mn}}{a} \right)^2 + \left(\frac{p\pi}{L} \right)^2} \qquad (3\text{-}72)$$

若介质谐振器的高度与半径之比 $L/a < 2.03$，则 TE_{010} 模是主模，谐振频率为

$$f_{TE_{010}} = \frac{\chi_{01}}{2\pi a\sqrt{\mu\varepsilon}} = \frac{2.4049}{2\pi a\sqrt{\mu\varepsilon}} \qquad (3\text{-}73)$$

虽然当圆柱形介质谐振器的长度与半径比 $L/a < 2.03$ 时，由 PMC（理想磁导体）模型得到的振荡模式中 TE_{010} 模是主模，但工程实践中最常用的是 $TE_{01\delta}$ $(0 < \delta < 1)$ 模。可以通过改进的 Cohn 模型（如图 3-71（b）所示）来说明 $TE_{01\delta}$ 模。由 PMC 或 PEC（理想电导体）壁得到的振荡模式 TE_{mnp} 和 TM_{mnp} 模，其模数 p 总是非负的整数，p 表示场沿纵轴 z 变化的半波数。由于 δ 是小于 1 的非整数，所以圆柱形介质谐振器中 $TE_{01\delta}$ 的场沿纵向的变化小于半个波长。利用介质谐振器底部($z = L_1$)和顶部（$z = L_1+L$）的 PMC 边界条件以及金属外壳在底部（$z = 0$）和顶部（$z = L_1+L+L_2$）的 PEC 边界条件保证了在边界面上的电场和磁场切向分量的连续性。详细的理论分析见文献[25]。求解场方程有

$$\beta L = \delta \pi \approx \frac{\phi_1}{2} + \frac{\phi_2}{2} + p\pi , \quad p = 0,1,\cdots \qquad (3\text{-}74)$$

式中

$$\frac{\phi_1}{2} = \arctan \left(\frac{\gamma_1}{\beta} \coth \gamma_1 L_1 \right) , \quad \gamma_1 = \sqrt{\left(\frac{\chi_{m1}}{a} \right)^2 - k_0^2 \varepsilon_{r1}} \qquad (3\text{-}75)$$

$$\frac{\phi_1}{2} = \arctan\left(\frac{\gamma_1}{\beta}\coth\gamma_1 L_1\right), \quad \gamma_2 = \sqrt{\left(\frac{\chi_{m1}}{a}\right)^2 - k_0^2\varepsilon_{r2}} \tag{3-76}$$

在式（3-74）中，$p = 0$ 对应 $\text{TE}_{01\delta}$ 模，因此小于 1 的非整数 δ 由下式给出。

$$\delta = \frac{1}{\pi}\left(\frac{\phi_1}{2} + \frac{\phi_2}{2}\right) \tag{3-77}$$

δ 描述介质谐振器在自身长度方向的两端之间的场变化。$\text{TE}_{01\delta}$ 模对应 TE_{mnp} 模式的模数为 $m = 0$，$n = 1$ 和 $\delta < 1$，将它们代入场解式（3-65）～式（3-69）中并考虑 Bessel 函数的递推关系可以得到 $\text{TE}_{01\delta}$ 模场表达式：

$$H_z = \left[A\exp(\gamma_q z) + B\exp(-\gamma_q z)\right]J_0\left(\frac{\chi_{01}}{a}r\right) \tag{3-78}$$

$$H_r = -\frac{\gamma_q}{\chi_{01}/a}\left[A\exp(\gamma_q z) - B\exp(-\gamma_q z)\right]J_1\left(\frac{\chi_{01}}{a}r\right) \tag{3-79}$$

$$E_\varphi = -\frac{\mathrm{j}\omega\mu_0}{\chi_{01}/a}\left[A\exp(\gamma_q z) + B\exp(-\gamma_q z)\right]J_1\left(\frac{\chi_{01}}{a}r\right) \tag{3-80}$$

式中，q 为区域号，例如，它在图 3-71（b）中表示不同的区域。在介质区域中

$$\gamma_0 = \beta = \sqrt{\left(\frac{\chi_{01}}{a}\right)^2 - k_0^2\varepsilon_r} \tag{3-81}$$

查表可知 0 阶 Bessel 函数的第 1 个根为

$$\chi_{01} = 2.4048 \tag{3-82}$$

例如，若介质谐振器的半径 $a = 13.88\text{mm}$，高度 $L = 14.46\text{mm}$，相对介电常数为 $\varepsilon_r = 38$。若采用简单的 Cohn 模型，则有 $L_1 = L_2 = 0$，由式（3-75）和式（3-76）可知

$$\frac{\phi_1}{2} = \frac{\phi_2}{2} = \arctan\infty = \frac{\pi}{2}$$

所以式（3-77）中的半波数为

$$\delta = \frac{1}{\pi}\left(\frac{\pi}{2} + \frac{\pi}{2}\right) = 1$$

这说明此时 $\text{TE}_{01\delta}$ 模实际上就是 TE_{011} 模，于是由式（3-72）可知谐振频率为

$$f = \frac{1}{2\pi\sqrt{\mu\varepsilon}}\sqrt{\left(\frac{\chi_{01}}{a}\right)^2 + \left(\frac{\pi}{L}\right)^2} = \frac{3\times10^{11}}{2\pi\sqrt{38}}\sqrt{\left(\frac{2.4048}{13.88}\right)^2 + \left(\frac{\pi}{14.46}\right)^2} = 2.1524 \text{（GHz）}$$

对于置于金属腔的相同的介质谐振器模型，HFSS 计算的谐振频率结果为 $f = 1.9\text{GHz}$，如图 3-72 所示。如果认为 HFSS 计算的结果是谐振频率的精确值，那么由上述公式计算的结果误差为 12.84%。

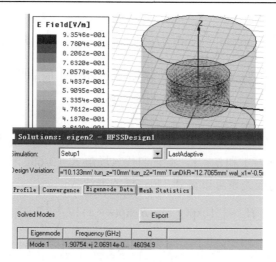

图 3-72　HFSS 计算的圆柱形介质谐振器的 $TE_{01\delta}$ 模谐振频率为 $f = 1.9GHz$

从图 3-70 和图 3-72 可以看出，$TE_{01\delta}$ 的物理含义是：电场纵向分量为零；$m = 0$ 表示场量沿 φ 方向没有变化；$n=1$ 表示场沿径向 r 方向只出现一个峰值；$\delta < 1$ 表示场沿轴向 z 方向的变化小于半个波长。

3.3.2　$TE_{01\delta}$ 模介质谐振器的新耦合机制

在设计滤波器时，人们常常将 $TE_{01\delta}$ 模介质谐振器简单地等效为一个 LC 谐振回路，回路中只包含一个电容和一个电感。这样做虽然很方便却将 $TE_{01\delta}$ 模介质谐振器由于其特殊的电磁场分布而引起的特殊现象忽略了。$TE_{01\delta}$ 模介质腔中电流和场的分布可以用图 3-73 中的模型简要地表示。可以看出，电流和电场均成环状分布。因此，如果将介质谐振器以纵向轴为中心沿 φ 方向平均地切割成个 n 个小块，那么每个小块单元中的电场可以被等效为一个电容 C_s；电流可以被等效为一个电感 L_s。电容和电感的总数均为 n，这 $2n$ 个元件串联构成了一个环形的 LC 电路。用 C_p 表示介质谐振器和金属外壳之间的电容。由于大部分的电场能量都被束缚在介质谐振器内部，因此与 C_s 相比，C_p 为一个很小的值。$TE_{01\delta}$ 模的谐振频率可以记为

$$\omega_0 = \frac{1}{\sqrt{nL_s \dfrac{C_s}{n}}} = \frac{1}{\sqrt{L_s C_s}} \qquad (3\text{-}83)$$

在实际的工程应用中，最常见的 $TE_{01\delta}$ 模介质谐振器的激励方式是探针激励，如图 3-74 所示。同轴馈电线的内导体伸入金属腔体的外壳形成探针，探针沿环形介质谐振器的侧壁伸展从而保证可以激励起 $TE_{01\delta}$ 模，如果探针不是沿这个方向伸展则不能激励出我们所需的模式。比较小环激励和波导窗口激励，探针激励可以馈入更多的能量。

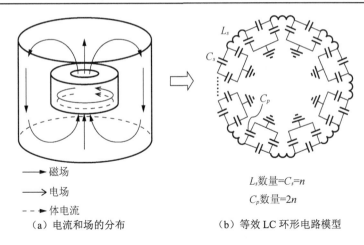

→ 磁场

→ 电场

- - → 体电流

（a）电流和场的分布

L_s数量$=C_s=n$

C_p数量$=2n$

（b）等效 LC 环形电路模型

图 3-73　$TE_{01\delta}$模介质谐振腔

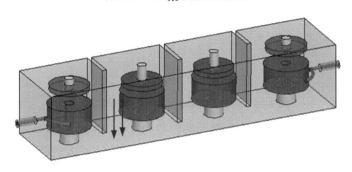

图 3-74　探针激励的四阶 $TE_{01\delta}$模介质谐振器滤波器

　　从图 3-74 中可看出，电磁能量由输入端口的探针以电场耦合的形式馈入第一个谐振器，然后经由第一和第二个谐振腔之间的耦合窗膜片以磁场耦合的形式流出第一个谐振腔。在第一个和第二个谐振腔的耦合窗附近，磁场方向为竖直向上或向下。这样，可以用矩形波导代替第二个谐振器及其后面的电路来研究第一个谐振腔的特性，从而使问题大大简化。这样做的根据是：矩形波导和介质谐振腔之间的耦合窗附近的磁场与介质谐振腔和介质谐振腔耦合窗附近的磁场具有相同的方向，如图 3-74、图 3-75 中的箭头所示。

　　图 3-75 所示结构的俯视平面图如图 3-76（a）所示。用图 3-73 中的 LC 电路表示与外部耦合的介质谐振器，等效电路如图 3-76（b）所示。谐振器和波导的窗耦合可以等效为一个互感 M。从图 3-76（a）可以看出，激励探针可以围绕谐振器的中心轴以角度 θ 旋转，在图 3-76（b）中等效为将激励端加在 LC 谐振器的第 k 个节点。图 3-76（b）中的方框 K 表示阻抗变换器。

　　经过进一步简化，图 3-76（b）所示的电路可以表示成图 3-76（c）所示的电路。很明显，信号从端口 P1 到端口 P2 经过了两条不同的耦合路径。我们知道，如果信号从一个端口到另一个端口经过了多条不同的耦合路径，则有可能产生传输零点。图 3-77 给出了探针取不同 θ 角时图 3-76 所示的物理结构的 HFSS 仿真响应曲线，从图中可以看出，在谐振频率附近有一个按一定规律变化的传输零点 f_z。当 $\theta < 180°$ 时，传输零点 f_z 位于谐振频点左侧，并随着 θ 的增大向低频移动而远离谐振点；当 $\theta > 180°$ 时，传输零点 f_z 位于谐振频点右侧，同样，它也随着 θ 的增大向低频移动而靠近谐振点。不论 θ 为何值，在 1.666GHz 处有一个不变的传输零点。这个零点被证明是由金属空腔引起的，因为即使腔内无 DR，这个零点依然会出现。

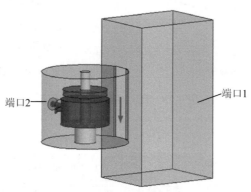

图 3-75　介质谐振器被探针和波导共同激励

在图 3-76（b）中，假设基本单元的个数为 $n = 60$。因为 $C_p \ll C$，取初值 $C = 2\text{pF}$，$L = 3\text{nH}$，$C_p = 0.001\text{pF}$，$M = 3\text{nH}$。经过优化（选取遗传算法）可以得到图 3-76（b）所示电路中的元件参数分别为 $C = 2.085\text{pF}$，$L = 3.49\text{nH}$，$M = 1.309\text{nH}$，$C_p = 0.005\text{pF}$。

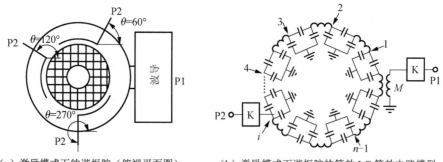

（a）激励模式下的谐振腔（俯视平面图）　　（b）激励模式下谐振腔的等效 LC 等效电路模型

（c）激励单个谐振器时端口 P1 到端口 P2 的信号路径

图 3-76　被探针和窗同时激励的双端口 $TE_{01\delta}$ 模介质谐振腔及其等效电路

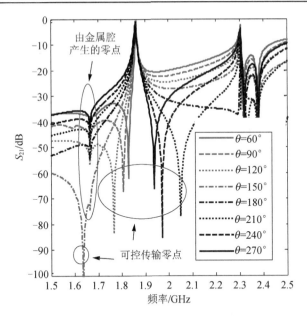

图 3-77　探针沿着纵向轴心旋转时图 3-76 或图 3-76（a）所示 3D 模型的仿真响应曲线

图 3-78 给出了图 3-76（b）的集总电路的传输响应曲线。可以看出，端口 P2 从第 k 个节点接入，传输零点的变化规律为：当 $k < n/2$（$n = 60$）时，传输零点 f_z 位于谐振频率的左侧并随着 k 的增大而向低频移动，远离谐振频率；当 $k > n/2$ 时，传输零点 f_z 位于谐振频率的右侧并随着 k 的增大而向低频移动，靠近谐振频率。

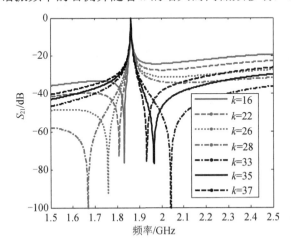

图 3-78　馈入节点编号 k 逐渐增大时图 3-76（b）所示集总电路的传输响应

传输零点 f_z 在 3D 模型中的变化和 f_z 在集总电路中的变化具有某种相似的规律。我们可以找到这样一个线性关系：

$$\theta = 12.3k - 198.3 \tag{3-84}$$

使得传输零点 f_z 的变化规律在集总电路和 3D 模型中看起来更加相似。经过这个变换后，传输零点 f_z 随输入探针角度 θ 的变化规律如图 3-79 所示。

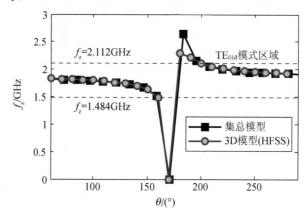

图 3-79　经过线性变换后，在集总电路与在物理结构中的传输零点对 θ 变化规律的比较

　　一个问题是，距离 $TE_{01\delta}$ 模较远的频率，图 3-76（b）的等效电路模型是否仍然有效？从图 3-79 可以看出，两条曲线在大部分的范围内是吻合的，但当馈电点角度 θ 在 $180°\sim190°$ 的范围内，集总模型和 3D 模型出现了较大偏差。这是因为在大约 2.3GHz 的频率处出现了介质谐振器的第一个高次模式 HE_{11} 模，如图 3-77 所示，所以在此频率附近，电路模型肯定是无效的。现在考察图 3-79 中距离 $TE_{01\delta}$ 模式谐振频率最远的同时两条曲线又较为吻合的两个点 $\theta=160°$（$f_z=1.484GHz$）和 $\theta=200°$（$f_z=2.112GHz$）。图 3-80 和图 3-81 所示的场图给出了这两个频点处介质谐振器的电场矢量，从中可以看出，介质谐振器内的电磁场仍然以 $TE_{01\delta}$ 模为主。因此可以这样认为：介质谐振器在 $1.484\sim2.112GHz$ 的频域范围内是工作在 $TE_{01\delta}$ 模式的，也就是说在这个范围内，图 3-76（b）的等效是有效的，这个范围在图 3-79 中也被标注出来。至此，完全解释了探针馈电的单个 DR 腔的传输零点机理。

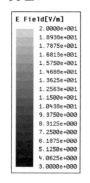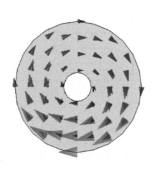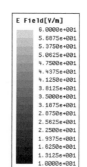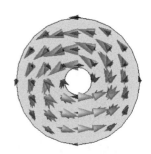

图 3-80　电场矢量，1.484GHz　　　　　　图 3-81　电场矢量，2.112GHz

3.3.3　基于新耦合机制的 $TE_{01\delta}$ 模介质谐振器滤波器

1.　简化的谐振器电路

由上述可知探针馈电的单个谐振器具有传输零点，因此探针馈电的滤波器也可能具有传输零点。

假设图 3-76 所示的电路中，路径 1 包含 n_1 个节点，路径 2 中包含 n_2 个节点，若并联电容 C_p 很小，则谐振器的总电纳为

$$Y = Y_1 + Y_2 \tag{3-85}$$

式中

$$\frac{1}{Y_1} = \omega n_1 L_s + \frac{1}{\omega n_1 C_s}, \quad \frac{1}{Y_2} = \omega n_2 L_s + \frac{1}{\omega n_2 C_s} \tag{3-86}$$

这样 Y_1 和 Y_2 仍然谐振于 ω_0。假设 $Y_2 = jB$，B 为频率不变量，并且 $L = n_1 L_s$，$C = n_1 C_s$，则图 3-76 所示的电路可以画为图 3-82 所示电路。图 3-82 中两个 K 变换器之内的阻抗为

$$Z = -j\frac{L(\omega^2 - \omega_0^2)}{\omega^2 LB - \omega - \omega_0^2 LB} \tag{3-87}$$

因此谐振器的谐振频率为

$$\omega_0 = \frac{1}{\sqrt{LC}} = \frac{1}{\sqrt{L_s C_s}} \tag{3-88}$$

传输零点为

$$\omega_z = \frac{1 + \sqrt{1 + (2LB\omega_0)^2}}{2LB} \tag{3-89}$$

所以

$$C = \frac{1}{\omega_0^2 L}, \quad B = \frac{\omega_z}{L(\omega_z^2 - \omega_0^2)} \tag{3-90}$$

例如，HFSS 仿真测得图 3-75 所示结构的谐振频率和传输零点分别为 $f_0 = 1.862\text{GHz}$ 和 $f_z = 1.808\text{GHz}$，设 $L = 3\text{nH}$，则由式（3-90）有 $C = 2.4353\text{pF}$，$B = -0.484\Omega$。图 3-83 给出了 3D 模型的 HFSS 仿真响应、复杂集总模型的电路响应，以及简化电路的响应的结果比较。

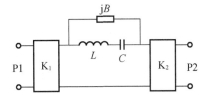

图 3-82　将图 3-76 所示的电路简化后的电路

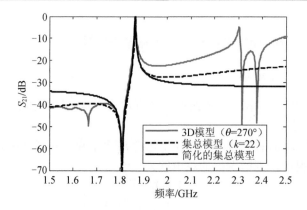

图 3-83　单个谐振器的频率响应比较

2. 滤波器

四阶滤波器的等效电路如图 3-84 所示。输入和输出变换器之间的总阻抗为

$$Z = Z_1 + Z_{23} + Z_4 \tag{3-91}$$

式中，Z_1 和 Z_4 的表达式由式（3-87）给出，因此整个滤波器的传输零点就是第一个谐振器和第四个谐振器的零点（Z_1 和 Z_4 的极点）。

在设计滤波器时，只要按照传统的级联滤波器设计方法设计，根据传输零点的位置加入频率不变量 B_1 和 B_4 就可以了。

例如，设计四阶 Chebyshev 滤波器，中心频率为 $f_0 = 1.86\text{GHz}$，20dB 回波损耗带宽为 22.3MHz（1.2%）。

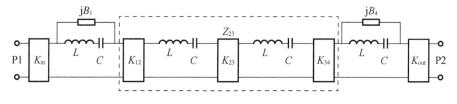

图 3-84　四阶滤波器的等效电路

设计第一个没有传输零点的滤波器 A，其等效电路如图 3-84 所示，电路参数如下：$K_{in} = K_{out} = 0.1446$，$K_{12} = K_{34} = 0.0117$，$K_{23} = 0.00875$，$B_1 = B_4 = 0$。这个滤波器没有传输零点。

设计第二个具有一个低阻带传输零点 $f_z = 1.8\text{GHz}$ 点的滤波器 B，其等效电路如图 3-84 所示，这个滤波器的电路参数除 $B_1 = -1.3045 \times 10^{-9} \times L^{-1}$、$B_4 = 0$ 外，其余元件参数与滤波器 A 相同。

设计第三个具有一个低阻带传输零点 $f_{z1} = 1.8\text{GHz}$ 和一个高阻带传输零点 $f_{z2} = 1.93\text{GHz}$ 的滤波器 C，其等效电路如图 3-84 所示，这个滤波器的电路参数除 $B_2 =$

$1.0963 \times 10^{-9} \times L^{-1}$ 外，其余元件参数与滤波器 B 相同。

图 3-85 为滤波器 A、滤波器 B、滤波器 C 的电路响应比较图。可以看出，图 3-84 电路中的输入谐振器 B_1 和输出谐振器 B_2 的最大作用是产生传输零点，它们对标准 Chebyshev 滤波器的通带有一定的影响，但是影响不大。由于滤波器的传输零点完全是由输入探针/谐振器和输出探针/谐振器引入的，与其他谐振器无关，所以在实际设计中可以单独提取滤波器的传输零点。

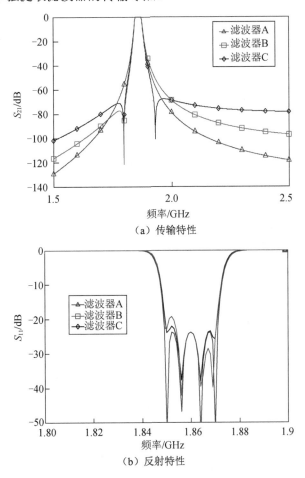

（a）传输特性

（b）反射特性

图 3-85　滤波器 A、滤波器 B、滤波器 C 的电路响应

图 3-86 给出了 6 个具有不同馈电角度的 $TE_{01\delta}$ 模介质谐振器滤波器。图 3-87 给出了这些滤波器的 HFSS 仿真响应曲线，图中部分滤波器在低于 1.75GHz 的频率出现了传输零点，这些传输零点由空腔引起，是不可控制的。为了证明滤波器的零点是可以独立提取的，图 3-88 给出了图 3-86（f）的滤波器输入腔和输出腔的传输特性，可以看出它们的零点与滤波器的零点是一致的。

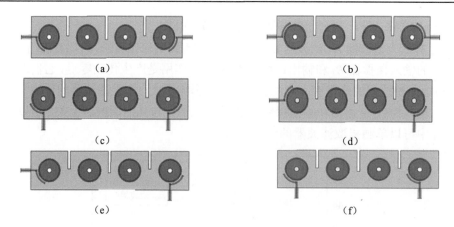

图 3-86　6 个 $TE_{01\delta}$ 模介质谐振器滤波器

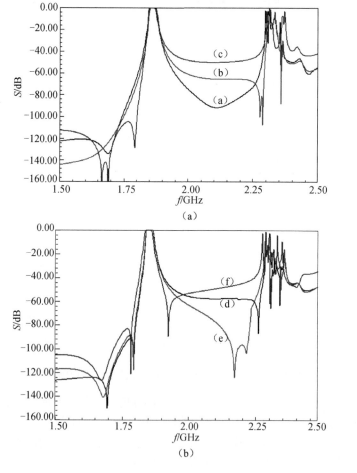

图 3-87　图 3-86 中 6 个介质滤波器的传输特性 HFSS 曲线仿真结果

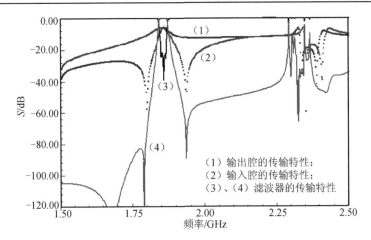

图 3-88　图 3-86（f）的介质滤波器输入腔和输出腔的传输特性

图 3-89 给出了图 3-86（c）所示滤波器的实际测试结果，由于输入腔和输出腔的馈电角度相同，所以由它们产生的传输零点均在 1.76GHz，提高了滤波器的低阻带抑制。滤波器的实测指标为：中心频率 1.84GHz；-20dB 回波损耗带宽 26.4MHz，插入损耗小于 0.5dB。

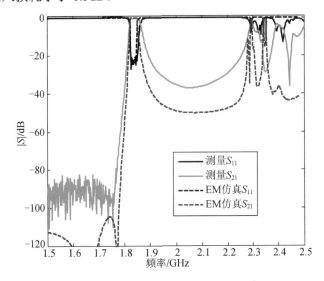

图 3-89　图 3-86（c）所示滤波器的实际测试结果

图 3-90 为图 3-86（f）所示滤波器的实物图。图 3-91 给出了该滤波器的频率特性曲线。由于输入腔和输出腔的馈电角度不同，所以由输入和输出腔产生的传输零点分别位于 1.76GHz 和 1.93GHz 处，使得滤波器通带左右两侧都具有陡峭的裙带。滤波器的实测指标为：中心频率 1.835GHz；-20dB 回波损耗带宽 21.6MHz，插入损耗小于 0.5dB；带内群延迟波动小于 8.6ns。

图 3-90　图 3-86（f）滤波器的实物图

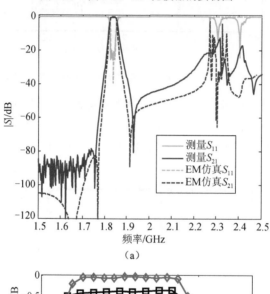

（a）

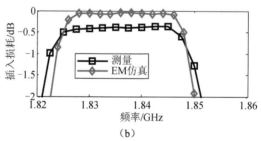

（b）

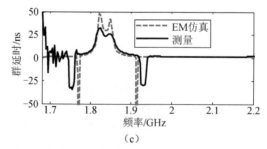

（c）

图 3-91　图 3-90 滤波器的频率特性曲线

3.3.4　混合电磁耦合 $TE_{01\delta}$ 模介质谐振器滤波器

混合电磁耦合 $TE_{01\delta}$ 模介质谐振器的结构如图 3-92 所示，宽度为 W、厚度为 4mm 的膜片与长度为 L 的耦合探针共同构成了两个谐振器之间的耦合。由膜片实现的耦合以磁耦合为主；探针则实现了两个谐振器之间的电耦合。

通过电磁仿真可以发现，L 越大则电耦合越强，W 越大则磁耦合越强。因此调节这两个参数可以分别调节电耦合和磁耦合的强度从而控制传输零点的位置。

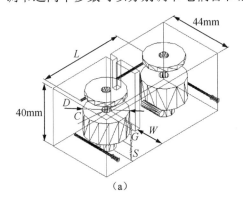
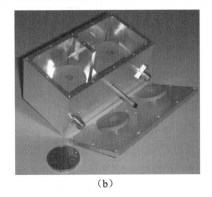

（a）　　　　　　　　　　　　　　　　（b）

图 3-92　混合电磁耦合 $TE_{01\delta}$ 模介质谐振器滤波器

我们设计了两个二阶混合电磁耦合 $TE_{01\delta}$ 模介质谐振器滤波器：结构 1（L = 62.8mm，W = 20mm）和结构 2（L =69mm，W = 20mm）。结构 1 实现的耦合系数为 $M_C = 0.6075$，$E_C = 0.6001$，响应曲线如图 3-93 所示，实测指标为：工作频率为 1.85GHz；1dB 带宽为 20MHz；传输零点为 1.822GHz。结构 2 实现的耦合系数为 $M_C = 0.6859$，$E_C = 0.6922$，响应曲线如图 3-94 所示，实测指标为：工作频率为 1.846GHz；1dB 带宽为 18MHz；传输零点为 1.875GHz。

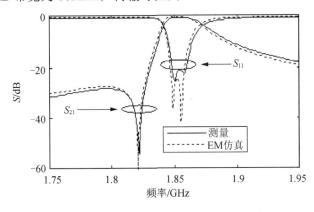

图 3-93　混合电磁耦合 $TE_{01\delta}$ 模介质谐振器滤波器结构 1 的频率响应

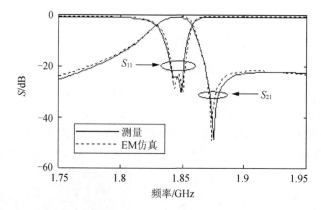

图 3-94　混合电磁耦合 $TE_{01\delta}$ 模介质谐振器滤波器结构 2 的频率响应

参 考 文 献

[1]　Chu Q X, Wang H. A Compact open-loop filter with mixed electric and magnetic coupling. IEEE Transactions on Microwave Theory and Techniques,2008, 56(2): 431-439.

[2]　Wang H, Chu Q X. An EM-coupled triangular open-loop filter with transmission zeros very close to passband. IEEE Microwave and Wireless Components Letters,2009, 19(2): 71-73.

[3]　Wang H, Chu Q X. A narrow-band hairpin-comb two-pole filter with source-load coupling.IEEE Microwave and Wireless Component Letters,2010, 20(7):372-374.

[4]　Wang H, Chu Q X. An inline coaxial quasi-elliptic filter with controllable mixed electric and magnetic coupling. IEEE Transactions on Microwave Theory and Techniques, 2009, 57(3): 667-673.

[5]　Chu Q X, Ouyang X, Wang H, et al. TE01 mode dielectric resonator filters with controllable transmission zeros. IEEE Transaction on Microwave Theory Technology, 2013, 61(3): 1086-1094.

[6]　吴万春,梁昌洪. 微波网络及其应用.北京：国防工业出版社,1980.

[7]　Pozar D M. Microwave Engineering. Amherst: Wiley, 2005.

[8]　Ma K, Ma J G, Yeo K S, et al. A compact size coupling controllable filter with separate electric and magnetic coupling paths. IEEE Transactions on Microwave Theory and Techniques,2006, 54(3): 1113.

[9]　Tsai C M, Lee S Y, Lee H M. Transmission-line filters with capacitively loaded coupled lines. IEEE Transactions on Microwave Theory and Techniques,2003, 51(5): 1517-1524.

[10]　Kuo J T, Hsu C L, Shih E. Compact planar quasi-elliptic function filter with inline stepped-impedance resonators. IEEE Transactions on Microwave Theory and Techniques, 2007, 55(8): 1747-1755.

[11]　Levy R, Rhodes J D. A comb-line elliptic filter. IEEE Transactions on Microwave Theory and Techniques,1971, MTT-19(1): 26-29.

[12] Macchiarella G, Fumagalli M. Inline comb filters with one or two transmission zeros. IEEE MTT-S International Microwave Symposium Digest, 2004:1085-1088.

[13] Yao H W, Zaki K A, Atia A E, et al. Full wave modeling of conducting posts in rectangular waveguides and its applications to slot coupled combline filters. IEEE Transactions on Microwave Theory and Techniques, 1995, 43(12): 2824-2830.

[14] Rong Y, Zaki K A. Full-wave analysis of coupling between cylindrical combline resonators. IEEE Transactions on Microwave Theory and Techniques,1999, 47(9): 1721-1729.

[15] Sabbagh M E, Zaki K A, Yao H W, et al. Full-wave analysis of coupling between combline resonators and its application to combline filters with canonical configurations. IEEE Transactions on Microwave Theory and Techniques, 2001, 49(12): 2384-2393.

[16] Wang C, Zaki K A. Full wave modeling of electric coupling probes in combline resonators and filters. IEEE MTT-S International Microwave Symposium Digest, 2000: 1649-1652.

[17] 梁昌洪,谢拥军,官伯然.简明微波.北京:高等教育出版社,2006.

[18] Matthaei G, Young L, Jones E M T. Microwave Filters, Impedance-Matching Networks, and Coupling Structures. Norwood: Artech House, 1980.

[19] Morini A, Venanzoni G, Rozzi T. A new adaptive prototype for the design of side-coupled coaxial filters with close correspondence to the physical structure. IEEE Transactions on Microwave Theory and Techniques, 2006, 54(3): 1146-1153.

[20] Morini A, Venanzoni G, Farina M, et al. Modified adaptive prototype inclusive of the external couplings for the design of coaxial filters. IEEE Transactions on Microwave Theory and Techniques, 2007, 55(9): 1905-1911.

[21] Hsu H T, Yao H W, Zaki K A, et al. Computer-aided diagnosis and tuning of cascaded coupled resonators filters. IEEE Transactions on Microwave Theory and Techniques, 2002, 50(4): 1137-1145.

[22] Richtmeyer R D. Dielectric resonator. Journal of Applied Physics, 1939, 10: 391.

[23] Harrison W H. A miniature high-Q bandpass filter employing dielectric resonators. IEEE Transactions on Microwave Theory and Techniques, 1968, MTT-16: 210-218.

[24] Cohn S B. Microwave bandpass filters containing high-Q dielectric resonators. IEEE Transactions on Microwave Theory and Techniques,1968, MTT-16: 218-227.

[25] Zaki K A, Atia A E. Modes in dielectric loaded waveguides and resonators. IEEE Transactions on Microwave Theory and Techniques,1983, MTT-31: 1039-1045.

[26] Kobayashi Y, Minegishi M. Precise design of a bandpass filter using high-Q dielectric resonators.IEEE Transactions on Microwave Theory and Techniques, 1987, MTT-35: 1156.

[27] Zaki K A, Chen C, Atia A E. Canonical and longitudinal dual mode dielectric resonator filters without iris. IEEE Transactions on Microwave Theory and Techniques, 1987, MTT-35: 1130-1135.

[28] Nishikawa T, Wakino K, Tsunoda K, et al. Dielectric high power bandpass filter using quarter-cut TE01 image resonator for cellular base stations. IEEE Transactions on Microwave

Theory and Techniques, 1987, MTT-35: 1150-1155.

[29] Chen S W, Zaki K A. Dielectric ring resonators loaded in waveguide and on substrate. IEEE Transactions on Microwave Theory and Techniques, 1991, 39: 2069.

[30] Kudsia C, Cameron R, Tang W C. Innovations in microwave filters and multiplexing networks for communications satellite systems. IEEE Transactions on Microwave Theory and Techniques, 1992, 40: 1133.

[31] Snyder R V. Dielectric resonator filter with wide stopbands. IEEE Transactions on Microwave Theory and Techniques, 1992, 40: 2100-2102.

[32] Liang J F, Zaki K A, Atia A E. Mixed modes dielectric resonator filters. IEEE Transactions on Microwave Theory and Techniques, 1994, 42: 2449.

[33] Wang C, Yao H W, Zaki K A, et al. Mixed modes cylindrical planar dielectric resonator filters with rectangular enclosure. IEEE Transactions on Microwave Theory and Techniques, 1995, MTT-43: 2817-2823.

[34] Yao H W, Wang C, Zaki K A. Quarter wavelength ceramic combline filters. IEEE Transactions on Microwave Theory and Techniques, 1996, MTT-44: 2673-2679.

[35] Liang J F, Blair W D. High-Q TE01 mode DR filters for PCS wireless base stations. IEEE Transactions on Microwave Theory and Techniques,1998, MTT-46: 2493-2500.

第4章　多频带滤波器

近年来，随着通信行业的飞速发展，特别是无线局域网的广泛应用，能同时兼容现在各种通信资源的多频通信系统成为研究的热点[1-10]，而多频滤波器作为这些通信前端的关键器件，也备受关注。本章主要介绍平面多频带滤波器的设计方法，提出几种具有良好谐振特性的谐振器和耦合结构，并利用这些谐振器设计多个性能优越的双频、三频、四频滤波器。

4.1　基于阶跃阻抗谐振器的多频滤波器设计

在采用各种谐振器形式的滤波器中，均匀阻抗谐振器（UIR）由于结构简单并易于设计而被广泛应用。UIR 型传统滤波器的设计方法已相当完善。然而在实际的设计中，这样的谐振器存在不少缺陷，例如，由于结构简单而设计参数有限，还存在的一个缺陷是基频整数倍的杂散响应。而阶跃阻抗谐振器（SIR）将有效解决 UIR 存在的不足。SIR 结构简单，有很多特点和实际应用的可能性。在射频到毫米波频率范围内，SIR 作为一种基本的谐振器，不仅用于各种滤波器，还在振荡器和混频器中得到了充分的应用。

SIR 的一个重要特性是该谐振器的前几个谐振频率可以通过改变阻抗比来调节，而这一特性使得 SIR 非常适合设计多频滤波器。为得到不同的通带频率比，我们只需要改变 SIR 的阻抗比。

本节首先介绍各种类型 SIR 的谐振特性，包括两节 SIR 和三节 SIR；然后介绍一种新颖的伪交指耦合结构，这种结构不但可以让滤波器尺寸缩小，而且可以产生多个传输零点。利用伪交指结构，本章设计多个性能各异的双频滤波器，并将这种耦合结构引入三频滤波器的设计中。

4.1.1　SIR 的谐振特性

本节在介绍和定义阻抗比 R_Z 之后，提出了两节 SIR 和三节 SIR 的基本结构。随后，用 R_Z 来系统讨论 SIR 的一些基本特性：谐振条件、谐振器长度和寄生谐振频率等，以此为后面的多频滤波器设计做准备[1, 2]。

1. 两节 SIR 的谐振特性

两节 SIR 是由两个具有不同特征阻抗的传输线组合而成的横向电磁场或准横向电磁场模式的谐振器。图 4-1 给出采用微带线结构的典型例子，图中（a）和（b）

分别是四分之一波长型和半波长型谐振器。虽然以微带线结构作为例子说明，但同样，横向电磁场或准横向电磁场模式的谐振器也可采用带状线、同轴或共面波导结构。图 4-1（b）中半波长 SIR 采用的是开放端点结构，短路结构也是可用的。

在图 4-1 中，在传输线开路端和短路端之间的特征阻抗和等效电长度分别为 Z_1、Z_2 和 θ_1、θ_2。

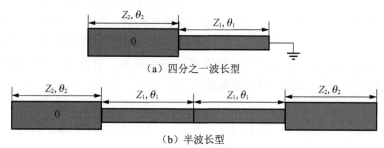

（a）四分之一波长型

（b）半波长型

图 4-1　SIR 的基本结构

以上两种类型 SIR 基本结构的共同单元是都包括开路端和它们之间的阻抗阶梯接合面。在定义了这样的共同单元下，四分之一波长型、半波长型 SIR 能分别被看成由 1 个、2 个基本结构单元组成。表征 SIR 重要电学参数的是两段传输线阻抗 Z_1 和 Z_2 的比值，定义为 $R_Z = Z_2/Z_1$。

图 4-2 所示为包含开路面、短路面、阻抗阶梯的 SIR 的基本单元。输入端的阻抗和导纳分别定义为 Z_{in} 和 Y_{in}（$=1/Z_{in}$）。如果忽视阶梯非连续性和开路端的边缘电容，端口输入导纳 Y_{in} 可以通过网络变换得到。

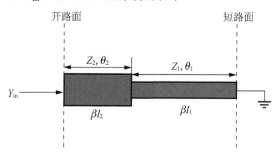

图 4-2　单元 SIR 的基本单元

单元 SIR 的传输矩阵为

$$
\begin{aligned}
[F_1] &= \begin{bmatrix} A_1 & B_1 \\ C_1 & D_1 \end{bmatrix} = \begin{bmatrix} \cos\theta_2 & jZ_2\sin\theta_2 \\ j\sin\theta_2/Z_2 & \cos\theta_2 \end{bmatrix}\begin{bmatrix} \cos\theta_1 & jZ_1\sin\theta_1 \\ j\sin\theta_1/Z_1 & \cos\theta_1 \end{bmatrix} \\
&= \begin{bmatrix} \cos\theta_1\cos\theta_2 - Z_2\sin\theta_1\sin\theta_2/Z_1 & jZ_1\sin\theta_1\cos\theta_2 + jZ_2\cos\theta_1\sin\theta_2 \\ j\cos\theta_1\sin\theta_2/Z_2 + j\sin\theta_1\cos\theta_2/Z_1 & \cos\theta_1\cos\theta_2 - Z_1\sin\theta_1\sin\theta_2/Z_2 \end{bmatrix}
\end{aligned}
$$

$$(4\text{-}1)$$

当终端短路时，输入导纳可计算为

$$Y_{in} = \frac{D_1}{B_1} = \frac{\cos\theta_1\cos\theta_2 - Z_1\sin\theta_1\sin\theta_2 / Z_2}{\mathrm{j}Z_1\sin\theta_1\cos\theta_2 + \mathrm{j}Z_2\cos\theta_1\sin\theta_2} = \frac{Z_2 - Z_1\tan\theta_1\tan\theta_2}{\mathrm{j}Z_2(Z_1\tan\theta_1 + Z_2\tan\theta_2)} \quad (4\text{-}2)$$

谐振器的谐振条件为

$$Z_2 - Z_1\tan\theta_1\tan\theta_2 = 0 \quad\quad\quad (4\text{-}3)$$

这样可以得到阻抗比与 SIR 物理尺寸的关系为

$$\tan\theta_1\tan\theta_2 = \frac{Z_2}{Z_1} = R_Z \quad\quad\quad （4\text{-}4）$$

从上面的公式可知 SIR 的谐振条件取决于 θ_1、θ_2 和阻抗比 R_Z。一般的均匀阻抗谐振器的谐振条件唯一地取决于传输线的长度，而对 SIR 则要同时考虑长度和阻抗比。因此 SIR 比 UIR 多了一个设计的自由度。

SIR 两端之间的总电长度 θ_{TA} 可表示为

$$\theta_{TA} = \theta_1 + \theta_2 = \theta_1 + \arctan\left(\frac{R_Z}{\tan\theta_1}\right) \quad\quad (4\text{-}5)$$

相对于应用的 UIR 电长度 $\pi/2$，归一化谐振器长度由以下等式定义：

$$L_n = \frac{\theta_{TA}}{\pi/2} = \frac{2\theta_{TA}}{\pi} \quad\quad\quad （4\text{-}6）$$

图 4-3 为以 R_Z 作为变量的电长度 θ_1 与归一化谐振器长度 L_n 之间的关系。

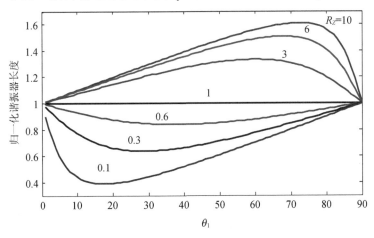

图 4-3　不同阻抗比、电长度下谐振器的归一化长度

半波长总电长度分别定义为 θ_{TB}，表示为

$$\theta_{TB} = 2\theta_{TA} \quad\quad\quad\quad (4\text{-}7)$$

把它对长度 π 的 UIR 进行归一化，得

$$\frac{\theta_{TB}}{\pi} = \frac{2\theta_{TA}}{\pi} = L_n \quad\quad\quad （4\text{-}8）$$

由上面的公式可知，两类 SIR 的谐振器条件可用一个表达式表示。由图 4-3 可知，谐振器长度归一化 L_n 在 $R_Z \geq 1$ 时有极大值，$R_Z < 1$ 时有极小值。下面可以得到上述极大和极小值的条件。将 $\theta_2 = \theta_{TA} - \theta_1$ 代入式（4-4）：

$$R_Z = \frac{\tan \theta_1 (\tan \theta_{TA} - \tan \theta_1)}{1 + \tan \theta_{TA} \tan \theta_1} \tag{4-9}$$

当 $0 < R_Z < 1$ 和 $0 < \theta_{TA} < \pi / 2$ 时，

$$\tan \theta_{TA} = \frac{1}{1 - R_Z} \left(\tan \theta_1 + \frac{R_Z}{\tan \theta_1} \right) = \frac{\sqrt{R_Z}}{1 - R_Z} \left(\frac{\tan \theta_1}{\sqrt{R_Z}} + \frac{\sqrt{R_Z}}{\tan \theta_1} \right) \geq \frac{2\sqrt{R_Z}}{1 - R_Z} \tag{4-10}$$

当 $\dfrac{\tan \theta_1}{\sqrt{R_Z}} = \dfrac{\sqrt{R_Z}}{\tan \theta_1}$ 时取等号，这等效于

$$\tan^2 \theta_1 = R_Z \tag{4-11}$$

这样，当 $\theta_1 = \theta_2 = \arctan \sqrt{R_Z}$ 时，θ_{TA} 为极小值：

$$(\theta_{TA})_{\min} = \arctan \left(\frac{2\sqrt{R_Z}}{1 - R_Z} \right) \tag{4-12}$$

同样，当 $R_Z > 1$ 和 $\pi / 2 < \theta_{TA} < \pi$ 时，得到如下等式：

$$\tan \theta_{TA} = -\frac{\sqrt{R_Z}}{R_Z - 1} \left(\frac{\tan \theta_1}{\sqrt{R_Z}} + \frac{\sqrt{R_Z}}{\tan \theta_1} \right) \tag{4-13}$$

由于 $0 < \theta_1 < \pi / 2$，当 $\theta_1 = \theta_2 = \arctan \sqrt{R_Z}$ 时，θ_{TA} 的极大值为

$$(\theta_{TA})_{\max} = \arctan \left(\frac{2\sqrt{R_Z}}{1 - R_Z} \right) \tag{4-14}$$

上述计算表明，$\theta_1 = \theta_2$ 为一特殊条件，它给出 SIR 的极大或极小长度。下面的讨论主要基于这一条件。图 4-4 是 $\theta_1 = \theta_2 = \theta_0$ 时，阻抗比 R_Z 和谐振器归一化长度 L_{n0} 的关系。这里 L_{n0} 可表示如下：

$$L_{n0} = \frac{2\theta_{TA}}{\pi} = \frac{4\theta_0}{\pi} = \frac{4(\arctan \sqrt{R_Z})}{\pi} \tag{4-15}$$

由图 4-4 可知，可通过采用较小的 R_Z 值来无限地缩短 SIR 谐振器的长度，但 SIR 的最大长度被限定于对应 UIR 长度的两倍。

SIR 的一个显著特点就是能通过改变阻抗比 R_Z 来调整谐振器长度和杂散谐振频率。下面将着重讨论半波长型 SIR 的基本结构和电特性，虽然知道四分之一波长型 SIR 是最适合于小型化的结构，但是实际中，半波长型 SIR 比四分之一波长型 SIR 更多地用于射频器件。这是由于半波长型 SIR 是由带状线或微带线结构组成，允许有更广的几何结构形式，并且和有源器件有很好的兼容性。

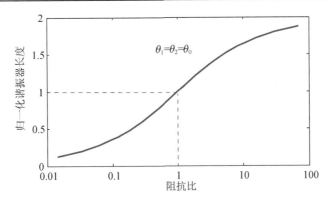

图 4-4 阻抗比和归一化谐振器长度的关系

图 4-5 是半波长型 SIR 的几种典型的不同结构,其中图(a)、(b)、(c)虽然在结合形状上分别为线状、U 形(发夹)和具有内部耦合的发夹形,但从电路拓扑观点看,它们是等效的;图(c)中的谐振器具有和图(b)相似的 U 形结构,但它具有内部耦合线,利用它们的开路端,使之微型化。该图显示出半波长型 SIR 的电路板图和耦合电路集成化有很大的灵活性。

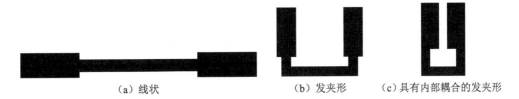

(a)线状 (b)发夹形 (c)具有内部耦合的发夹形

图 4-5 半波长型 SIR 的典型结构

半波长型 SIR 的特性总结如下:

(1)由于带状线结构没有通孔,因而非常适合于混合 IC。

(2)可通过厚膜印刷和薄膜光刻技术来完成不同等效电路拓扑的各种几何结构。

(3)与有源电路有良好的兼容性。

(4)通过选择合适的衬底材料能实现从射频到微波很宽的频率范围的应用。

半波长型 SIR 的基本结构如图 4-6 所示。谐振器的分析采用与前面讨论的四分之一波长型 SIR 相同的方法。因此,为了直接分析,需要获得由开路端看去的输入导纳。

$$
\begin{aligned}
F_2 = \begin{bmatrix} A_2 & B_2 \\ C_2 & D_2 \end{bmatrix} &= \begin{bmatrix} \cos\theta_2 & jZ_2\sin\theta_2 \\ j\sin\theta_2/Z_2 & \cos\theta_2 \end{bmatrix} \cdot \begin{bmatrix} \cos\theta_1 & jZ_1\sin\theta_1 \\ j\sin\theta_1/Z_1 & \cos\theta_1 \end{bmatrix} \\
&\cdot \begin{bmatrix} \cos\theta_1 & jZ_1\sin\theta_1 \\ j\sin\theta_1/Z_1 & \cos\theta_1 \end{bmatrix} \begin{bmatrix} \cos\theta_2 & jZ_2\sin\theta_2 \\ j\sin\theta_2/Z_2 & \cos\theta_2 \end{bmatrix}
\end{aligned}
$$

$$Y_{\text{in}} = \frac{C_2}{A_2}$$

$$= \frac{2j(Z_2 \tan \theta_1 / Z_1 + \tan \theta_2 - \tan^2 \theta_1 \tan \theta_2 - Z_1 \tan \theta_1 \tan^2 \theta_2 / Z_2)}{Z_2(1 + \tan^2 \theta_1 \tan^2 \theta_2 - \tan^2 \theta_1 - \tan^2 \theta_2 - 2Z_2 \tan \theta_1 \tan \theta_2 / Z_1 - 2Z_1 \tan \theta_1 \tan \theta_2 / Z_2)}$$

$$= jY_2 \frac{2(R_Z \tan \theta_1 + \tan \theta_2)(R_Z - \tan \theta_1 \tan \theta_2)}{R_Z(1 - \tan^2 \theta_1)(1 - \tan^2 \theta_2) - 2(1 - R_Z^2) \tan \theta_1 \tan \theta_2}$$

取 $Y_{\text{in}}=0$ 的谐振条件为

$$R_Z = \frac{Z_2}{Z_1} = \tan \theta_1 \tan \theta_2 \qquad (4\text{-}16)$$

如前所述，式（4-16）是通用于所有 SIR 结构的，因此，谐振器电学长度、寄生频率，也能用同样的方法进行讨论。设 $\theta_1 = \theta_2 = \theta$，则输入导纳简化为

$$Y_{\text{in}} = jY_2 \frac{2(1 + R_Z)(R_Z - \tan^2 \theta) \tan \theta}{R_Z - 2(1 + R_Z + R_Z^2) \tan^2 \theta + R_Z \tan^4 \theta} \qquad (4\text{-}17)$$

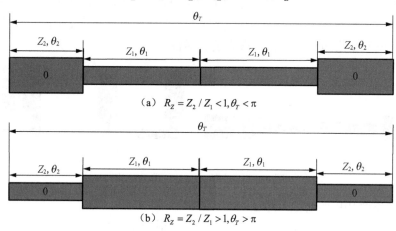

图 4-6　半波长型 SIR 基本结构

谐振条件为

$$\theta = \theta_0 = \arctan(\sqrt{R_Z}) \qquad (4\text{-}18)$$

和四分之一波长型 SIR 相比，半波长型 SIR 的寄生响应变得更关键。这要求设计者考虑更高谐振模式的寄生响应。而这对于四分之一波长型 SIR 则是被忽略的。设寄生谐振频率为 f_{SB1}、f_{SB2}、f_{SB3}，相应的 θ 为 θ_{S1}、θ_{S2}、θ_{S3}，可以从式（4-17）得到：$\theta_{\text{S1}} = \pi / 2$，$\theta_{\text{S2}} = \arctan(-\sqrt{R_Z}) = \pi - \theta_0$，$\theta_{\text{S3}} = \pi$，则各谐振频率频率比为

$$\frac{f_{\text{SB1}}}{f_0} = \frac{\theta_{\text{S1}}}{\theta_0} = \frac{\pi}{2 \arctan \sqrt{R_Z}} \qquad (4\text{-}19)$$

$$\frac{f_{\mathrm{SB2}}}{f_0} = \frac{\theta_{\mathrm{S2}}}{\theta_0} = 2\left(\frac{f_{\mathrm{SB1}}}{f_0}\right) - 1 \tag{4-20}$$

$$\frac{f_{\mathrm{SB3}}}{f_0} = \frac{\theta_{\mathrm{S3}}}{\theta_0} = 2\left(\frac{f_{\mathrm{SB1}}}{f_0}\right) \tag{4-21}$$

图 4-7 给出了不同阻抗比下各谐振频率比的曲线。各频率比随阻抗比的增加递减，当阻抗比为 1 时，各寄生频率与基频正好呈倍频关系。

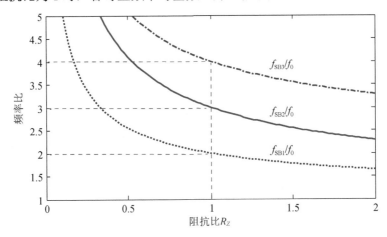

图 4-7 不同阻抗比 R_Z 下各谐振频率比值

前面考虑的都是 $\theta_1 = \theta_2 = \theta$ 的情况，而当 θ_1 不等于 θ_2 时，SIR 的物理结构又增加了一个自由度，从而可以确定 SIR 的前 3 个谐振频率。定义一个电长度比变量 α，其值为

$$\alpha = \frac{\theta_2}{\theta_1 + \theta_2} = \frac{2\theta_2}{\theta_t} \tag{4-22}$$

式中，$\theta_t = 2(\theta_1 + \theta_2)$。根据 SIR 的谐振条件 $(R_Z \tan\theta_1 + \tan\theta_2)(R_Z - \tan\theta_1 \tan\theta_2) = 0$，可分别得到 SIR 的奇偶模谐振条件。其中，奇模谐振条件为

$$R_Z \cot\left(\frac{1}{2}\alpha\theta_t\right) = \tan\left[\frac{1}{2}(1-\alpha)\theta_t\right] \tag{4-23}$$

偶模谐振条件为

$$R_Z \cot\left(\frac{1}{2}\alpha\theta_t\right) = -\cot\left[\frac{1}{2}(1-\alpha)\theta_t\right] \tag{4-24}$$

由上面的谐振条件，可以解出不同 R_Z 和 α 下的各个谐振频率对应的电长度，从而得到 SIR 各谐振频率的比值，跟前面一样，定义 SIR 的前 3 个谐振频率为 f_0、f_{SB1}、f_{SB2}，图 4-8 给出了 $R_Z = 0.25 \sim 8$ 和 $\alpha = 0.4 \sim 0.8$ 范围内的频率比值曲线图。在给定 SIR 的前 3 个谐振频率时，我们可以通过该图查出 SIR 的各枝节的阻抗比（R_Z）和长度比（α）。

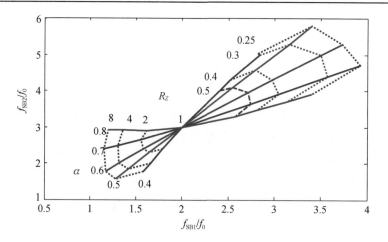

图 4-8　不同阻抗比和长度比下各谐振频率比值

从前面的分析可以发现，两节 SIR 的前几个谐振频率可以通过改变谐振器的阻抗比和长度比来调节，正是利用这种特性，很多科研工作者利用它来设计多频滤波器。

2. 三节 SIR 谐振特性

图 4-9 为对称型三节 SIR 结构图，三节 SIR 由三段不同特性阻抗的传输线组成，阻抗分别为 Z_1、Z_2 和 Z_3（导纳为 Y_1、Y_2 和 Y_3），相对应的电长度为 θ_1、θ_2 和 θ_3。我们不考虑阶梯面不连续性和边缘电容效应的影响，谐振器由开路端看去的输入导纳为

$$Y_{in} = j\frac{Z_2 Z_3 - Z_1 Z_3 \tan\theta_1 \tan\theta_2 - Z_1 Z_2 \tan\theta_3 \tan\theta_1 - Z_2^2 \tan\theta_2 \tan\theta_3}{Z_1 Z_3^2 \tan\theta_3 \tan\theta_1 \tan\theta_2 - Z_1 Z_2 Z_3 \tan\theta_1 - Z_2^2 Z_3 \tan\theta_2 - Z_2 Z_3^2 \tan\theta_3} \quad （4-25）$$

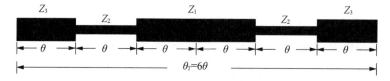

图 4-9　对称型三节 SIR 结构图

为了设计上的便利，只考虑对称型三节 SIR，即 $\theta_1 = \theta_2 = \theta_3 = \theta$，则有

$$Y_{in} = j\frac{Z_2 Z_3 - (Z_1 Z_3 + Z_1 Z_2 + Z_2^2)\tan^2\theta}{Z_1 Z_3^2 \tan^3\theta - (Z_1 Z_2 Z_3 + Z_2^2 Z_3 + Z_2 Z_3^2)\tan\theta} \quad （4-26）$$

由 $Y_{in}=0$ 得到谐振条件为

$$Z_2 Z_3 - (Z_1 Z_3 + Z_1 Z_2 + Z_2^2)\tan^2\theta = 0 \quad （4-27）$$

将阻抗比 $R_{Z1}=Z_3/Z_2$、$R_{Z2}=Z_2/Z_1$ 代入式（4-27），可化简为

$$R_{Z1} R_{Z2} - (1 + R_{Z1} + R_{Z2})\tan^2\theta = 0 \quad （4-28）$$

由式（4-28）可解得

$$\theta_0 = \arctan \sqrt{\frac{R_{Z1}R_{Z2}}{R_{Z1} + R_{Z2} + 1}} \tag{4-29}$$

于是可得谐振器总长度为

$$\theta_T = 6\theta_0 = 6\arctan \sqrt{\frac{R_{Z1}R_{Z2}}{R_{Z1} + R_{Z2} + 1}} \tag{4-30}$$

第一寄生频率 f_{SB1} 对应的电长度 θ_{S1} 为

$$\theta_{S1} = \arctan \sqrt{\frac{1 + R_{Z1} + R_{Z1}R_{Z2}}{R_{Z2}}} \tag{4-31}$$

第二寄生频率 f_{SB2} 对应的电长度 θ_{S2} 为

$$\theta_{S2} = \frac{\pi}{2} \tag{4-32}$$

于是可以得到其比值为

$$\frac{\theta_{S1}}{\theta_0} = \frac{f_{SB1}}{f_0} = \frac{\arctan \sqrt{\dfrac{1 + R_{Z1} + R_{Z1}R_{Z2}}{R_{Z2}}}}{\arctan \sqrt{\dfrac{R_{Z1}R_{Z2}}{R_{Z1} + R_{Z2} + 1}}} \tag{4-33}$$

$$\frac{\theta_{S2}}{\theta_0} = \frac{f_{SB2}}{f_0} = \frac{\pi}{2\arctan \sqrt{\dfrac{R_{Z1}R_{Z2}}{R_{Z1} + R_{Z2} + 1}}} \tag{4-34}$$

式（4-33）和式（4-34）为利用三节 SIR 设计三频滤波器最主要的方程，该方程将两个频率比值与谐振器的两个阻抗比 R_{Z1} 和 R_{Z2} 联系起来。所以实际设计中，根据设计指标所要求的 3 个通带频率，可以求得两个频率比，从而确定 R_{Z1} 和 R_{Z2} 的值。根据式（4-33）和式（4-34），可以得到不同阻抗比下各谐振频率的比值，如图 4-10 所示，从图中可以看出，当 R_{Z1} 不变时，f_{SB1}/f_0、f_{SB2}/f_0 随 R_{Z2} 增大而减小；R_{Z2} 不变时，f_{SB1}/f_0、f_{SB2}/f_0 随 R_{Z1} 增大而减小，具体细节如下：

（1）当 R_{Z1}、$R_{Z2} > 1$ 时，$\dfrac{f_{SB1}}{f_0} < 2, \dfrac{f_{SB2}}{f_0} < 3$；

（2）当 R_{Z1}、$R_{Z2} < 1$ 时，$\dfrac{f_{SB1}}{f_0} > 2, \dfrac{f_{SB2}}{f_0} > 3$；

（3）当 $R_{Z1} = R_{Z2} = 1$ 时，$\dfrac{f_{SB1}}{f_0} = 2, \dfrac{f_{SB2}}{f_0} = 3$，即为均匀阻抗谐振器；

（4）当 $R_{Z1} > 1$、$R_{Z2} < 1$ 或 $R_{Z1} < 1$、$R_{Z2} > 1$ 时，从图中可以看出，根据不同的组合，$\dfrac{f_{SB1}}{f_0}$、$\dfrac{f_{SB2}}{f_0}$ 可以取多种不同的组合。

利用 MATLAB 可得到它们的关系图，如图 4-10 所示。

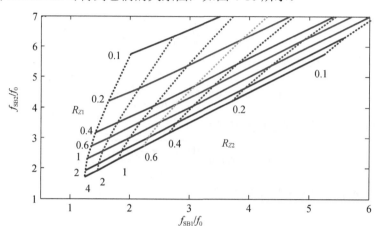

图 4-10　不同阻抗比 R_{Z1}、R_{Z2} 下各频率比值

4.1.2　基于两节 SIR 的双频滤波器设计

从 4.1.1 节中的 SIR 特性分析可以发现，通过改变 SIR 的长度和阻抗比，SIR 的前两个谐振器可任意调节，反过来，若给定 SIR 的前两个谐振器频率（f_2、f_1），则 SIR 的阻抗比、电长度可以通过公式求出，下面给出具体的求解过程。

$$\frac{f_2}{f_1} = \frac{\theta_{S1}}{\theta_0} = \frac{\pi}{2\arctan\sqrt{R_Z}} \tag{4-35}$$

$$\theta = \theta_0 = \arctan(\sqrt{R_Z}) \tag{4-36}$$

首先根据式（4-35），可以求出 SIR 的阻抗比，然后根据式（4-36）可以求出谐振器的电长度，从而确定谐振器的结构，本章后面利用 SIR 设计双频滤波器都是由以上公式得到 SIR 结构的初始值，然后仿真优化得到实际值。

1. 基于级联 SIR 的双频滤波器设计

本小节将利用最原始的发夹谐振器设计双频滤波器[11-14]，如图 4-11 所示，该滤波器包含两个 SIR，端耦合由平行耦合线实现，这里简称为单指端耦合结构。

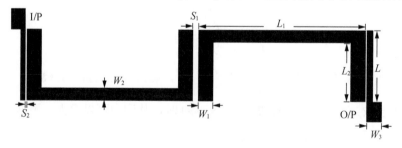

图 4-11　利用级联 SIR 设计的双频滤波器模型

无线局域网（WLAN）是最近研究的热点，可以将 WLAN 频率作为双频滤波器的两个通带频率，在本设计中，f_1=2.4GHz, f_2=5.2GHz。由式（4-35）和式（4-36）可以得到阻抗比 R_Z 和电长度为

$$R_Z = \tan^2\left(\frac{\pi f_1}{2 f_2}\right) = 0.785$$

$$\theta = \theta_0 = \arctan(\sqrt{R_Z}) = 41.53°$$

本书所有设计都是利用同一种微带基板，其具体参数为：介电常数 ε_r=2.55，介质厚度 h=0.8mm，损耗切角 δ=0.0029。为方便设计，本例将 SIR 的低阻抗线设为 50Ω 微带线，即宽度为 W_1=2.2mm，由阻抗比可得到高阻抗线的宽度 W_2=1.8mm，经简单的仿真优化后可得到滤波器的主要参数尺寸为：W_1=2.2mm，W_2=1.8mm，L_1=24.7mm，L_2=8.5mm，S_1=0.8mm，S_2=0.2mm。

利用仿真软件 IE3D 可以得到滤波器的 S 参数，如图 4-12 所示。该滤波器中心频率符合指标要求，第二通带性能也良好，但第一通带反射很大，且插损大于 2dB，这是由端耦合不足引起的。下面将讨论如何改善第一通带的性能。

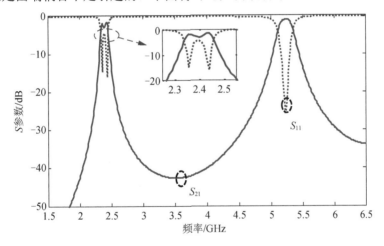

图 4-12　单指端耦合结构双频滤波器 S 参数曲线

影响滤波器损耗大小的主要有 3 个因素：金属电导率、介质损耗和腔间耦合。对于给定的微带板，前两个参数不能改变，只能通过改变耦合结构来增强滤波器的耦合强度，从而减小滤波器插损。

为了在原来的基础上增加端耦合强度，在输入输出端将一般的平行线耦合结构变成一种更为紧凑的双指耦合结构，如图 4-13 所示。这是将原始耦合结构中的输入馈线平分为两部分，形成双指结构，新型结构在电学上等效于原始结构。然而新型结构在输入端和谐振器边缘之间引入了更紧凑的耦合，从而减小插损。

为了比较两种结构的耦合大小，这里提取了不同端口耦合线长度下的各通带外部品质因数（Q_e），如图 4-14 所示，其中 Q_{e1}、Q_{e2} 分别代表第一和第二通带的外部品质因数值。在相同的耦合线长度下，双指耦合结构的 Q_e 更小（对 Q_{e1} 尤其

明显），这意味着双指耦合结构具有更强的耦合。而在图 4-12 中的第一通带性能差，就是由端耦合不足造成的，而双指耦合结构可以有效地解决这一点。图 4-15 给出了双指耦合结构双频滤波器的仿真曲线，该滤波器呈现出良好的双频特性，且两带通插损都在 1dB 附近，相比图 4-11 所示结构，性能大为改善。

图 4-13　利用双指耦合结构的双频滤波器模型

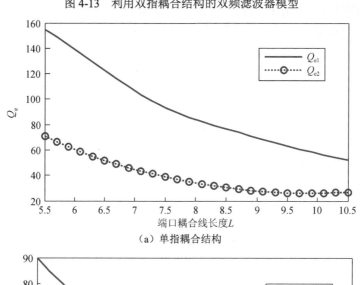

（a）单指耦合结构

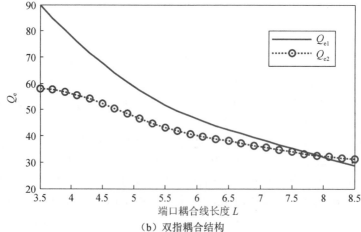

（b）双指耦合结构

图 4-14　不同端口耦合线长度下各通带的 Q_e

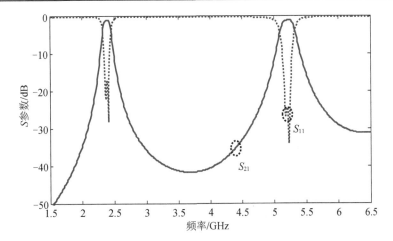

图 4-15　双指耦合结构双频滤波器 S 参数仿真曲线

2. 基于伪交指 SIR 的双频滤波器设计

为了提高滤波器的带外抑制度，常用的方法是引入传输零点。通常，传输零点是信号由输入到输出端的多条路径产生的。基于这条思路，本节给出一种伪交指型 SIR 结构，如图 4-16（a）所示，将两个谐振器以伪交指形式放置，信号从输入端到输出端通过两条不同的路径传输，图 4-16（b）为端耦合为抽头耦合的伪交指型耦合结构，两种结构仅端口耦合不同。下面以图 4-16（b）所示结构为例，具体分析该结构产生传输零点的机理。

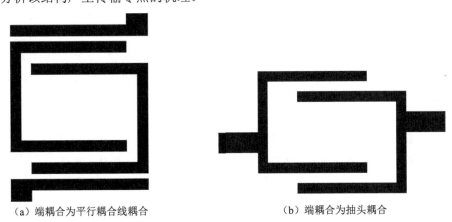

（a）端耦合为平行耦合线耦合　　　　　　　（b）端耦合为抽头耦合

图 4-16　伪交指型耦合结构

在图 4-17 中，将谐振器间的耦合等效成一个 Π 形网络，C_1 和 C_2 的值可参考相关文献。对于小于 10GHz 的微波频段，ωC_1 的值非常小（$C_1 < 0.01\text{pF}$），在后面的分析中忽略 C_1 的影响。

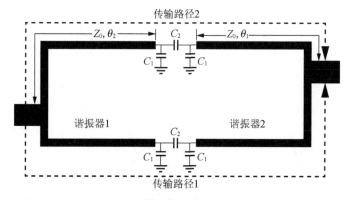

图 4-17 伪交指耦合结构的等效模型

传输路径 1 和传输路径 2 的 A 矩阵如式（4-37）和式（4-38）所示。

$$\begin{bmatrix} A_1 & B_1 \\ C_1 & D_1 \end{bmatrix} = \begin{bmatrix} \cos(\theta_1+\theta_2)+\dfrac{Y_0}{\omega C_2}\cos\theta_1\sin\theta_2 & jZ_0\sin(\theta_1+\theta_2)-j\dfrac{\cos\theta_1\cos\theta_2}{\omega C_2} \\[3mm] jY_0\sin(\theta_1+\theta_2)+j\dfrac{Y_0^2}{\omega C_2}\sin\theta_1\sin\theta_2 & \cos(\theta_1+\theta_2)+\dfrac{Y_0}{\omega C_2}\sin\theta_1\cos\theta_2 \end{bmatrix}$$

$$\text{（4-37）}$$

$$\begin{bmatrix} A_2 & B_2 \\ C_2 & D_2 \end{bmatrix} = \begin{bmatrix} \cos(\theta_1+\theta_2)+\dfrac{Y_0}{\omega C_2}\sin\theta_1\cos\theta_2 & jZ_0\sin(\theta_1+\theta_2)-j\dfrac{\cos\theta_1\cos\theta_2}{\omega C_2} \\[3mm] jY_0\sin(\theta_1+\theta_2)+j\dfrac{Y_0^2}{\omega C_2}\sin\theta_1\sin\theta_2 & \cos(\theta_1+\theta_2)+\dfrac{Y_0}{\omega C_2}\cos\theta_1\sin\theta_2 \end{bmatrix}$$

$$\text{（4-38）}$$

根据网络理论，整个滤波器的 A 矩阵如式（4-39）所示，从式（4-37）和式（4-38）可以看出，$A_1+A_2=D_1+D_2$，$B_1=B_2$，$C_1=C_2$，伪交指耦合滤波器的 A 矩阵可简化为式（4-40）。

$$\begin{bmatrix} A & B \\ C & D \end{bmatrix} = \begin{bmatrix} \dfrac{A_2B_1+A_1B_2}{B_2+B_1} & \dfrac{B_2B_1}{B_2+B_1} \\[3mm] \dfrac{(A_2B_1+A_1B_2)(B_2D_1+B_1D_2)-(B_2+B_1)^2}{(B_2+B_1)B_2B_1} & \dfrac{B_2D_1+B_1D_2}{B_2+B_1} \end{bmatrix} \quad \text{（4-39）}$$

$$\begin{bmatrix} A & B \\ C & D \end{bmatrix} = \begin{bmatrix} \dfrac{A_2+A_1}{2} & \dfrac{B_2}{2} \\[3mm] \dfrac{(A_2+A_1)^2-4}{2B_2} & \dfrac{A_2+A_1}{2} \end{bmatrix} \quad \text{（4-40）}$$

根据网络转换，滤波器的 S_{21} 可求为

$$S_{21} = \dfrac{4B_2Z_L}{B_2^2+2(A_2+A_1)B_2Z_L+[(A_2+A_1)^2-4]Z_L^2} \quad \text{（4-41）}$$

式中，Z_L 为端口阻抗（一般取为 50Ω）。

一般地，B_2 是有限的，故滤波器出现传输零点的条件为 $B_2=0$ 且 S_{21} 的分母不为 0，若 $B_2=0$，则有

$$\tan\theta_1 + \tan\theta_2 = \frac{1}{Z_0\omega C_2} \tag{4-42}$$

对于一个普通的滤波器设计，如带宽大于 2% 小于 15%，C_2 的数量级一般小于 0.1pF。由于 Q_e 的限制，θ_1 和 θ_2 的设计范围一般为 $1.2\theta_1 < \theta_2 < 1.8\theta_1$，因此式（4-42）可近似等效为

$$\tan\theta_1 \approx \frac{1}{Z_0\omega C_2} \tag{4-43}$$

或

$$\tan\theta_2 \approx \frac{1}{Z_0\omega C_2} \tag{4-44}$$

由于 C_2 值很小，式（4-43）和式（4-44）的解可近似为 $\theta_1 = \pi/2$ 或 $\theta_2 = \pi/2$。当 $B_2=0$ 时，$[(A_2+A_1)^2 - 4] = [(\cos\theta_1/\cos\theta_2 - \cos\theta_2/\cos\theta_1)^2 - 4] \neq 0$，也就是 S_{21} 的分母不为 0，故 $\theta_1 = \pi/2$ 或 $\theta_2 = \pi/2$ 为滤波器传输零点产生的条件。

基于前面的分析，将伪交指结构应用到双频滤波器的设计中。图 4-18 为滤波器的结构图，谐振器的尺寸与图 4-11 中的一样。图 4-20 给出滤波器的仿真曲线，同样的，滤波器的通带插损都在 1dB 附近，且每个通带两侧都有传输零点，从而大大提高了滤波器的选择性。

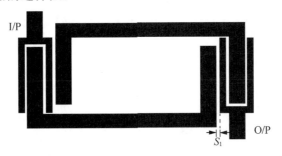

图 4-18 利用伪交指 SIR 设计的双频滤波器模型

基于上面的伪交指型 SIR 结构，分别设计了通带中心频率分别在 2.4/5.2GHz、2.4/5.75GHz 的双频滤波器，其实物如图 4-19 所示。滤波器尺寸大约为 24mm× 30mm。两个滤波器的测试曲线如图 4-20（a）和（b）所示。可以看出，仿真和测量曲线吻合良好，2.4/5.2GHz 滤波器的通带测量插损小于 1.5dB，回波损耗大于 20dB，2.4/5.75GHz 滤波器的通带测量插损小于 1.8dB，回波损耗大于 16dB，另外，双频滤波器通带两侧都有传输零点。

图 4-19　伪交指双频滤波器实物图

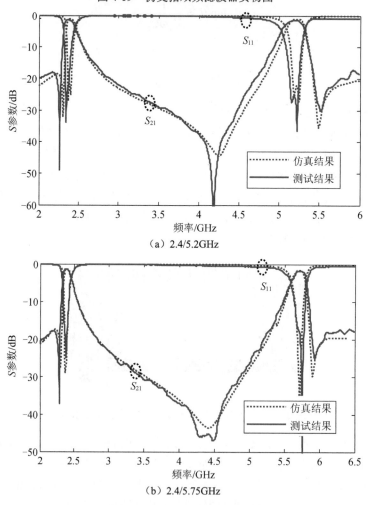

（a）2.4/5.2GHz

（b）2.4/5.75GHz

图 4-20　伪交指双频滤波器 S 参数仿真和测试结果

　　从图 4-19 所示的滤波器的实物图可以看出，该滤波器中央部分有大量空余介质。为进一步缩小该滤波器尺寸，这里给出一种尺寸更小的伪交指型 SIR 结构，且不影响滤波器的性能。图 4-21 给出了利用该结构的滤波器模型图。与图 4-18 结构不同的是，SIR 的部分高阻抗线和低阻抗线同时弯曲成发夹谐振器，从而达到滤波器尺寸更紧凑的目的。

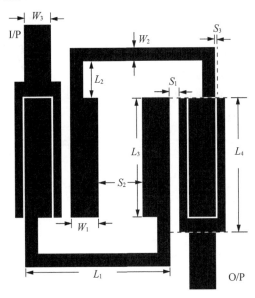

图 4-21　利用更小尺寸伪交指 SIR 设计的双频滤波器模型

　　理论上，SIR 间的距离（S_2）越小，滤波器的尺寸越小，实际上，由很近距离产生的额外耦合会影响到滤波器的性能，因此 SIR 间的距离应有个最小值，而该值可以通过仿真得到。图 4-22 给出了不同 S_2 下滤波器的仿真曲线，当 S_2 小于 1.5mm 时，滤波器特性变得很差，通带波纹很大，所以设计时应将 S_2 大于 1.5mm。

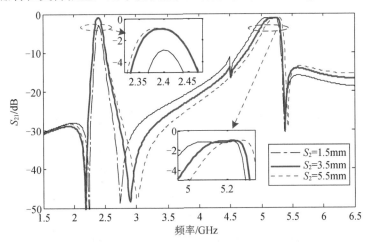

图 4-22　不同耦合间隙 S_2 下滤波器的仿真曲线

为验证上述说法，同样设计了两个通带频率为 2.4/5.2GHz、2.4/5.75GHz 的双频滤波器，其实物如图 4-23 所示。滤波器尺寸约为 25mm×25mm。两个滤波器的测试曲线如图 4-24（a）和（b）所示。可以看出，仿真和测试曲线吻合良好，2.4/5.2GHz 滤波器的通带测量插损小于 1.5dB，回波损耗大于 15dB，2.4/5.75GHz 滤波器的通带测量插损小于 1.5dB，回波损耗大于 16dB。

图 4-23　更小尺寸的伪交指双频滤波器实物图

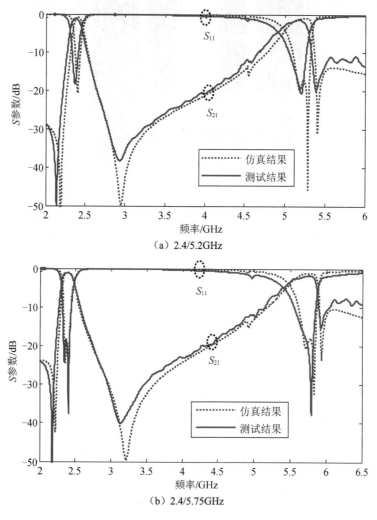

（a）2.4/5.2GHz

（b）2.4/5.75GHz

图 4-24　更小尺寸的伪交指双频滤波器仿真和测试结果

3. 基于双节 SIR 的同轴腔双频滤波器设计

在现代通信系统中，腔体滤波器是很多射频前端的重要组成部分。腔体滤波器按腔体结构的不同一般分为波导腔、同轴腔、介质腔及近年来新出现的基片集成波导腔等。腔体谐振器具有 Q 值高、功率容量大、稳定性好的特点，特别适用于通带窄、带内插损小、带外抑制高的场合，广泛应用于移动通信系统、卫星通信系统、电缆电视系统和军用通信工程中。

本节将两节 SIR 结构拓展到同轴腔，介绍同轴双频滤波器的设计方法[15]。图 4-25 给出了基于 SIR 谐振器的同轴滤波器结构图。谐振器间的耦合用阶跃窗口（W_1, L_6, W_3, L_7）实现，端耦合利用螺旋馈电结构（P, D_3）实现。根据前面介绍的设计公式，可以很方便地得出谐振器结构参数与频率比的关系，这里重点讨论耦合的实现。

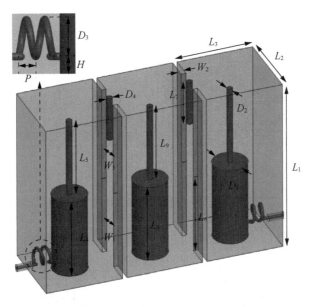

图 4-25　基于 SIR 谐振器的同轴滤波器结构图

由场分布可以发现，阶跃结构的腔间耦合为混合电磁耦合。图 4-26 给出了不同窗口宽度下每个通带的耦合系数曲线，k_{121} 为第一通带谐振器间的耦合系数，k_{122} 为第二通带的耦合系数。由于开路端为电场波腹，短路端为磁场波腹，电耦合强度主要由顶部窗口（W_1）决定，而磁耦合由底部窗口（W_3）决定。

为了获得较大范围可调的外部品质因数（Q_e），这里采用螺旋馈电结构。相比常规的抽头及膜片耦合，该结构有更多的自由度。图 4-27 给出了不同螺旋线直径（D_3）和馈电高度（H）下 Q_e 的仿真曲线，两个通带的 Q_e 均在较大范围内可调。

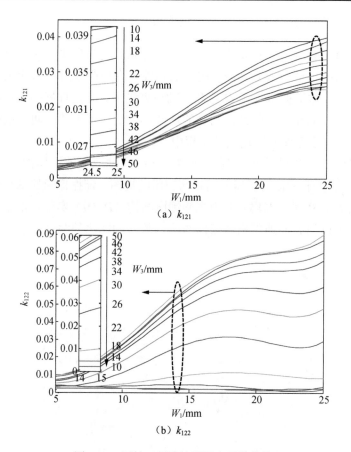

（a）k_{121}

（b）k_{122}

图 4-26　同轴双频滤波器耦合系数曲线

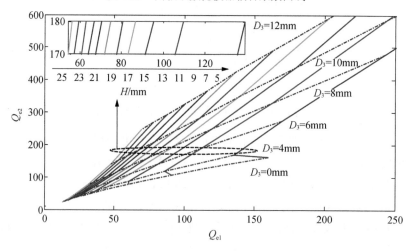

图 4-27　同轴双频滤波器 Q_e 的仿真曲线（P=5mm）

为验证理论分析，设计了两个通带频率为 0.9/1.8GHz 的双频滤波器，优化后的结构参数为（单位为 mm）：L_1=111.3，L_2=L_3=50，L_4=L_5=50.5，L_6=50.5，L_7=28.6，L_8=L_9=50，W_1=19.2，W_2=3，W_3=20，D_1=22.74，D_2=4，D_3=0，D_4=4，H=6.5。其实物如图 4-28 所示，仿真测试曲线如图 4-29 所示。仿真和测量曲线吻合良好，滤波器的通带测量插损小于 2dB，回波损耗大于 14dB。与仿真结果相比，测量的插损稍大，主要是内部镀银结构不够光滑所导致的。

图 4-28　同轴双频滤波器实物图

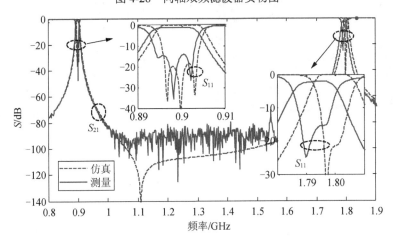

图 4-29　同轴双频滤波器仿真、测试结果

4.1.3　基于三节 SIR 的三频滤波器设计

人们对双频滤波器已经进行了大量的研究和创新。随着多频段和多服务通信系统的迅速发展，多频滤波器的需求越来越大，然而，国际上并没有太多关于三频滤波器设计方面的文章。

如前所述，传统两节 SIR 已经被大量应用在双频滤波器的设计中，也被证实其有效性和简单性，由于设计自由度有限，很难应用在三频滤波器中。因此本节先把传统两节 SIR 扩展为三节 SIR，通过分析研究三节 SIR 的谐振特性，得出阻抗比与谐振频率的关系，以此作为基础设计三频滤波器[16-19]。

　　根据 4.1.1 节中的讨论，三节 SIR 的阻抗比可以通过频率比得到。选取三频滤波器的 3 个通带频率为 1.57GHz、2.4GHz、5.25GHz，阻抗比可以得到为 $R_{Z1}=0.37$、$R_{Z2}=3.11$。为设计方便，SIR 的阻抗分别选取为 $Z_1=35.87\Omega$、$Z_2=109.18\Omega$、$Z_3=41.9\Omega$，对应微带线的线宽分别为 3.6mm、0.7mm、3.4mm。

　　图 4-30 给了一种典型的伪交指型三频滤波器结构，该三频滤波器的带宽由 SIR 与端耦合间的耦合间隙 S_1 确定。同样，加工一个三频滤波器来验证上述结果。图 4-31 给出了滤波器的实物图，总体尺寸小于 31mm×28mm。图 4-32 是滤波器的仿真、测试曲线，除了高频段（主要是由加工误差引起的），仿真测试吻合良好。3 个通带的测量插损分别为 1.0dB、1.2dB、2.2dB。由于采用伪交指耦合结构，通带之间都有传输零点，第一通带两侧传输零点分别位于 1.35GHz、1.85GHz，与仿真结果几乎一致。

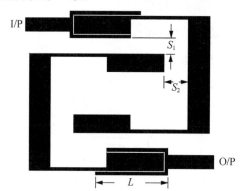

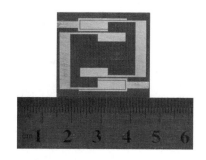

图 4-30　利用伪交指型三节 SIR 设计的三频滤波器模型　　图 4-31　伪交指型三频滤波器实物图

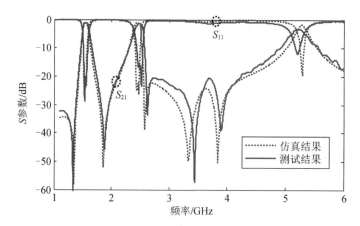

图 4-32　伪交指型三频滤波器 S 参数仿真和测试结果

4.2　基于多通带谐振器的多频滤波器设计

最初多频滤波器主要是利用多通带谐振器来实现各个通带的，这种方法实际上就是并联多个滤波器来实现多个通带，每个滤波器对应一个相应的通带，其优点是步骤简单，完全可以按照单频滤波器一样的设计方法，故每个通带相互独立，各通带中心频率和带宽均可独立调节。但目前多通带谐振器多采用半波长谐振器实现，从而导致滤波器尺寸过大。为缩小滤波器尺寸，本节将四分之一波长短路谐振器代替半波长谐振器工作在多频滤波器的低频通带，同时将该设计思路扩展到三频滤波器的设计中[20, 21]。

4.2.1　利用半波长和四分之一波长谐振器设计双频滤波器

图 4-33 给出了利用半波长和四分之一波长谐振器设计的双频滤波器结构图，该滤波器包含两个四分之一波长谐振器、两个半波长谐振器，直径为 D 的圆孔表示连接微带线和地的通孔。

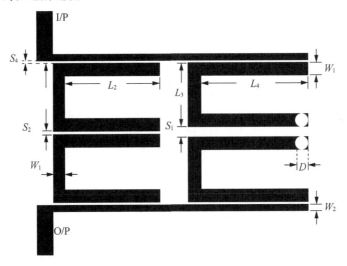

图 4-33　两组半波长及四分之一波长谐振器的双频滤波器结构

在本例中，同样选两通带工作在 WLAN 频率：2.45GHz（f_1）、5.25GHz（f_2）。第一通带频率可以通过调节四分之一波长谐振器的长度来调节，而第二通带频率由半波长谐振器来控制。四分之一波长谐振器长度 L_{11} 的长度可由下式计算出：

$$L_{11} = \frac{c}{4f_1\sqrt{\varepsilon_{\text{eff}}}} \tag{4-45}$$

式中，ε_{eff} 为微带介质的有效节电常数。半波长谐振器的长度 L_{22} 可表示为

$$L_{22} = \frac{c}{2f_2\sqrt{\varepsilon_{\text{eff}}}} \qquad\qquad (4\text{-}46)$$

两个通带频率设计好后，调节四分之一谐振器间的耦合间隙 S_1 可以有效地调节第一通带的带宽，而第二通带保持不变，如图 4-34（a）所示，当 S_1 从 0.8mm 变化到 1.2mm 时，第一通带带宽变小（14.3%→9.59%）。另外，调节半波长谐振器间的耦合距离 S_2 从 0.2mm 变化到 0.4mm 时，第一通带保持不变，而第二通带带宽变窄（8.29%→5.33%），如图 4-34（b）所示。故利用该结构设计的双频滤波器的通带带宽可在相对较大的范围内独立调节。

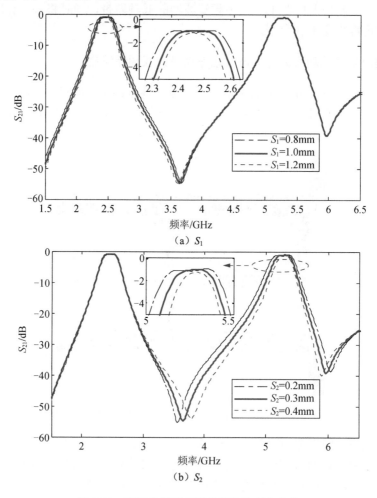

（a）S_1

（b）S_2

图 4-34　不同参数下各通带带宽的变化曲线

利用该结构设计并加工了一个实物滤波器，其主要物理参数为：S_1=1.1mm，S_2=0.3mm，S_4=0.2mm，W_1=1mm，W_2=0.5mm，L_1=5.4mm，L_2=7.7mm，L_3=5.1mm，L_4=8.9mm，D=1mm。

图 4-35 为滤波器的仿真、测试曲线比较图，由图可以看出，两条曲线吻合很好，在 2.45GHz 处，测量的插损为 1.1dB，回波损耗为 16dB；在 5.25GHz 处，测量的插损为 1.6dB，回波损耗为 18dB，且两通带之间也有传输零点。图 4-36 给出了滤波器的实物图。滤波器的尺寸小于 24mm×19.5mm，比 4.1.2 节中的半波长 SIR 设计的双频滤波器（25mm×25mm）还小。这种比较是在相同的微带板、相同中心频率的前提下进行的。

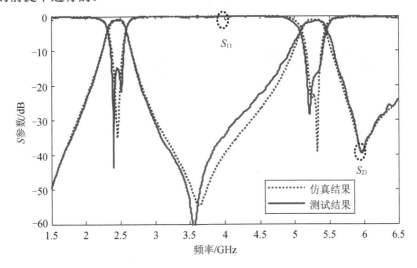

图 4-35 双频滤波器仿真及测试结果

图 4-36 双频滤波器实物图

4.2.2 利用半波长和四分之一波长谐振器设计三频滤波器

图 4-37 给出了利用半波长和四分之一波长谐振器设计的三频滤波器结构图。该滤波器包含两组四分之一波长谐振器，一组半波长谐振器。图中直径为 D 的圆表示连接微带线和地的通孔，与 4.2.1 节中的分析类似，第一及第三通带可以用同样的方法调节。

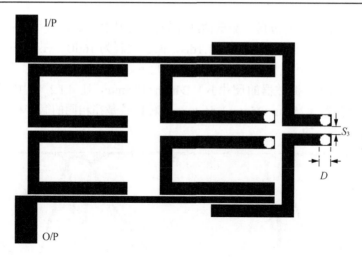

图 4-37 包含一组半波长及两组四分之一波长谐振器的三频滤波器结构

在本例中，3 通带工作频率分别为 2.45GHz（f_1）、3.5GHz（f_2）、5.25GHz（f_3）。4.2.1 节已经分析第一及第三通带的特性，这里只讨论第二通带的特性。

第二通带的频率可由最右侧四分之一波长谐振器调节，而通带带宽可由谐振器间耦合调节，如图 4-38 所示。通过改变四分之一波长谐振器间的距离 S_3，第二通带的带宽从 7.43%缩小到 5.29%，而其他两个通带带宽基本不变。

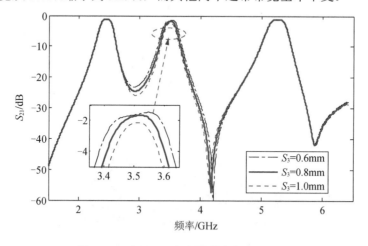

图 4-38 不同 S_3 下各通带带宽的变化曲线

为验证仿真结果，在同样的介质上加了一个三频滤波器，其中心频率分别为 2.45GHz、3.5GHz、5.25GHz。测试和仿真结果如图 4-39 所示。测量的各通带回波损耗都大于 12dB，各通带的插入损耗分别为 1.2dB、1.5dB、1.5dB。图 4-40 给出了滤波器的实物图，整体尺寸小于 28mm×19.5mm，近似为 $0.33\lambda_g \times 0.23\lambda_g$，其中 λ_g 为第一通带频率下的波导波长。

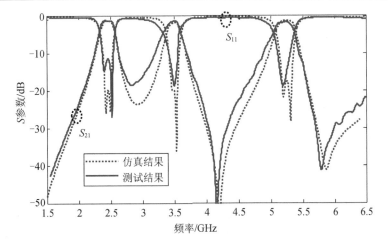

图 4-39　三频滤波器仿真及测试结果

图 4-40　三频滤波器实物图

4.3　基于组合谐振器的多频滤波器设计

目前，多频滤波器的主要设计方法是利用耦合谐振器的寄生通带来实现各个通带。这种方法的优点是设计的滤波器的尺寸小。但由于设计参数的自由度有限，利用该方法设计的多频滤波器很难同时满足各个通带所需的耦合系数和 Q_e 值。

为了解决每个通带带宽无法独立调节的问题，在不增加滤波器的整体尺寸下，本章提出一种新型的组合谐振器结构。组合谐振器，顾名思义，是由不同的谐振器通过一定的方式组合而成，构成一个多通带谐振器。由于组合方式的灵活性，可以在谐振器和端口馈线之间及谐振器之间增加很多耦合枝节，大大提高了多频滤波器设计的自由度，从而让每个通带特性在一定范围内可调节。

本节首先给出了基于组合谐振器的双频滤波器设计，且给出了具体的等效电路来分析滤波器的频率响应，然后将组合谐振器的应用扩展到三频及四频滤波器的设计中[22-26]。

4.3.1　基于组合谐振器的双频滤波器设计

利用 SIR 设计双频滤波器时，因为 SIR 的谐振频率相互关联，调整阻抗比时两个谐振频率都会跟着变化，这必将增加滤波器的设计调试时间。而组合谐振器的引入可以让双频滤波器的各通带频率很方便地调节。

通常用两组不同的谐振器来设计双频滤波器，每组谐振器对应一个独立的通带。图 4-41 给出了利用两组并联谐振器的双频滤波器的耦合结构图，实线表示直接耦合路径，谐振器 A 工作在第一通带，谐振器 B 工作在第二通带。图 4-42 给出了该类型双频滤波器的等效电路图，集总元件导纳变换器表示谐振器间的耦合，L_1、C_1、C_{10}、C_{11} 是谐振器 A 的参数，L_2、C_2、C_{20}、C_{22} 是谐振器 B 的参数。下面将以典型双频滤波器为例来分析该等效电路。双频滤波器的主要指标如下：

（1）2 阶 Chebyshev 低通原型，波纹为 0.1dB；

（2）中心频率分别为 2.4GHz、3.25GHz；

（3）相对带宽均为 0.02。

不失一般性，这里仅介绍第一通带的设计过程，其等效电路如图 4-43 所示。

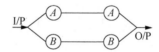

图 4-41　利用两组并联谐振器设计的双频滤波器的耦合结构图

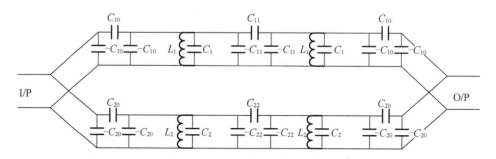

图 4-42　利用两组并联谐振器设计的双频滤波器的等效电路

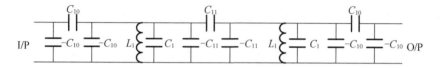

图 4-43　双频滤波器第一通带的等效电路

通过查表可得到低通原型数据为 $g_0=1$，$g_1=0.8430$，$g_2=0.6220$，$g_3=1.3554$，故外部 Q 值（Q_{e1}、Q_{e2}）和耦合系数（K_1）可通过下式计算：

$$Q_{e1} = Q_{e2} = \frac{g_0 g_1}{\text{FBW}} , \quad K_1 = \frac{\text{FBW}}{\sqrt{g_1 g_2}} \tag{4-47}$$

在图 4-42 中，对一个给定的 C_1（或 L_1，C_1 或 L_1 可任意设定），C_{10} 和 C_{11} 可通过下式得到：

$$C_{10} = \sqrt{\frac{C_1}{100\pi f_1 Q_{e1}}} , \quad C_{11} = K_1 C_1 \tag{4-48}$$

其中，负载阻抗为 50Ω。利用同样的设计步骤，第二通带滤波器的基本参数也可以确定。通过式（4-47）和式（4-48）可以得到等效电路中各集总元件的值：L_1=5nH，C_1=0.88pF，C_{10}=0.1631pF，C_{11}=0.0221pF，L_2=5nH，C_2=0.482pF，C_{20}=0.1251pF，C_{22}=0.0171pF。图 4-44 给出该双频滤波器原型的 S 参数曲线，滤波器在 2.4GHz、3.5GHz 处有两个通带。第 3 章已经提到，利用该耦合结构设计的双频滤波器尺寸往往较大，且因为谐振器之间是级联方式耦合，滤波器带外一般没有传输零点，故滤波器两个通带之间的抑制不够，小于 30dB。

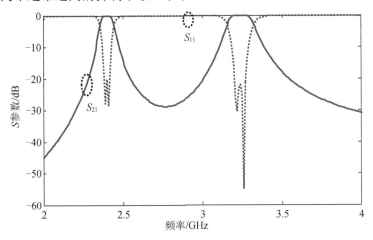

图 4-44　利用两组并联谐振器设计的双频滤波器的 S 参数曲线

前面简单介绍了利用并联两组谐振器设计双频滤波器的方法。该方法的优点是双频滤波器的中心频率、相对带宽都可独立调节，缺点是滤波器尺寸大且通带间抑制不够大。为缩小滤波器尺寸和提高滤波器的带外选择性，可以考虑在谐振器之间加入一些额外的耦合，如图 4-45 所示。谐振器 A 和 B 以某种特定的方式组合成一个组合谐振器，谐振器 A 不单与同组谐振器间存在耦合，与谐振器 B 也存在耦合。与图 4-41 相比，组合谐振器间多了几个耦合枝节。图 4-46 给出了相应的等效电路。适当调整谐振器组合谐振器间的耦合值（C_{121}=0.01138pF，C_{11}=

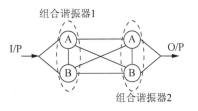

图 4-45　利用组合谐振器设计的双频滤波器的耦合结构图

0.0315 pF，其他元件值不变），可以得到该等效电路的 S 参数曲线，如图 4-47 所示。该滤波器有很好的双频特性，且两通带间有两个传输零点，大大提高了双频滤波器的通带间抑制水平。

从等效电路分析可以发现，完全可以利用两组谐振器来获得带传输零点的双频滤波器。下面将给出一种滤波器结构来实现该等效电路，然后讨论怎样从等效电路出发获得滤波器的结构参数。

为了得到与图 4-46 等效电路相对应的物理结构，两组半波长谐振器以适当的方式耦合在一起，如图 4-48 所示，谐振器 A 电长度较大，工作在第一通带（f_1），谐振器 B 电长度较小，工作在第二通带（f_2），谐振器 A 与 A 之间、B 与 B 之间、A 与 B 之间都存在耦合枝节，正好与等效电路对应。

谐振器 A 的总长度可以通过下式计算得到：

$$L = \frac{c}{2f_1\sqrt{\varepsilon_{\mathrm{eff}}}} \tag{4-49}$$

式中，c 是真空中的光速；$\varepsilon_{\mathrm{eff}}$ 表示基片的有限介电常数。因为谐振器 B 的部分枝节在谐振器 A 之间，故该枝节的宽度应尽量小，这里选择 $W_4 = 0.3\mathrm{mm}$。

为了得到与等效电路对应的外部 Q 值和耦合系数，这里用数值仿真方法来求解滤波器的物理尺寸。第一通带的外部 Q 值（Q_{e1}）可以由下式计算得到：

$$Q_{\mathrm{e1}} = \frac{2f_1}{\delta f_{3\mathrm{dB}}} \tag{4-50}$$

而 Q_{e1} 主要由谐振器 A 和端口馈线间的耦合决定，故设计所需的 Q_{e1} 可以通过改变耦合长度和耦合距离（S_3）得到。

两个谐振器 A 之间的耦合系数可以通过下式得到：

$$K_1 = \frac{f_{11}^2 - f_{12}^2}{f_{11}^2 + f_{12}^2} \tag{4-51}$$

式中，f_{11} 和 f_{12} 分别是较大和较小的前两个谐振频率，通过优化谐振器 A 之间的耦合间隙（$S_1 + S_2 + W_4$），同样可以得到所需的 K_1。

利用同样的方法，可以得到与谐振器 B 相关的物理结构参数。

而谐振器 A 和谐振器 B 之间的耦合可以通过下式得到：

$$K_{12} = \frac{C_{12}}{\sqrt{C_1 C_2}} = \frac{1}{2}\left(\frac{f_2}{f_1} + \frac{f_1}{f_2}\right)\sqrt{\left(\frac{f_{122}^2 - f_{121}^2}{f_{122}^2 + f_{121}^2}\right)^2 - \left(\frac{f_2^2 - f_1^2}{f_1^2 + f_2^2}\right)^2} \tag{4-52}$$

式中，f_{121} 和 f_{122} 为较大和较小的前两个谐振频率；f_1 和 f_2 是没有耦合情况下第一和第二通带的谐振频率。同样，可以改变谐振器 A 和 B 之间的耦合长度（L_5）和耦合间隙（S_1 和 S_2）来满足这些指标。

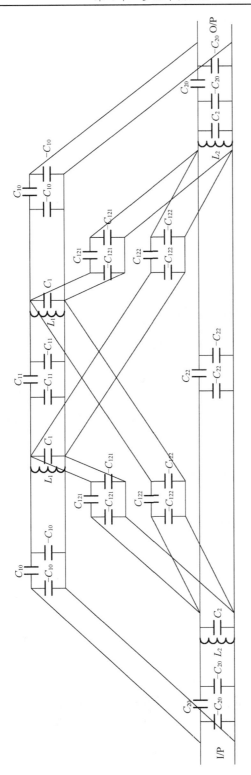

图 4-46 利用组合谐振器设计的双频滤波器的等效电路

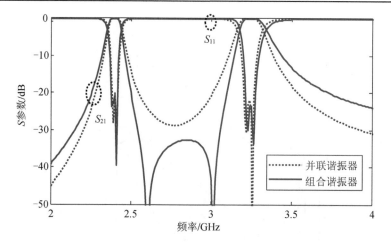

图 4-47 利用不同类型谐振器设计的双频滤波器的 S 参数曲线比较

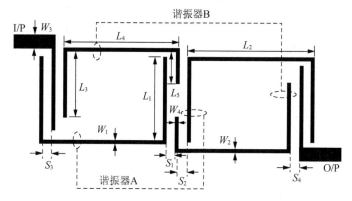

图 4-48 利用级联组合谐振器设计双频滤波器的模型

根据前面的讨论,利用组合谐振器设计双频滤波器的步骤可总结如下。首先根据给定的指标得到双频滤波器的等效电路,然后基于等效电路分别设计谐振器 A 和 B 的结构参数,最后调节和优化谐振器间的耦合结构来满足所需的 Q_e 值和耦合系数。

根据前面的步骤,以 IE3D 为仿真软件设计了一个双频滤波器,该滤波器的具体结构参数为:$S_1=0.2$mm,$S_2=0.3$mm,$S_3=0.4$mm,$S_4=0.2$mm,$W_1=0.5$mm,$W_2=0.5$mm,$W_3=1.8$mm,$W_4=0.3$mm,$L_1=10.7$mm,$L_2=21.15$mm,$L_3=8.6$mm,$L_4=20.35$mm,$L_5=4.1$mm。

改变谐振器 A 的长度(L_A),第一通带的频率发生变化而第二通带保持不变,如图 4-49 所示。当 L_A 增加时,f_1 减小。当改变谐振器 B 的长度(L_B)时,第二通带频率发生偏移而第一通带保持不变。故利用组合谐振器设计双频滤波器可以很方便地独立调节各个通带的中心频率。

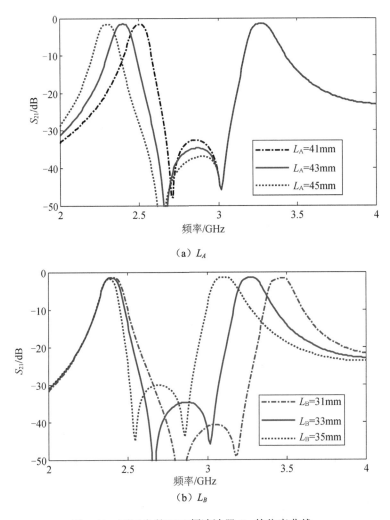

（a）L_A

（b）L_B

图 4-49　不同参数下双频滤波器 S_{21} 的仿真曲线

　　为了验证仿真结果，设计了一个通带频率分别为 2.4GHz、3.25GHz 的双频滤波器。利用德国乐普科（LPK）公司的 PROMOTE S60 雕刻机加工了该双频滤波器。图 4-50 给出了仿真结果和测试结果的比较图，两者之间吻合良好，在中心频率处的插损分别为 1.7dB、1.3dB，回波损耗分别为 18dB、17dB，并且通带间的传输零点分布与等效电路的仿真曲线完全一致。图 4-51 给出了该滤波器的实物图，其整体尺寸大约为 48mm×14mm。

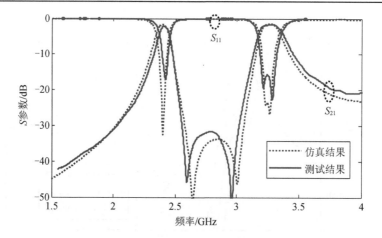

图 4-50　双频滤波器仿真及测试结果

图 4-51　双频滤波器实物图

4.3.2　基于组合谐振器的三频滤波器设计

1. 级联组合谐振设计三频滤波器

在前面介绍的双频滤波器结构的基础上,为了获得三通带响应,可将谐振器 A 变形,由一个 UIR 变成 SIR,如图 4-52 所示,其他结构与双频滤波器完全一致。因为 SIR 具有谐振频率可控特性,故可将谐振器 A 工作在第一和第三通带,谐振器 B 工作在第二通带。

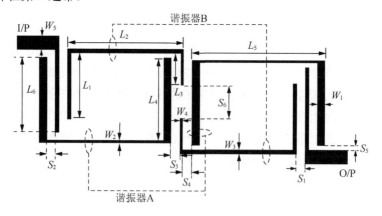

图 4-52　利用级联组合谐振器设计三频滤波器的模型

图 4-53（a）给出该三频滤波器的耦合结构图，同样，实线表示直接耦合。由于谐振器 A 工作在两个通带，将谐振器分成两个谐振器：谐振器 A_1 和谐振器 A_2，分别工作在第一、第三通带，新的耦合结构如图 4-53（b）所示，从输入端到输出端有很多条传输路径，这将在插入损耗响应中产生传输零点。

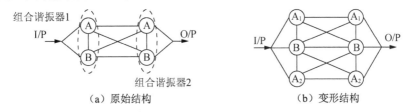

（a）原始结构　　　　　　　　　　　　　　（b）变形结构

图 4-53　利用级联组合谐振器设计三频滤波器的耦合结构

图 4-54 给出了滤波器的集总参数等效电路，导纳变换器代表谐振器间的耦合，L_1、C_1、C_{10}、C_{11} 为表征谐振器 A_1 的参数，L_2、C_2、C_{20} 和 C_{22} 表征谐振器 B 的参数，L_3、C_3、C_{30} 和 C_{33} 表征谐振器 A_2 的参数，C_{121} 和 C_{122} 表示谐振器 A_1 和谐振器 B 间的耦合；C_{231} 和 C_{232} 表示谐振器 A_2 和谐振器 B 间的耦合。同样，将给出一个典型的三频滤波器原型来分析这个等效电路。三频滤波器的主要指标如下：

（1）二阶 Chebyshev 低通原型，波纹为 0.1dB；

（2）中心频率分别为 2.4GHz、3.5GHz、5.2GHz；

（3）相对带宽分别为 0.02、0.02、0.03。

利用前面同样的方法，可以得到每个通带对应的集总参数元件值，L_1=4.4nH，C_1=1pF，C_{10}=0.1774pF，C_{11}=0.02762pF，L_2=2.068nH，C_2=1pF，C_{20}=0.1469pF，C_{22}=0.02762pF，L_3=0.92nH，C_3=1pF，C_{30}=0.1469pF，然后适当调整谐振器 A 和 B 之间的耦合（C_{121}、C_{122}、C_{231}、C_{232}），C_{121}=C_{231}=0.01858pF，C_{122}=C_{232}=0.0447pF，可以得到等效电路的 S 参数曲线，如图 4-55 所示。滤波器有很好的三通带特性，且第一通带和第二通带间有两个传输零点。

根据前面的讨论，同样可以总结出该类型三频滤波器的设计步骤，首先根据给定参数计算出等效电路的元件值，然后利用 SIR 设计第一和第三通带，利用 UIR 设计第二通带，最后调整优化各个耦合枝节来获得所需的特性。

根据前面的设计步骤，利用 IE3D 仿真了该三频滤波器模型，优化后的结构参数为 S_1=0.2mm，S_2=0.2mm，S_3=0.4mm，S_4=0.2mm，S_5=0.2mm，S_6=1.8mm，W_1=1.2mm，W_2=1mm，W_3=0.5mm，W_4=0.2mm，W_5=1.8mm，W_6=0.5mm，L_1=5.85mm，L_2=20.15mm，L_3=5.55mm，L_4=10.6mm，L_5=20.15mm，L_6=9.4mm。

根据相关文献，第一及第三通带的特性可以由 SIR 来控制，而第二通带的特性则可由谐振器 B 来控制。改变谐振器 B 的长度（L），第二通带的频率发生变化而第一及第三通带保持不变，如图 4-56（a）所示，当 L 增加时，f_2 减小。当改变谐振器 B 的耦合长度（谐振器的总体尺寸不变）时，第二通带带宽随之改变而第一及第三通带带宽几乎不变，如图 4-56（b）所示。故利用组合谐振器设计双频滤波器可以很方便地独立调节各个通带中心频率及带宽。

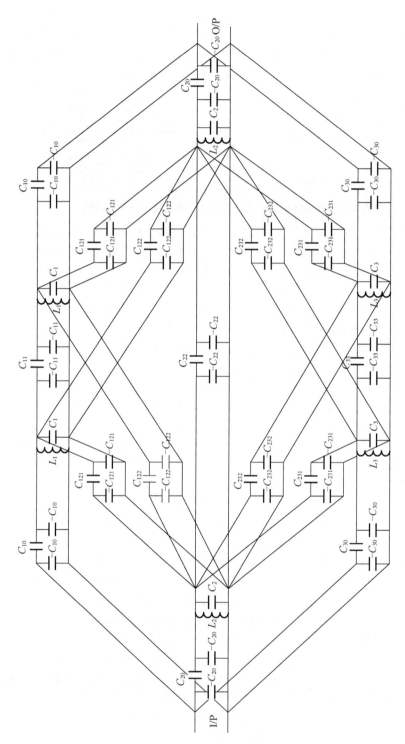

图 4-54　利用级联组合谐振器设计三频滤波器的等效电路

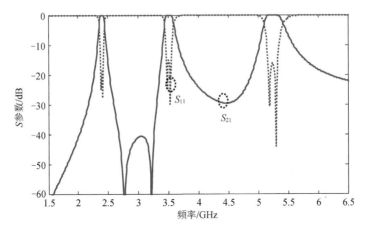

图 4-55　利用级联组合谐振器设计的三频滤波器的等效电路 S 参数曲线

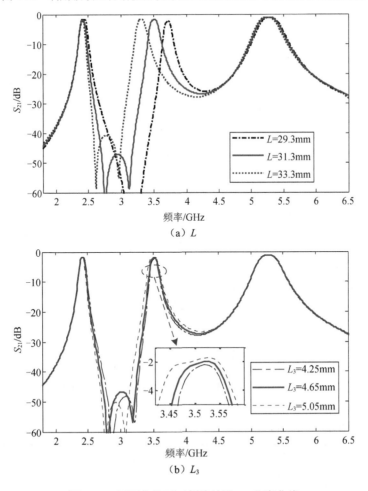

（a）L

（b）L_3

图 4-56　不同参数下三频滤波器 S_{21} 仿真曲线

利用安捷伦公司的 HP5230A 矢量网络分析仪测试了加工后的滤波器。图 4-57 给出了仿真和测试结果，两者之间吻合良好，且测量结果中的传输零点分布与等效电路的仿真结果完全吻合。该三频滤波器的三通带分别在 2.4GHz、3.5GHz 和 5.25GHz 处。在 2.4GHz 处，通带插损小于 2dB，回波损耗大于 18dB；在 3.5GHz 处，插入损耗小于 2.4dB，回波损耗大于 16dB；在 5.25GHz 处，插入损耗小于 1.7dB 而回波损耗大于 13dB，3 个通带测量的 3dB 带宽分别为 2.37～2.43GHz （2.5%），3.48～3.54GHz（1.71%），5.09～5.35GHz（4.95%）。图 4-58 给出了该滤波器的实物图，整体尺寸大约为 52mm×14mm。后面将考虑如何进一步缩小滤波器尺寸和提高滤波器的带外选择性。

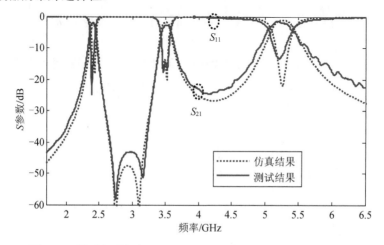

图 4-57　利用级联组合谐振器设计三频滤波器的仿真、测试结果

2. 伪交指组合谐振设计三频滤波器

利用级联组合谐振器设计三频滤波器不能在第二通带和第三通带之间产生传输零点，故两通带之间的抑制不够。4.1.2 节介绍的伪交指结构不仅能缩小滤波器的尺寸，还可以引入更多的传输零点，本节将伪交指结构应用到组合谐振器中。

图 4-58　利用级联组合谐振器设计三频滤波器实物图

图 4-59 给出了应用伪交指组合谐振器设计的三频滤波器结构图。类似地，该三频滤波器含有两个组合谐振器，每个组合谐振器包含一个 SIR（谐振器 A）和一个 UIR（谐振器 B），通过调整谐振器 A 的阻抗比和谐振器 B 的长度，3 个给定的通带频率可以很快得到。

图 4-60 给出了该三频滤波器的耦合结构，同样，谐振器 A 分成谐振器 A_1 和谐振器 A_2，与级联组合谐振器结构不同，谐振器 A 之间没有直接耦合。图 4-61 给出了三频滤波器耦合结构对应的集总参数等效电路，除了谐振器 A 之间没有导纳变换器外，其他与图 4-54 完全一致。

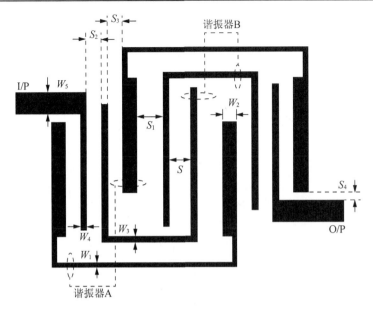

图 4-59　利用伪交指组合谐振器设计三频滤波器的结构

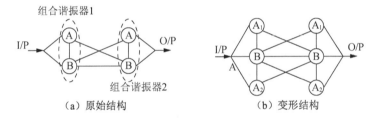

（a）原始结构　　　　　　　（b）变形结构

图 4-60　利用伪交指组合谐振器设计三频滤波器的耦合结构

利用伪交指组合谐振器设计了指标如下的三频滤波器：

（1）二阶 Chebyshev 低通原型，波纹为 0.1dB；

（2）中心频率分别为 2.4GHz、3.5GHz、5.2GHz；

（3）相对带宽分别为 0.02、0.03、0.03。

利用前面的设计方法可以得到三频滤波器等效电路元件值，L_1=4.21nH，C_1=1pF，C_{10}=0.1774pF，L_2=2.068nH，C_2=1pF，C_{20}=0.2139pF，C_{22}=0.04143pF，L_3=0.98nH，C_3=1pF，C_{30}=0.1468pF，然后调节谐振器 A 和谐振器 B 之间的耦合（C_{121}、C_{122}、C_{231}、C_{232}），C_{121}=C_{231}=0.1039pF，C_{122}=C_{232}=0.1303pF，可以得到等效电路对应的 S 参数曲线，如图 4-62 所示，通带间都有传输零点，故通带隔离度大大提高，最后根据耦合参数推出滤波器的实际物理结构参数。

为验证理论分析，本节设计并加工了一个利用伪交指组合谐振器设计的频滤波器，优化后的结构参数为 S=1.05mm，S_1=2.2mm，S_2=0.2mm，S_3=0.2mm，S_4=0.2mm，S_5=0.2mm，W_1=0.9mm，W_2=1.2mm，W_3=0.5mm，W_4=0.5mm，W_5=1.8mm。同样，

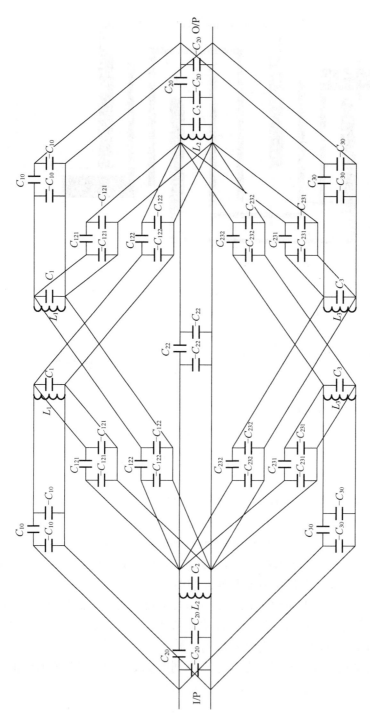

图 4-61　利用伪交指组合谐振器设计三频滤波器的等效电路

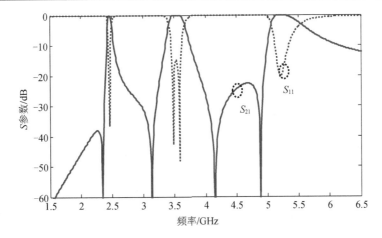

图 4-62　利用伪交指组合谐振器设计的三频滤波器的等效电路 S 参数曲线

第二通带的特性可由谐振器 B 来控制，改变谐振器 B 的长度（L），第二通带的频率发生变化而第一及第三通带保持不变，如图 4-63 所示。

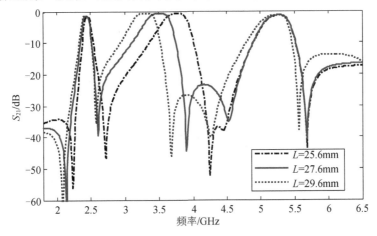

图 4-63　不同参数 L 下三频滤波器 S_{21} 的仿真曲线

　　图 4-64 给出了该三频滤波器的仿真和测试结果，两者之间吻合相当好，除了第三通带高端的传输零点外，测量结果的传输零点分布与等效电路的分布基本一致，测量的各通带插损分别为 1.8dB、0.8dB、1.3dB。第一通带的传输零点分别位于 2.19GHz 和 2.64GHz 处，第二通带的传输零点位于 3.94GHz 处，第三通带的传输零点分别位于 4.58GHz、5.70GHz 处。图 4-65 给出了滤波器的实物图，滤波器的整体尺寸小于 24mm×22mm，比级联组合谐振器小了近 40%。

　　为了防止谐振器 B 的寄生通带对第三通带的影响，可以将谐振器 B 也换成 SIR 形式，移开谐振器 B 的寄生频率，如图 4-66 所示。改变 SIR 的阻抗比，可以有效地控制谐振器 B 的寄生通带，正是居于这一思想，后面将考虑用组合谐振器设计四频滤波器。

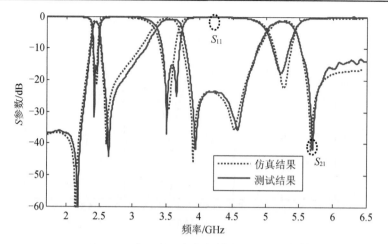

图 4-64　利用伪交指组合谐振器设计三频滤波器的仿真、测试结果

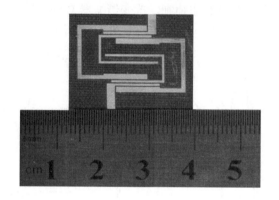

图 4-65　利用伪交指组合谐振器设计的三频滤波器实物图

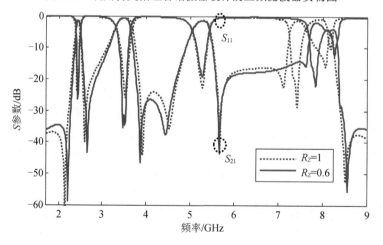

图 4-66　不同阻抗比 R_Z 下滤波器的 S 参数曲线比较

4.3.3　基于组合谐振器的四频滤波器设计

由于全球无线通信市场的激烈竞争，许多无线终端，如移动电话、掌上电脑，在设计时都需要能兼容多个通信标准，这就可以让终端用户可以享受不同运营商提供的服务。由于不同的通信标准一般都是工作在不同的频段，故能同时工作在两个或多个通信系统中的器件是无线通信研究的一个重要方向。这些前端器件包括天线、带通滤波器等，而能工作在 3 个或更多频段的天线非常常见，因此，四频带或更多频带滤波器也是非常值得研究的课题。

由于寄生频率的影响，很难同时控制谐振器的 4 个谐振频率。目前，四频滤波器方面的文章很少，而高性能四频滤波器的设计则更少有人提到，本节基于前两节的工作，将组合谐振器的应用进一步扩展，利用它来设计各通带频率都能调节的高性能四频滤波器。

图 4-67 给出了组合四通带谐振器的原始单元，它包含两个不同结构的阶跃阻抗谐振器（SIR Ⅰ 和 SIR Ⅱ），SIR Ⅰ 工作在第一和第三通带，而 SIR Ⅱ 工作在第二和第四通带。在本节中，将滤波器的 4 个通带频率分别设为 1.57GHz GPS 频段，3.5GHz、2.4GHz、5.25GHz WLAN 频段。

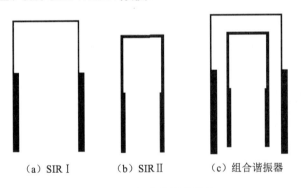

　　　　（a）SIR Ⅰ　　　（b）SIR Ⅱ　　　（c）组合谐振器

图 4-67　组合谐振器结构

图 4-68 给出了一个最初的四频滤波器结构图，与三频滤波器结构类似，端口馈线放置在 SIR Ⅰ 和 SIR Ⅱ 之间，以便同时溃入信号，同样，组合谐振器以伪交指形式耦合来减小滤波器的尺寸。

根据阻抗比和频率比的关系，对 SIR Ⅰ 选取 W_1=0.8mm、W_2=1.0mm，对 SIR Ⅱ 选取 W_3=0.4mm、W_4=0.5mm。稍加调节之后，可以得到滤波器的尺寸为：W_1=0.8mm，W_2=1.0mm，W_3=0.4mm，W_4=0.5mm，W_5=0.5mm，S_1=1.4mm，S_2=S_3=0.2mm，L_1=17.8mm。得到的四频滤波器的仿真结果如图 4-69 所示。滤波器的前 3 个通带与设计的一致，性能也不错，但第四个通带内波动很大。分析发现，这主要是由寄生通带的影响所致。

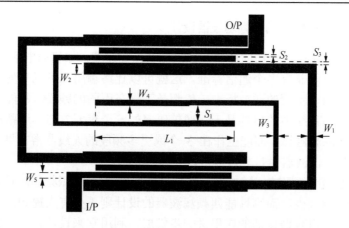

图 4-68　利用伪交指组合谐振器设计四频滤波器的模型

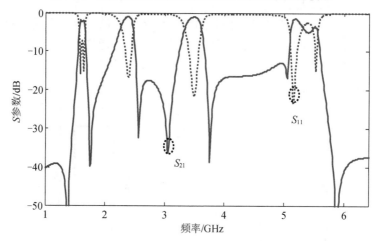

图 4-69　利用伪交指组合谐振器设计的四频滤波器最初 S 参数曲线

由前面 SIR 谐振特性分析可知，SIR 的第二寄生频率的计算公式为

$$\frac{f_{SB2}}{f_0} = \frac{\theta_{S2}}{\theta_0} = 2\left(\frac{f_{SB1}}{f_0}\right) - 1 \qquad (4\text{-}53)$$

通过式（4-53）可以求得 SIR I 的第二个寄生频率为 f_{SB2}=5.43GHz，与 SIR II 的第一寄生频率（也就是第四通带频率 5.25GHz）很接近，故直接影响了第四通带的性能。下面将考虑如何在保证 SIR 前两个谐振频率不变的前提下移开第三个谐振频率。

为了增大 SIR I 的第二寄生频率，根据式（4-53），可以在 f_0 保持不变的情况下增加 f_{SB1}，这可以通过改变 SIR 的阻抗比来达到，然后在 SIR 中间引入一根开路枝节。由后面的枝节线特性分析可以知道，改变枝节线的长度只会改变谐振器的偶模谐振频率，而奇模谐振频率保持不变，故 f_{SB1} 可以通过改变枝节线的长度来变回原值。经过这两步变换后，f_{SB2} 变大，而 f_{SB1}、f_0 保持不变。

　　加入枝节线后滤波器的结构如图 4-70 所示，W_1=0.2mm，W_2=1.0mm，W_3=0.4mm，W_4=0.5mm，W_5=0.5mm，W_6=0.5mm，S_1=1.4mm，S_2=S_3=0.2mm，L_1=17.8mm，L_2=6.9mm。为了减小尺寸，开路枝节线弯曲在 SIR Ⅰ 和 SIR Ⅱ 之间，SIR Ⅰ 的线宽选为 W_1=0.2mm、W_2=1.0mm，仿真结果如图 4-71 所示，SIR Ⅰ 的第二频生频率大约为 6.2GHz，与第四通带频率相差甚远。

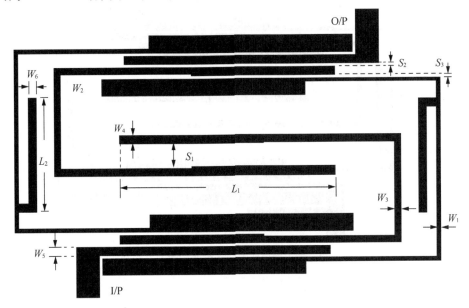

图 4-70　加入枝节线加载谐振器的四频滤波器模型

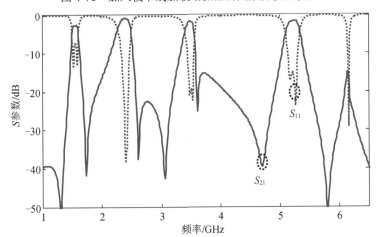

图 4-71　第四通带性能改善的四频滤波器 S 参数曲线

从图 4-71 可以看出，除了第一通带，其他通带都匹配良好，第一通带的回波损耗小于 10dB。为了改善第一通带的性能，在端口馈线引入一根匹配馈线。

图 4-72 给出了加入匹配馈线后的滤波器结构图。由于只是第一通带匹配不好，故枝节线只需与 SIR I 耦合。图 4-73 给出了不同长度枝节线下滤波器的仿真曲线，改变 L_3 可以有效地改善第一通带性能，而其他通带基本保持不变。

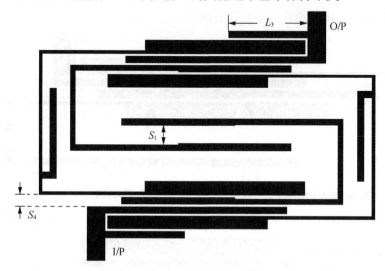

图 4-72　加入端口匹配馈线的四频滤波器模型

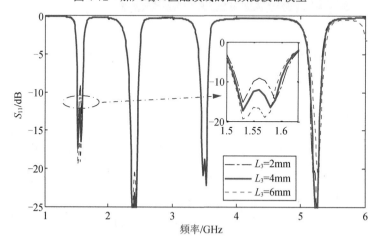

图 4-73　不同参数 L_3 下四频滤波器的 S_{11} 曲线

谐振器间的耦合间隙是由滤波器带宽决定的。对于工作在第一和第三通带的 SIR I，图 4-74（a）给出了耦合系数和耦合间隙 S_2 的关系曲线，对于工作在第二和第四通带的 SIR II，图 4-74（b）给出了其耦合系数与耦合间隙 S_1 的关系曲线。

从图中可以看出，在相同的耦合间隙下，第一通带频率处的耦合系数 K_1 比第三通带频率的耦合系数 K_3 大，第二通带频率处的耦合系数 K_2 比第四通带频率的耦合系数 K_4 大。为了得到每个通带相对带宽近似的四频滤波器，本节用平均耦合系数来综合滤波器。本设计中，滤波器的各通带宽度近似为 0.05，波纹为 0.1dB，所需的耦合间隙可从图 4-74 中查出，选取 S_1=1.4mm，S_4=0.9mm。

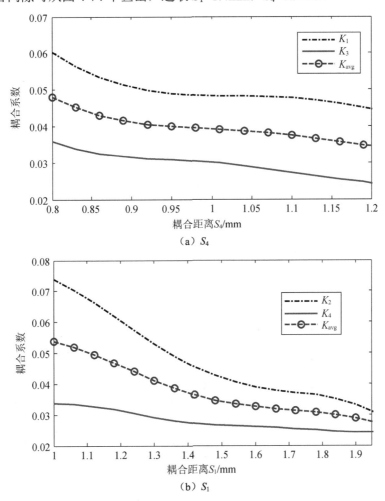

图 4-74 不同参数下，四频滤波器各通带的耦合系数值

图 4-75 给出了四频滤波器的测试和仿真结果，具体指标已总结在表 4-1 中，测试结果与用 IE3D 软件仿真出来的结果吻合良好，各通带的 3dB 带宽分别为 1.493～1.625GHz（8.41%）、2.238～2.484GHz（10.25%）、3.415～3.613GHz（5.66%）、5.159～5.416GHz（4.90%），每个通带两侧都有传输零点，大大提高了滤波器的带外选择性。图 4-76 给出了滤波器的实物图，整体尺寸小于 21.8mm × 26.2mm。

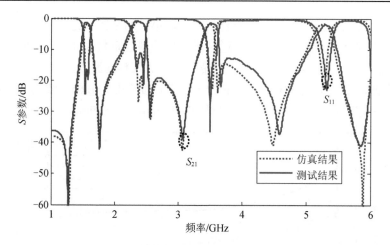

图 4-75　利用伪交指组合谐振器设计四频滤波器的仿真、测试结果

表 4-1　四频滤波器仿真与测量指标

通带	指标	仿真值	测试值
通带 1 1.57GHz	通带插损/dB	2.00	1.39
	回波损耗/dB	16.30	16.50
	3dB 带宽/%	7.17	8.41
通带 2 2.4GHz	通带插损/dB	1.00	0.88
	回波损耗/dB	18.50	11.20
	3dB 带宽/%	8.96	10.25
通带 3 3.5GHz	通带插损/dB	1.80	1.57
	回波损耗/dB	17.80	18.90
	3dB 带宽/%	4.64	5.66
通带 4 5.25GHz	通带插损/dB	1.80	2.00
	回波损耗/dB	18.00	19.50
	3dB 带宽/%	5	4.90

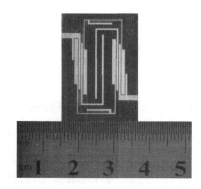

图 4-76　利用伪交指组合谐振器设计四频滤波器的实物图

4.4 基于枝节线加载谐振器的多频滤波器设计

枝节线加载谐振器最早用于设计带传输零点的带通滤波器，通过改变枝节线的长度来调节传输零点的位置。这些结构中枝节线的电长度都近似为 90°，故可将枝节线看成一个 K 变换器。近年来，很多学者对枝节线加载谐振器进行了大量扩展性的研究，通过传输线模型（包括奇偶模模型）分析其谐振器特性，发现枝节线加载谐振器具有一些独特的谐振特性，如改变枝节线长度，只改变偶模谐振频率而不影响奇模谐振频率。由于其具有容易控制的谐振特性，枝节线加载谐振器广泛应用于多频器件的设计中。

本节先总结前人关于开路枝节线加载谐振器的特性，然后将短路枝节线代替开路枝节线加载到谐振器中，详细分析短路枝节线加载谐振器的谐振特性，并利用它设计尺寸更小的双频滤波器[27-33]。

本节还将枝节线加载谐振器进一步扩展，把开路枝节线和短路枝节线同时加载到谐振器中构成十字谐振器，先利用奇偶模法分析枝节线中心加载的十字谐振器，然后利用传输线模型分析枝节线任意加载的十字谐振器，分别给出谐振频率的解析公式及设计图表，并利用十字谐振器设计多个性能很好的三频滤波器[34-38]。

4.4.1 基于开路枝节线加载谐振器的双频滤波器设计

1. 开路枝节线加载谐振器特性分析

开路枝节线加载谐振器包含一个普通的半波长谐振器、一根开路枝节线，如图 4-77（a）所示，其英文名称为 open stub-loaded resonator。其中，Z_1、L_1、Z_2、L_2 表示半波长谐振器和开路线的特性阻抗和长度。开路线加载在半波长谐振器的中心位置，因为该谐振器的结构关于 T-T' 对称，故可以用奇偶模法来分析。

对于奇模激励，对称面默认为短路面，等效模型如图 4-77（b）所示，则输入阻抗可以表示为

$$Z_{\text{in,od}} = jZ_1 \tan(\beta L_1 / 2) \tag{4-54}$$

由谐振条件 $Y_{\text{in,od}} = 0$ 可以推出奇模谐振频率为

$$f_{\text{od}} = \frac{(2n-1)c}{2L_1 \sqrt{\varepsilon_{\text{eff}}}} \tag{4-55}$$

式中，$n = 1,2,3,\cdots$；c 是真空中的光速；ε_{eff} 是基片的有效介电常数。从式（4-55）可以发现，奇模谐振频率与开路线无关。

对于偶模激励，对称面开路，等效模型如图 4-77（c）所示，输入导纳可以求为

$$Y_{\text{in,ev}} = j\frac{1}{Z_1}\frac{Z_3 \tan(\beta L_1 / 2) + Z_1 \tan(\beta L_2)}{Z_3 - Z_1 \tan(\beta L_1 / 2)\tan(\beta L_2)} \tag{4-56}$$

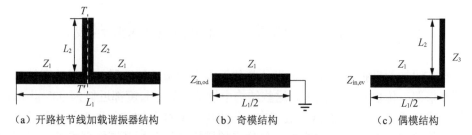

（a）开路枝节线加载谐振器结构　　　（b）奇模结构　　　（c）偶模结构

图 4-77　奇偶模法分析枝节线加载谐振器

由谐振条件 $Y_{\mathrm{in,ev}}=0$ 可以得到偶模谐振条件为

$$\cot(\beta L_1 / 2)\tan(\beta L_2) = -Z_3 / Z_1 \tag{4-57}$$

对于特殊情况 $Z_1=Z_3$，则有

$$\cot(\beta L_1 / 2)\tan(\beta L_2) = -1 \tag{4-58}$$

因此这种情况下的谐振条件为

$$L_1 / 2 + L_2 = n\lambda_{\mathrm{g}} / 2 \tag{4-59}$$

λ_{g} 为偶模谐振下的波导波长。故在 $Z_1=Z_3$ 条件下的偶模谐振频率可计算为

$$f_{\mathrm{ev}} = \frac{nc}{(L_1 + 2L_2)\sqrt{\varepsilon_{\mathrm{eff}}}} \tag{4-60}$$

不难发现，偶模谐振频率由长度 L_1、L_2 及阻抗比 Z_1/Z_3（当 $Z_1 \neq Z_3$ 时）决定。同时，对于相同的 n（$L_2 < L_1/2$ 时），偶模谐振频率大于奇模谐振频率。

2. 基于开路枝节加载谐振器的双频滤波器设计

参照伪交指型 SIR 结构，设计了一个基于开路枝节加载谐振器的双频滤波器，结构如图 4-78 所示。开路线加载在半波长谐振器的中心位置。图 4-79 给出不同开路线长度 L 下滤波器的仿真曲线。随着 L 的增加，奇模频率基本保持不变，而偶模频率逐步下降，验证了上述观点。

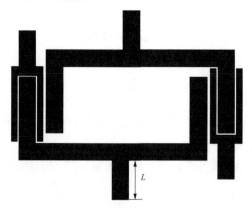

图 4-78　基于伪交指开路枝节线加载谐振器的双频滤波器结构图

利用上述伪交指型枝节线加载谐振器设计双频滤波器有个缺点，就是不能得到第二通带频率大于两倍第一通带频率的双频滤波器。为了克服该缺点，可以将枝节线加载谐振器中等阻抗的半波长谐振器改成 SIR，从而扩大了频率设计范围。利用该谐振器设计的双频滤波器如图 4-80 所示。开路枝节线线的长度、宽度对滤波器的性能都有很大的影响，图 4-81 给出了不同开路枝节线长度和宽度下滤波器的仿真曲线。跟前面分析的一样，开路线只会影响滤波器的偶模响应，而奇模响应基本保持不变。

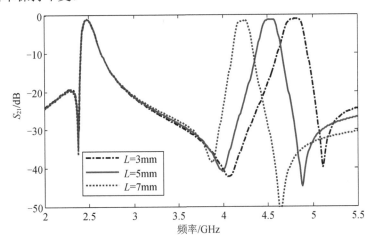

图 4-79 不同枝节线长度 L 下双频滤波器的 S_{21} 曲线

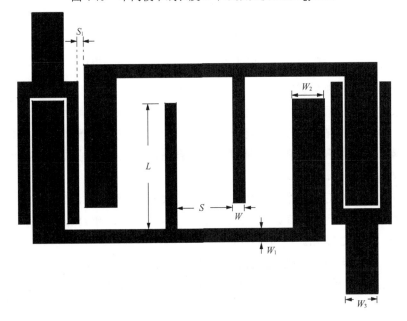

图 4-80 基于伪交指开路枝节线加载 SIR 的双频滤波器结构图

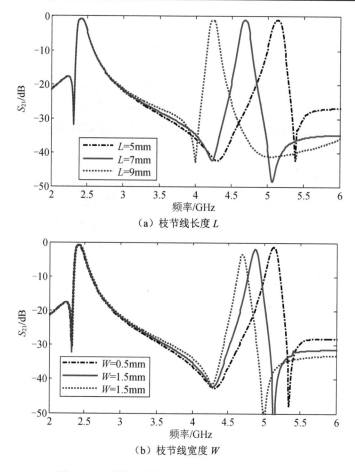

（a）枝节线长度 L

（b）枝节线宽度 W

图 4-81　不同参数变化下双频滤波器的 S_{21} 曲线

　　滤波器腔间的耦合强度由耦合间隙 S_1 决定，图 4-82 给出了不同 S_1 下每个通带的耦合系数值。在相同的 S_1 下，低频率的耦合系数值（K_1）均大于高频率的耦合系数值（K_2）。为了在两个通带得到相似的性能，可以考虑用平均耦合系数值来设计滤波器。根据通带带宽和波纹计算出的耦合系数为 0.05，对比图 4-82 所示的曲线，选取 S_1=0.4mm。

　　本节设计并加工了一个中心频率为 2.4/5.25GHz 的双频滤波器，通过仿真优化可以得到滤波器的主要参数为 S=2.4mm，L=4.55mm，W=1mm，W_1=0.8mm，W_2=2.2mm，W_3=2.2mm。图 4-83 给出了滤波器的实物图，总体尺寸小于 25mm×20mm。图 4-84 给出了滤波器的仿真测试曲线比较图，由图可以看出，两者吻合良好，在 2.4GHz 处，测量的 S_{21} 和 S_{11} 分别为 1.35dB 和 31.5dB；在 5.25GHz 处，测量的 S_{21} 和 S_{11} 分别为 1.85dB 和 34.2dB，性能很好。

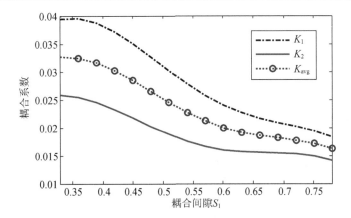

图 4-82　不同耦合间隙 S_1 下双频滤波器的 S_{21} 曲线

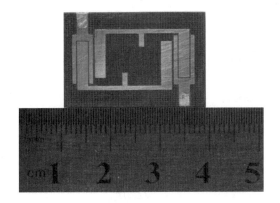

图 4-83　基于伪交指开路枝节线加载 SIR 的双频滤波器的实物图

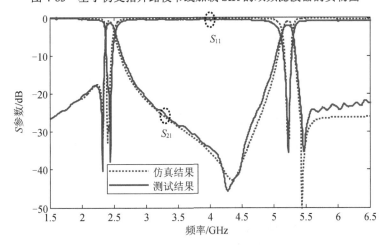

图 4-84　基于伪交指开路枝节线加载 SIR 的双频滤波器仿真、测试结果

4.4.2 基于短路枝节线加载谐振器的双频滤波器设计

1. 短路枝节线加载谐振器特性分析

短路枝节线加载谐振器（short stub-loaded resonator）包含一个普通的半波长谐振器、一根短路枝节线，如图 4-85（a）所示，其中 Z_1、L_1、Z_2、L_2 表示半波长谐振器和短路线的特性阻抗和长度。短路线加载在半波长谐振器的中心位置。同样因为该谐振器的结构关于 T-T' 对称，故可以用奇偶模法来分析。

对于奇模激励，等效模型如图 4-85（b）所示，输入阻抗可以表示为

$$Z_{\text{in,od}} = \text{j}Z_1 \tan(\beta L_1 / 2) \tag{4-61}$$

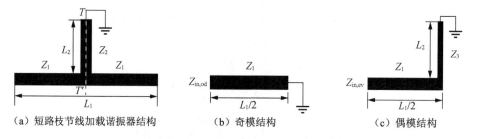

（a）短路枝节线加载谐振器结构　　　（b）奇模结构　　　（c）偶模结构

图 4-85　奇偶模法分析枝节线加载谐振器

由谐振条件 $Y_{\text{in,od}} = 0$ 可以推出奇模谐振频率为

$$f_{\text{od}} = \frac{(2n-1)c}{2L_1\sqrt{\varepsilon_{\text{eff}}}} \tag{4-62}$$

式中，$n = 1, 2, 3, \cdots$；c 是真空中的光速；ε_{eff} 是基片的有效介电常数。由式（4-62）可以发现，奇模谐振频率与短路枝节线无关。

对于偶模激励，等效模型如图 4-85（c）所示，输入阻抗可以表示为

$$Z_{\text{in,ev}} = \text{j}Z_1 \frac{Z_1 \tan(\beta L_1 / 2) + Z_3 \tan(\beta L_2)}{Z_1 - Z_3 \tan(\beta L_1 / 2)\tan(\beta L_2)} \tag{4-63}$$

因此，偶模谐振条件为

$$Z_1 - Z_3 \tan(\beta L_1 / 2)\tan(\beta L_2) = 0 \tag{4-64}$$

为简化计算，考虑一个特殊情况，$Z_3 = Z_1$，则偶模谐振频率可以表示为

$$f_{\text{ev}} = \frac{(2n-1)c}{(2L_1 + 4L_2)\sqrt{\varepsilon_{\text{eff}}}} \tag{4-65}$$

不难发现，偶模谐振频率由长度 L_1、L_2、阻抗比 Z_3/Z_1（当 $Z_3 \neq Z_1$ 时）决定。同时，对于相同的 n，偶模谐振频率比奇模谐振频率小，这跟开路线加载谐振器正好相反。

为了比较开路枝节加载和短路枝节加载谐振器的大小，将双通带谐振频率设为 f_1、f_2，对于短路线加载谐振器，半波长谐振器的长度为 $L_1^{\text{SSLR}} = c/(2f_2\sqrt{\varepsilon_{\text{eff}}})$，

对于开路线加载谐振器，$L_1^{\text{OSLR}} = c / (2f_1\sqrt{\varepsilon_{\text{eff}}})$，明显大于 L_1^{SSLR}。因此，相比开路枝节线加载谐振器，短路枝节线加载谐振器更能缩小滤波器的尺寸。

基于该谐振器，本节设计两种不同耦合结构的双频滤波器：伪交指型短路枝节加载双频滤波器和弯曲型短路枝节双频滤波器。

2. 基于伪交指型短路枝节加载谐振器的双频滤波器设计

利用前面所述的短路枝节加载谐振器，设计一个双频滤波器，其模型如图 4-86 所示，包含两个级联的加载谐振器。与普通发夹谐振器不同的是，这个谐振器的中央多了一根短路枝节线，谐振器的谐振频率主要由发夹谐振器的总长度（L_1）和短路枝节线的长度（L_5）决定。

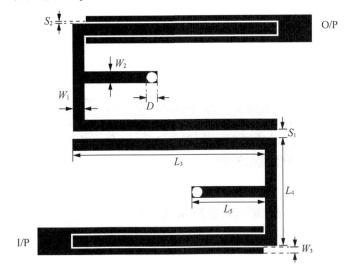

图 4-86　基于级联短路枝节线加载谐振器的双频滤波器模型

为了验证上述分析结果，用 IE3D 软件仿真了该模型，S_1=0.4mm，S_2=0.2mm，W_1=1mm，W_2=1mm，W_3=0.5mm，L_3=17.6mm，L_4=9.6mm，发夹谐振器的长度 L_1 固定为 44.8mm，对应于第一个奇模谐振频率下的半波长。通过改变短路线的长度 L_5，偶模谐振频率变化很大，而奇模谐振频率基本不变，如图 4-87 所示。

从图 4-87 可以看出，滤波器的中心频率、插损基本上都能符合指标要求，但是通带之间的衰减不够大。下面将重点讨论提高滤波器的带外抑制度。

用级联型谐振器并不能产生传输零点，若能在带外产生传输零点，滤波器的带外性能将得到很大的改善。下面将利用伪交指型短路枝节加载谐振器设计双频滤波器。

滤波器的模型如图 4-88（主要参数与图 4-86 基本一样）所示，滤波器的带宽与谐振器间耦合有关，即耦合空隙决定了带宽。图 4-89 给出滤波器在不同耦合间

隙 S_3 的 S_{21} 参数，S_3 可以有效地改变滤波器两个通带的带宽。同时，滤波器在每个通带两侧都能产生传输零点。

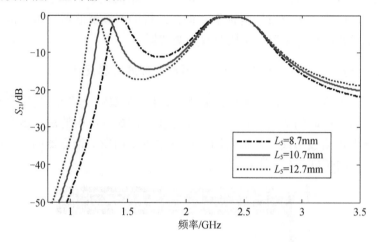

图 4-87　不同短路线长度 L_5 下的滤波器 S_{21} 曲线

图 4-88　基于伪交指短路枝节线加载谐振器的双频滤波器结构图

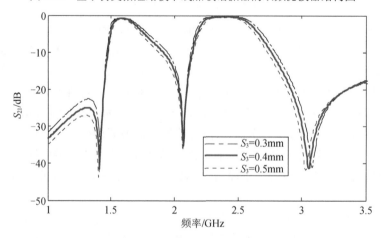

图 4-89　不同耦合间隙 S_3 下的滤波器 S_{21} 曲线

　　利用伪交指型加载谐振器，本节设计并加工了一个中心频率在 1.57/2.4GHz 处的双频滤波器。图 4-90 给出了仿真和测量结果曲线。测试结果和仿真结果吻合良好。两个通带的 3dB 带宽分别为 1.48～1.7225GHz（15.4%）、2.161～2.608GHz（18.6%），通带的插损分别为 0.7dB 和 0.5dB，而回波损耗都大于 18dB。另外，3 个传输零点很好地提高了带外的抑制度。图 4-91 给出了滤波器的实物图，其总体尺寸小于 25mm×13mm。

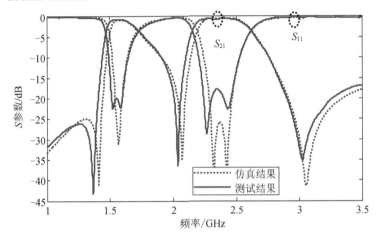

图 4-90　基于伪交指短路枝节线加载谐振器的双频滤波器的仿真、测试结果

图 4-91　基于伪交指短路枝节线加载谐振器的双频滤波器实物图

3. 基于弯曲短路枝节加载谐振器的双频滤波器设计

　　为了得到一种各个带宽可以独立控制的双频滤波器，本节提出一种新的耦合结构。图 4-92 给出了利用弯曲短路枝节加载谐振器设计的双频滤波器模型。同样，该滤波器包含两个加载谐振器，接地由圆孔表示。因为在该结构中加入了短路线之间的耦合，所以在提取双频滤波器的耦合系数时就增加了一个自由度。

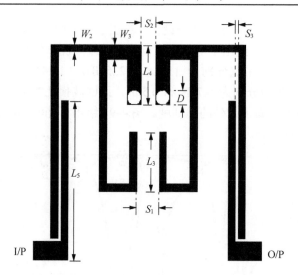

图 4-92 基于弯曲型短路枝节线加载谐振器的双频滤波器结构图

本节将设计中心频率分别为 2.4GHz、3.5GHz 的双频滤波器。跟前面一样，滤波器的通带频率由半波长谐振器长度和短路线长度控制。经软件优化后，滤波器的结构参数为 S_3=0.2mm，W_2=0.5mm，W_3=1mm，L_3=4.1mm，L_4=4.15mm，D=1mm。谐振器间的耦合决定了耦合系数 K 值。图 4-93（a）给出了每个通带在不同 S_1（S_1 是半波长谐振器间的空隙）下的耦合系数，当 S_1 增大时，第一通带的耦合系数 K_1 基本保持不变，而第二通带的耦合系数 K_2 减小很明显。

图 4-93（b）给出了在不同 S_2（短路间的耦合间隙）下的耦合系数曲线，当 S_2 增大时，K_1 下降很明显而 K_2 变化很小。从仿真结果可以发现，滤波器的各个带宽在一定范围内可以独立调节。

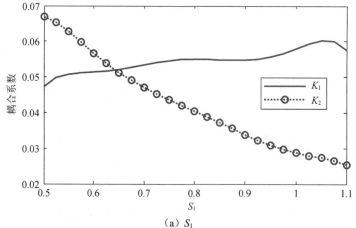

(a) S_1

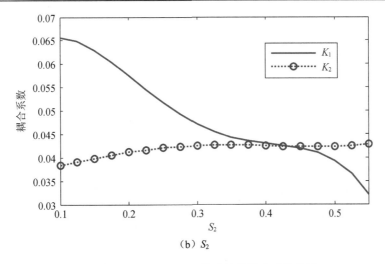

（b）S_2

图 4-93　不同耦合间隙下的滤波器耦合系数曲线

为了验证上述结果，同样加工一个滤波器实物。图 4-94 给出了仿真和测试结果。在 2.4GHz 处，测量的插损为 1.4dB，回波损耗为 15.3dB；在 3.5GHz 处，测量的插损为 1.35dB，回波损耗为 16.2dB。图 4-95 给出了滤波器的实物图，其尺寸大约为 16.5mm×15mm，仅相当于 $0.18\lambda_g \times 0.17\lambda_g$，$\lambda_g$ 为第一个通带频率下的波导波长。

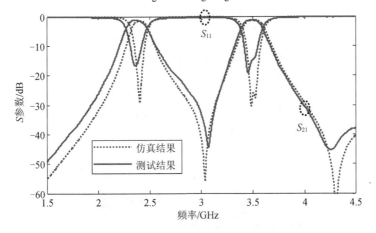

图 4-94　基于弯曲型短路枝节线加载谐振器的双频滤波器仿真、测试结果

图 4-95　基于弯曲型短路枝节线加载谐振器的双频滤波器实物图

4.4.3 基于单枝节加载谐振器的三频滤波器设计

前面介绍了利用单枝节加载谐振器设计双频滤波器。实际上，该结构还有充分的自由度来获得另外一个可控的通带。下面将具体介绍利用单枝节对称（或非对称）加载谐振器设计三频滤波器。

1. 基于单枝节对称加载谐振器的三频滤波器设计

图 4-96 同样给出了单枝节对称加载谐振器的奇偶模等效电路结构，开路或短路枝节加载在主谐振器的中心位置。现以开路枝节为例，分析谐振模式与结构参数的关系。奇模及偶模电路的输入阻抗分别为

$$Z_{in,od} = jZ_1 \tan\theta_1 \quad （奇模） \tag{4-66}$$

$$Z_{in,ev} = jZ_1 \frac{Z_1 \tan\theta_1 + 2Z_2 \tan\theta_2}{Z_1 - 2Z_2 \tan\theta_1 \tan\theta_2} \quad （偶模） \tag{4-67}$$

谐振条件为

$$\cot\theta_1 = 0 \quad （奇模） \tag{4-68}$$

$$Z_1 - 2Z_2 \tan\theta_1 \tan\theta_2 = 0 \quad （偶模） \tag{4-69}$$

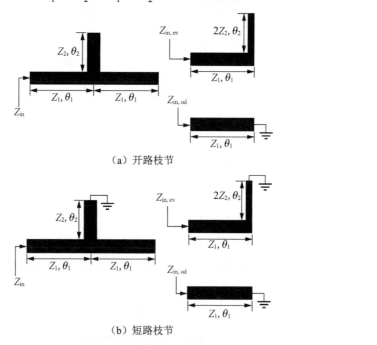

（a）开路枝节

（b）短路枝节

图 4-96　单枝节对称加载谐振器结构

式（4-68）、式（4-69）的解分别对应奇、偶模的谐振模式，设奇模的第一个谐振器频率为 f_{od1}，偶模前两个谐振频率为 f_{ev1}、f_{ev2}，从式（4-69）中可以看出，θ_2

仅影响耦合谐振频率，与奇模谐振频率无关。为分析前三个谐振模式，这里定义阻抗比和长度比参数为

$$k_1 = \frac{Z_2}{Z_1}, \qquad k_2 = \frac{\theta_2}{\theta_1} \qquad (4-70)$$

图 4-97（a）给出了不同 k_1 和 k_2 下的频率比值（$f_{\text{ev1}}/f_{\text{od1}}$，$f_{\text{ev2}}/f_{\text{od1}}$）。由图可以发现，当阻抗比和长度比取典型值（0.1～2）时，$f_{\text{ev1}}/f_{\text{od1}}$ 可实现的范围为 1～2，$f_{\text{ev2}}/f_{\text{od1}}$ 的取值范围为 2～4。对于短路枝节对称加载谐振器，利用同样的方法可以得到谐振频率与 k_1 和 k_2 的关系，如图 4-97（b）所示，其中 $f_{\text{od1}}/f_{\text{ev1}}$ 可实现的范围为 1～3.6，$f_{\text{ev2}}/f_{\text{ev1}}$ 为 2～6。由图 4-97 可以看出，单枝节对称加载谐振器第一个奇模谐振频率和前两个偶模谐振频率可以通过谐振器的阻抗比和长度比控制，因此该类型谐振器可以用在三频滤波器的设计中。

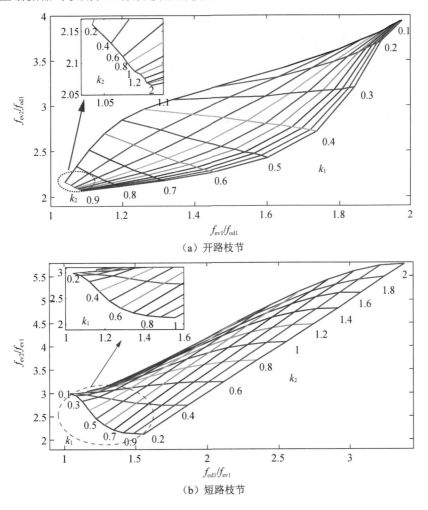

（a）开路枝节

（b）短路枝节

图 4-97　谐振频率与物理结构的关系

为了验证上述分析，本节设计了一个基于短路枝节对称加载谐振器的二阶三频滤波器，通带频率分别为 2.4GHz、3.5GHz、5.2GHz，通带带宽分别为 5%、6.4%、5.6%。滤波器的结构如图 4-98 所示。为了获得更好的带外特性，在馈电处引入额外的开路枝节线（$L_{10}+L_{12}$）。根据图 4-97 可以得到谐振器的结构参数初值，优化后的结构参数为 W_1=1mm，W_2=1.6mm，W_3=2mm，W_4=0.5mm，L_1=9.3mm，L_2=3.4mm，L_3=10.5mm，L_4=9.1mm，L_5=4.35mm，L_6=2.45mm，L_7=3mm，L_8=1.8mm，L_9=4.35mm，L_{10}=9mm，L_{11}=11.9mm，L_{12}=1.1mm，S_1=0.5mm，S_2=1.9mm，S_3=0.2mm。图 4-99 给出了该三频滤波器的仿真、测试结果，三通带的回波损耗均大于 17dB，插入损耗小于 1.3dB，测量的 3dB 带宽分别为 1.562～1.669GHz、2.342～2.534GHz、4.968～5.387GHz。图 4-100 给出是滤波器的实物图，尺寸小于 30mm×15.1mm。

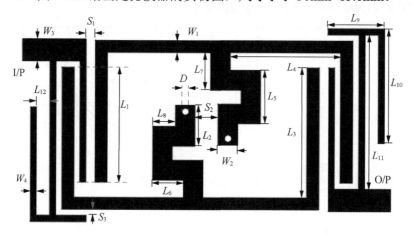

图 4-98　基于短路枝节线对称加载谐振器的三频滤波器结构图

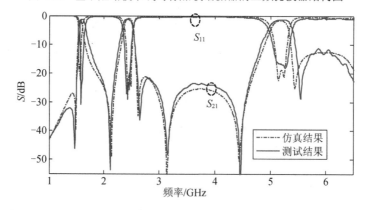

图 4-99　基于短路枝节线对称加载谐振器的三频滤波器仿真、测试结果

图 4-100　基于短路枝节线对称加载谐振器的三频滤波器实物图

2. 基于单枝节非对称加载谐振器的三频滤波器设计

前面给出基于单枝节对称加载谐振器的三频滤波器的设计，通过理论分析发现，利用单枝节非对称加载谐振器同样也可以设计三频滤波器。下面将详细给出分析和设计过程。

图 4-101 给出了单枝节非对称加载谐振器的结构，与前面不同，开路或短路枝节可以加载在主谐振器的任何位置，从而获得不同的谐振特性。以开路枝节非对称加载谐振器为例，分析谐振模式与结构参数的关系，谐振器的输入阻抗为

$$Z_{in} = jZ \frac{\tan\theta_1(\tan\theta_2 + \tan\theta_3) - 1}{\tan\theta_1 + \tan\theta_2 + \tan\theta_3} \tag{4-71}$$

谐振条件为

$$\tan\theta_1 + \tan\theta_2 + \tan\theta_3 = 0 \tag{4-72}$$

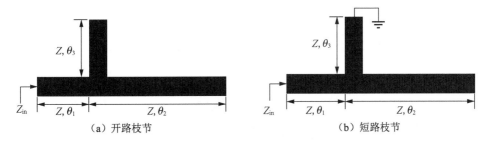

（a）开路枝节　　　　　　　　　　（b）短路枝节

图 4-101　单枝节非对称加载谐振器结构

式（4-72）的解分别对应奇偶模的谐振模式，设该谐振器的前 3 个谐振频率分别为 f_1、f_2、f_3。为分析这 3 个谐振模式，长度比参数定义如下：

$$a = \frac{\theta_2}{\theta_1}, \qquad b = \frac{\theta_3}{\theta_1} \tag{4-73}$$

图 4-102（a）给出了不同 a 和 b 下的频率比值（f_2/f_1, f_3/f_1）。由图可以发现，f_2/f_1 可实现的范围为 1.3～2，f_3/f_1 的取值范围为 2.2～3。对于短路枝节非对称加载谐振器，利用同样的方法可以得到谐振频率与 a 和 b 的关系，如图 4-102（b）所示，

其中 f_2/f_1 可实现的范围为 1.2～3.5，f_3/f_1 为 3～5.5。

　　为了验证上述分析，本节设计了一个基于开路枝节非对称加载谐振器的二阶三频滤波器，通带频率分别为 2.4GHz、3.5GHz、5.7GHz，通带带宽分别为 6.4%、4.4%、4.8%。滤波器的结构如图 4-103 所示。同样，在馈电处引入额外的开路枝节线（$L_{11}+L_{12}$）来产生传输零点。根据图 4-102 可以得到谐振器的结构参数初值，优化后的结构参数为 W_1=1mm，W_3=2mm，L_1=10.6mm，L_2=4.9mm，L_3=13mm，L_4=11.1mm，L_5=3mm，L_6=2.6mm，L_7=1.85mm，L_8=4.8mm，L_9=3mm，L_{10}=8.6mm，L_{11}=6.9mm，L_3=3.9mm，W_4=0.3mm，L_1=9mm，L_2=3.2mm，L_{10}=2mm，L_{11}=9.5mm，S_1=1.56mm，S_2=1.56mm，S_3=0.2mm。图 4-104 给出了该三频滤波器的仿真、测试结果，3 通带的回波损耗均大于 14dB，插入损耗小于 1.9dB，测量的 3dB 带宽分别为 2.191～2.512GHz、3.413～3.541GHz、5.342～5.897GHz。图 4-105 给出是滤波器的实物图，其尺寸小于 24mm×20.1mm。

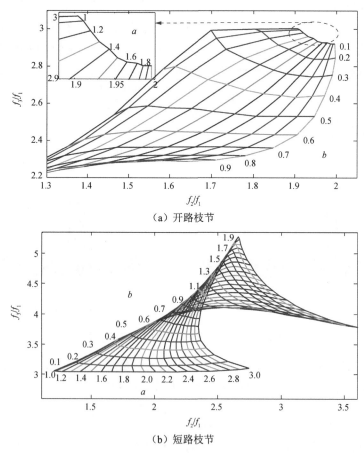

（a）开路枝节

（b）短路枝节

图 4-102　谐振频率与物理结构的关系

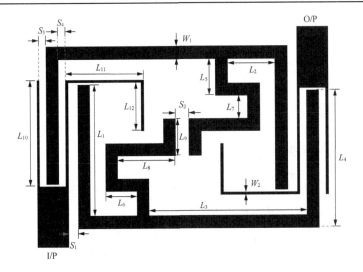

图 4-103　基于开路枝节线非对称加载谐振器的三频滤波器结构图

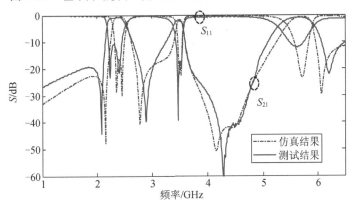

图 4-104　基于开路枝节线非对称加载谐振器的三频滤波器仿真、测试结果

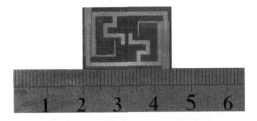

图 4-105　基于开路枝节线非对称加载谐振器的三频滤波器实物图

4.4.4　基于十字谐振器的三频滤波器设计

1. 十字谐振器特性分析

短路枝节线和开路枝节线同时加载的谐振器外形很像一个十字，将它称为十

字谐振器（crossed resonator）。本节先利用奇偶模法分析对称型十字谐振器的谐振特性，得到了谐振频率和谐振器物理参数的近似解析关系，同时利用无耗传输线模型分析了十字谐振器的谐振特性，得到了谐振频率和谐振器物理参数间的关系图表。

图 4-106 给出了十字谐振器的物理模型。十字谐振器由一普通的 UIR（Y，θ_1，θ_2）、短路枝节线（Y，θ_{s1}）、开路线（Y，θ_{s2}）组成。短路枝节线和开路枝节线并联在 UIR 上，十字谐振器的输入导纳为

$$Y_{in} = \mathrm{j}Y\frac{\tan\theta_1 + \tan\theta_2 + \tan\theta_{s2} - \cot\theta_{s1}}{1 - \tan\theta_1(\tan\theta_2 + \tan\theta_{s2} - \cot\theta_{s1})} \tag{4-74}$$

为简单起见，这里令 $\theta_1 = \theta_2 = \theta$，从而得到

$$Y_{in} = \mathrm{j}Y\frac{2\tan\theta + \tan\theta_{s2} - \cot\theta_{s1}}{1 - \tan\theta(\tan\theta + \tan\theta_{s2} - \cot\theta_{s1})} \tag{4-75}$$

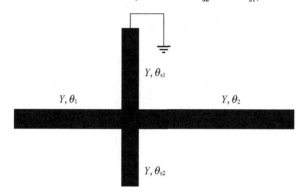

图 4-106　十字谐振器的结构

首先考虑一个特殊的谐振条件，当 $\theta=90°$ 时：

$$Y_{in} = \lim_{\theta \to 90°}\mathrm{j}Y\frac{2 + (\tan\theta_{s2} - \cot\theta_{s1})/\tan\theta}{1/\tan\theta - (\tan\theta + \tan\theta_{s2} - \cot\theta_{s1})} = 0 \tag{4-76}$$

故该特殊谐振条件下的谐振频率（f_2）可以表示为

$$f_2 = \frac{c}{2L\sqrt{\varepsilon_{\mathrm{eff}}}} \tag{4-77}$$

式中，c 为真空中的光速；$\varepsilon_{\mathrm{eff}}$ 为介质的有效介电常数；L 是 UIR 的物理长度。实际上，该谐振频率为十字谐振器的第二个谐振频率，而其他谐振频率可以通过 $Y_{in}=0$ 求得。由式（4-76）可以得到一般的谐振条件为

$$2\tan\theta + \tan\theta_{s2} - \cot\theta_{s1} = 0 \tag{4-78}$$

令 n 为其他谐振频率与第二个谐振频率（f_2）的比值，θ_{s1} 和 θ_{s2} 分别为短路线和开路线在 f_2 下的电长度，则谐振器的谐振条件为

$$2\tan(n90°) + \tan(n\theta_{s2}) - \cot(n\theta_{s1}) = 0 \tag{4-79}$$

一般地，设十字谐振器的前 3 个谐振频率为 f_1、f_2、f_3（$f_1 < f_2 < f_3$），若 f_1、f_2、f_3 已知，可以通过下式求得开路线和短路线的长度（θ_{s1}，θ_{s2}）：

$$2\tan\left[(f_1 / f_2)90^\circ\right] + \tan\left[(f_1 / f_2)\theta_{s2}\right] - \cot\left[(f_1 / f_2)\theta_{s1}\right] = 0 \qquad (4\text{-}80)$$

$$2\tan\left[(f_3 / f_2)90^\circ\right] + \tan\left[(f_3 / f_2)\theta_{s2}\right] - \cot\left[(f_3 / f_2)\theta_{s1}\right] = 0 \qquad (4\text{-}81)$$

反之，也可以通过已知的 θ_{s1}、θ_{s2} 解出谐振频率的比值：f_1/f_2、f_3/f_2。图 4-107 给出了不同枝节线长度（θ_{s1}、θ_{s2}）下谐振频率的比值（f_1/f_2、f_3/f_2）。从图中可以发现，频率比 f_1/f_2 主要由短路线长度 θ_{s1} 决定，而 f_3/f_2 主要受开路线长度 θ_{s2} 控制。这也意味着，在 UIR 固定的情况下，十字谐振器的第一个谐振频率由短路线控制，而第三个谐振频率主要由开路线控制。短路枝节长度从 1° 变到 80° 时，f_1/f_2 的变化范围为 0.97～0.35，开路枝节长度从 10° 变到 90° 时，f_2/f_1 的变化范围为 2.8～1.01。

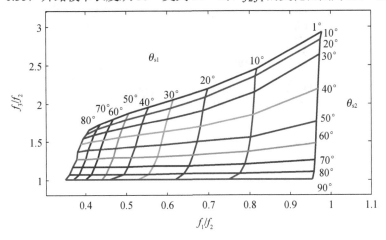

图 4-107 不同枝节线长度下各谐振频率的比值

综上可知，十字谐振器的前 3 个谐振频率可以通过谐振器的物理参数很好地控制，当 $\theta_{s1} > 0^\circ$ 且 $\theta_{s2} < 90^\circ$ 时，可以得到频率比值 $f_1/f_2 < 1$，$f_3/f_2 > 1$，故可以考虑将十字谐振器的前 3 个谐振频率设计为 3 个通带的频率，从而利用它来设计三频滤波器。

为证实十字谐振器在三频滤波器中的应用，后面设计了基于伪交指型十字谐振器和级联型十字谐振器的三频滤波器，且都给出了具体设计过程。

2. 利用伪交指十字谐振器设计三频滤波器

伪交指结构具有尺寸小且能产生传输零点的优点，前面已介绍过利用伪交指型 SIR 设计双频滤波器，本小节将介绍利用伪交指十字谐振器设计三频滤波器。

三频滤波器的通带频率（f_1、f_2、f_3）分别为 1.5GHz、2.4GHz、3.5GHz。滤波器的结构如图 4-108 所示，包含两个以伪交指形式耦合的十字谐振器。而通带频率主要由发夹谐振器的长度和枝节线的长度决定。同样，为验证上述结论，用 IE3D 软件来仿真模型。发夹谐振器长度 L_1（相当于图 4-108 中的（$2L_6 + L_7$））固定在

44.8mm 处，对应 2.4GHz 下的半波长。改变短路线的长度 L_4，第一通带频率变化很大，第二通带几乎不变，而第三通带也变化很小，如图 4-109 所示。图 4-110 给出了在不同开路线长度 L_5 下滤波器的仿真曲线。同样的，改变 L_5，第三通带频率可以很有效地进行调节。

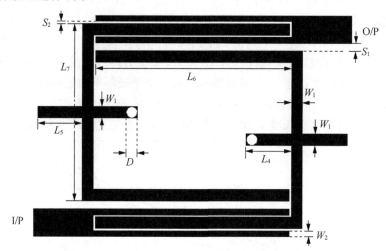

图 4-108　基于伪交指十字谐振器的三频滤波器结构图

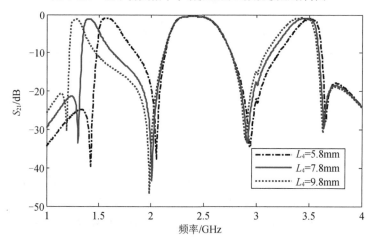

图 4-109　不同短路枝节线长度 L_4 下各通带的 S_{21} 曲线

本节给出了实例来验证上述理论，所设计并加工的三频滤波器的工作频率为 1.57GHz、2.4GHz、3.5GHz。图 4-111 给出了滤波器的仿真和测量曲线，两者吻合良好。通带的 3dB 带宽分别为 1.47～1.65GHz（11.46%）、2.18～2.60GHz（17.5%）、3.37～3.57GHz（5.71%）。通带插损分别为 0.8dB、0.5dB、1.2dB，而带内反射都大于 16dB。同样，滤波器在通带两侧都能产生传输零点，大大提高了滤波器的选

择性。图 4-112 给出滤波器的实物图。为了减小尺寸，开路枝节线进行了弯曲，总
的尺寸大约为 33mm × 13mm。

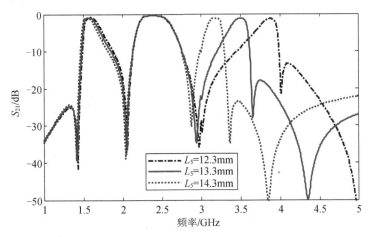

图 4-110　不同开路枝节线长度 L_5 下各通带的 S_{21} 曲线

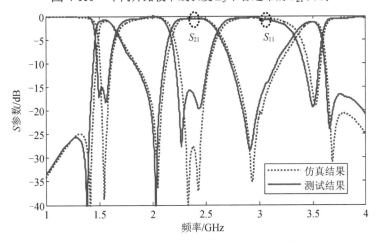

图 4-111　利用伪交指十字谐振器设计的三频滤波器仿真、测试结果

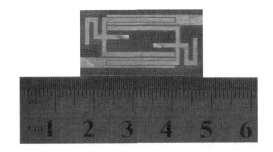

图 4-112　利用伪交指十字谐振器设计的三频滤波器实物图

3. 利用级联十字谐振器设计三频滤波器

前面介绍了用弯曲的枝节线加载谐振器设计双频滤波器。基于该结构，本节引入一根开路线组成十字谐振器来设计三频滤波器，如图 4-113 所示。短路线适当弯曲来产生一个额外的耦合，从而增加了提取耦合系数的自由度。

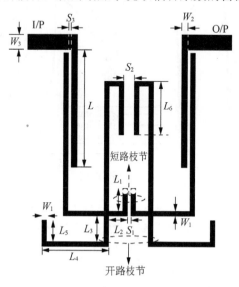

图 4-113　利用级联十字谐振器设计的三频滤波器结构图

同样，设十字谐振器的前 3 个谐振频率为 2.4GHz、3.5GHz、5.2GHz，通过优化可以得到滤波器的主要结构参数为 L_1=2.225mm，L_2=1.05mm，L_3=2mm，L_4=5.6mm，L_5=1.6mm，W_1=0.5mm，W_2=0.5mm，W_3=1.3mm，S_1=0.2mm，S_2=0.75mm，S_3=0.2mm，短路线的长度为 3.275mm（L_1+L_2，图 4-109）、开路线长度为 9.2mm（$L_3+L_4+L_5$），对应 θ_{s1}=19.2° 和 θ_{s2}=53.9°，同样也很接近解析结果。

三频滤波器各通带的带宽与谐振器间的耦合有关。图 4-114（a）给出了不同 S_1（S_1 为短路枝节线间的耦合间隙，其他参数保持不变）下的每个通带的耦合系数曲线。当 S_1 变化时，通带二的耦合系数 K_2 变化很小，但通带一和通带三的耦合系数（K_1、K_3）变化趋势很明显。

图 4-114（b）给出了不同 S_2（UIR 间的耦合间隙）下的耦合系数仿真曲线。当 S_2 增大时，K_2 下降很明显，而 K_1 和 K_3 变化趋势相对较小。从仿真结果可以发现，K_1 和 K_3 主要由 S_1 决定，而 K_2 主要由 S_2 决定。

各通带的外部 Q 值由端口耦合馈线与谐振器间的耦合（S_3, L）决定。图 4-115 给出了不同端口馈线长度下各通带的 Q_e 值，该馈电结构的 Q_e 取值范围更大。对于典型的馈线长度，各通带的 Q_e 可以近似一致，也可以相差很大，这意味着这种馈线结构可以设计不同带宽比的三频滤波器。

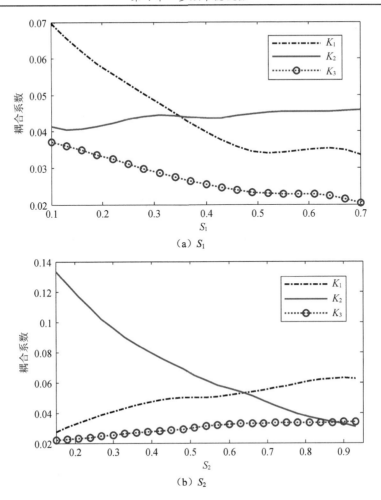

（a）S_1

（b）S_2

图 4-114　不同耦合间隙下各通带的耦合系数变化曲线

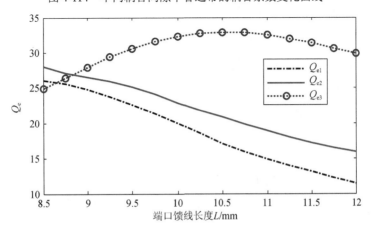

图 4-115　不同端口馈线长度 L 下各通带的 Q_e 变化曲线

利用该结构同样设计加工了一个三频滤波器,图 4-116 为其实物图,尺寸大约为 17.1mm×17.4mm,近似为 $0.18\lambda_g×0.2\lambda_g$,$\lambda_g$ 为第一通带频率的波导波长。图 4-117 给出了滤波器的仿真、测试曲线。与伪交指十字谐振器三频滤波器相比,通带一和通带二之间衰减更大,通带插损分别为 1.1dB、1.0dB、1.3dB,在 2.4GHz、3.5GHz、5.2GHz 处,通带回波损耗都大于 13dB。

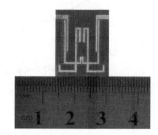

图 4-116 利用级联十字谐振器设计的三频滤波器实物图

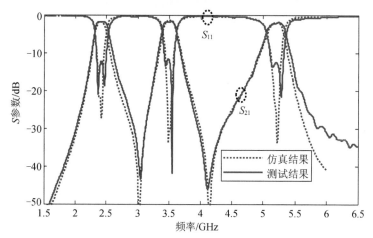

图 4-117 利用级联十字谐振器设计的三频滤波器仿真、测试结果

4. 十字谐振器在 CT 滤波器中的应用

当十字谐振器的物理参数满足 $\theta_{s1}≈0°$、$\theta_{s2}≈90°$ 时,可以得到频率比 $k_1=f_1/f_2≈1$,$k_2=f_3/f_2≈1$,也就是该谐振器的前 3 个谐振频率基本合并在一起,因此可以利用单个十字谐振器设计含 3 个传输极点的滤波器。而实际上,这种滤波器是一种特殊的 CT 滤波器,交叉耦合为感性耦合。

图 4-118 为该 CT 滤波器的结构。为了减小尺寸,谐振器弯成发夹形,开路枝节和接地通孔并在谐振器的中央位置。由于短路枝节线长度为 0,该特殊的十字谐振器可看成共用接地通孔的 3 个短路谐振器。图 4-119 给出滤波器的耦合结构。由于谐振器之间都是感性耦合,且直接耦合值与交叉耦合值一样,故该滤波器只是一种特殊的 CT 滤波器,该 CT 滤波器的传输零点在高频阻带上。

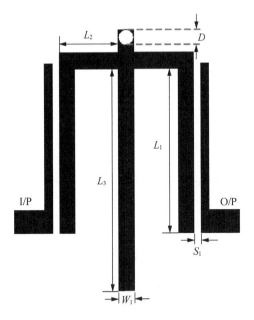

图 4-118　利用十字谐振器设计 CT 滤波器的模型

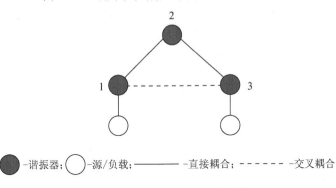

●-谐振器；○-源/负载；————-直接耦合；------ -交叉耦合

图 4-119　CT 滤波器的耦合结构

　　由于直接耦合值与交叉耦合值都是通过同一个接地通孔实现的，故接地通孔的大小不但影响滤波器的带宽，而且影响传输零点的位置。滤波器的结构参数可由中心频率确定：L_1=10.6mm，L_2=3.9mm，L_3=14.3mm，W_1=1mm，S_1=0.2mm。图 4-120 给出不同通孔直径 D 下滤波器的插入损耗曲线，通孔越大，带宽越小。本节首先设计了一个中心频率为 3.4GHz、带宽为 15%的 CT 滤波器。根据图 4-120，选取通孔直径为 0.4mm。图 4-121 给出了滤波器的实物图，其尺寸大约为 15.2mm×15.8mm。图 4-122 给出滤波器的仿真、测试曲线，通带插损为 1dB，回波损耗大于 13dB。由于加工的原因，测量带宽比仿真带宽稍宽一点。

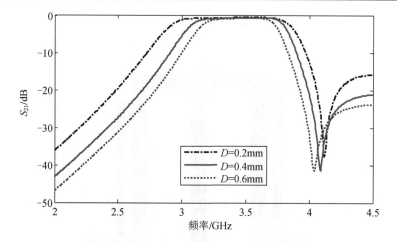

图 4-120　不同通孔直径 D 下滤波器的 S_{21} 曲线

图 4-121　CT 滤波器实物图

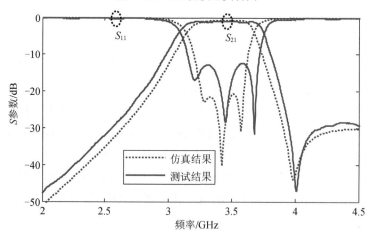

图 4-122　CT 滤波器仿真、测试结果

4.5　基于多枝节线加载谐振器的高阶双频滤波器设计

前面重点介绍了枝节线加载谐振器的各种谐振特性及其在多频滤波器中的应用。与 SIR 相比，枝节线加载谐振器由于具有更容易控制的谐振特性，故近两年，很多学者都是利用枝节线加载谐振器设计多频滤波器。然而，这些方法都只适用在二阶多频滤波器的设计中。有些文献利用枝节线加载开口环谐振器设计高阶双频滤波器。该双频滤波器的两个通带带宽是由相同的耦合结构实现的，故两个通带的特性是相互关联的，并不能独立控制。

然而，在实际应用中，双频滤波器的各通带指标肯定是千变万化的，双频滤波器的设计最终还是要像传统的单频滤波器一样，根据给定的滤波器指标设计出滤波器各结构参数。这个看似最基本的要求，但对目前大部分已发表文献给出的设计方法而言，却非常难以实现。因为这些方法更多的是在探讨谐振器的谐振特性，对应的是多频滤波器的各通带中心频率。而对于体现滤波器特性中的一个很重要指标——带宽，这些文章却很少谈到，因为这涉及谐振器间的耦合特性。相对谐振特性而言，耦合特性更复杂、更难控制。在大部分已发表文献中，多频滤波器各通带带宽是由相同的耦合结构实现的，这必然导致各通带带宽是相互关联的，也就意味着各通带带宽只能在一定范围内取值，并不能任意控制。

为了得到一种中心频率和通带宽度都可控的双频滤波器，本节提出了一种多枝节加载谐振器。这种谐振器结合了 SIR 和枝节线加载谐振器的优点，保持了奇模谐振频率不变、偶模谐振频率可任意控制的谐振特性。最让人兴奋的是，滤波器的耦合特性也继承了奇模耦合不变、偶模耦合可任意控制这一"优良传统"，这在双频滤波器的设计中是相当有益的。这意味着当第一通带特性固定时，第二通带的特性可任意调节，基本达到各通带特性可控的目标[39]。

为了验证多枝节加载谐振器的优越特性，本节利用该谐振器设计了多个不同频率比、带宽比的高阶双频滤波器，且均通过实验验证了仿真结果。

4.5.1　多枝节加载谐振器谐振特性分析

多枝节加载谐振器其实是由 SIR 演变而来的。图 4-123（a）给出了一个传统的 SIR 结构图，它包含两根不同特性导纳（Y_1、$2Y_2$）和电长度（θ_1、θ_2）的传输线。为了得到更多的耦合枝节，对 SIR 进行简单的变形，高导纳线可以变成两根并联的传输线，称为边缘枝节线，如图 4-123（b）所示。为了获得更易调节的谐振特性，在该谐振器的中央再引入两个并联枝节，称为中心枝节线，如图 4-123（c）所示。这就是本章要重点介绍的多枝节加载谐振，它具有 6 个开路枝节。正是这几个枝节线，使得该谐振器具有良好的谐振特性和耦合特性，本节先介绍它的谐振特性。

为了分析多枝节线加载谐振器的谐振特性，将该谐振器重新变回 SIR 模型，如图 4-123（d）所示，即一个中心枝节加载的 SIR。该模型包含多个变量，为便于分析，假定两个初始条件为 $\theta_1=\theta_2=\theta$，$Y_1=Y_3$。通过传输线模型分析，该谐振器的奇模谐振条件为

$$2\tan^2\theta = R \tag{4-82}$$

偶模谐振条件为

$$2\cot\left[(1+\alpha)\theta\right]=-R\cot\theta \tag{4-83}$$

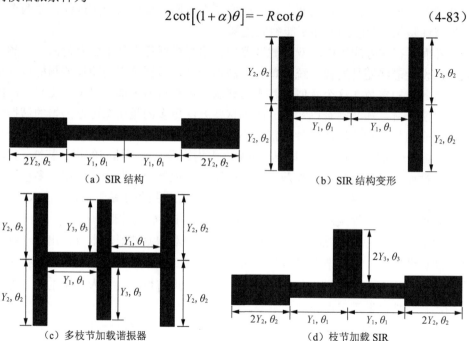

（a）SIR 结构　　　　　　　　　（b）SIR 结构变形

（c）多枝节加载谐振器　　　　　　（d）枝节加载 SIR

图 4-123　谐振器结构变化图

式（4-81）和式（4-82）的解分别对应奇、偶模谐振的电长度，其中 $R = Y_1/Y_2$，$\alpha = \theta_3/\theta$。从式（4-81）和式（4-82）可以看出，中心枝节线（Y_3，θ_3）仅影响偶模谐振频率，而与奇模谐振频率无关。因此，这种谐振器的谐振频率很好控制，双频滤波器第二通带的频率可以通过中心枝节线任意控制，同时第一通带频率保持不变。

对于不同的 R 和 α，有很多不同 θ 解，图 4-124 给出了该谐振器谐振频率的设计曲线，在 R 和 α 都取典型值时，可实现的频率比为 1.2~3.4。为了获得更大范围的频率比，可以改变谐振器的导纳比。与传统的 SIR 相比，在取相同导纳比的情况下，多枝节线加载谐振器可以获得更宽范围的频率比。

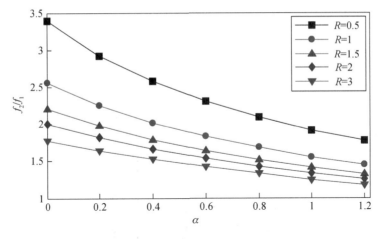

图 4-124　谐振器的设计曲线

4.5.2　耦合特性分析

本节给出一个三阶双频滤波器的例子来分析谐振器间的耦合特性。图 4-125 为该滤波器的结构图。为了获得适当的耦合强度，边缘枝节线和中心枝节线都进行了适当的弯曲。本例选用最常用的 WLAN 频段作为双频滤波器的中心频率，f_1=2.4GHz，f_2=5.2GHz，f_2/f_1=2.17，通带波纹为 0.1dB。

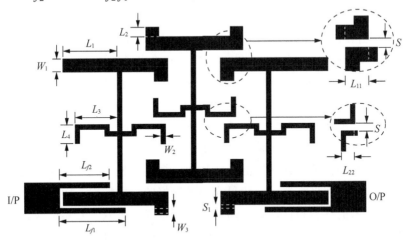

图 4-125　三阶滤波器结构图

为了方便设计，先选好微带线的线宽，W_1=1.5mm，W_2=0.5mm，对应的导纳比 R=0.59，通过图 4-124 或式（4-81）和式（4-82）可以得到长度比 α = 0.61。根据这个初始尺寸，可以很快得到优化后的参数：L_1=6.4mm，L_2=2.52mm，L_3=3.8mm，L_4=1.65mm。

　　为了验证各通带频率的独立可控性，这里给出了不同中心枝节线长度 L_S 下滤波器的 S_{21} 曲线，如图 4-126 所示。当 L_S 增加时，第二通带频率下降，而第一通带频率完全保持不变。

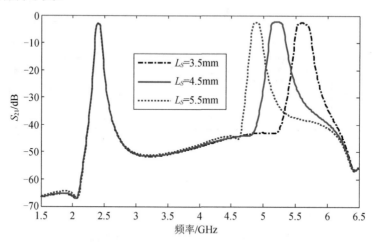

图 4-126　不同中心枝节线长度 L_S 下的双频滤波器 S_{21} 仿真曲线

　　多枝节加载谐振器之间有两种耦合，边缘枝节线间的耦合（L_{11}, S）和中心枝节线间的耦合（L_{22}, S）。滤波器的带宽决定了谐振器间的耦合长度和耦合间隙。图 4-127(a)给出了不同 L_{11} 下各个通带频率下的耦合系数（其中 $S=0.6$mm，$L_{22}=0$mm 保持不变），当 L_{11} 增加时，耦合系数 K_1 和 K_2 相应地增加（K_1 和 K_2 分别表示第一和第二通带频率下的耦合系数）。图 4-127（b）给出了不同 L_{22} 下，K_1 和 K_2 的变化曲线（其中 $S=0.6$mm，$L_{11}=2.5$mm 保持不变），与前面大不同的是，L_{22} 变化时，K_1 完全不变，K_2 随之变化，这意味着中心枝节线间的耦合完全不影响第一通带的带宽变化，加上前面提到的中心枝节线跟第一通带频率无关，即中心枝节线只影响第二通带的特性，而与第一通带的特性无关。

　　这点正好是多枝节加载谐振器区别其他谐振器的最大亮点，在已发表的文献中提到的枝节线加载谐振器，一般只介绍其良好的谐振特性，而并未提及由其构造的多频滤波器的耦合特性，即各通带间的耦合相互关联，必然造成各通带带宽相互关联，不能独立控制。而图 4-125 所示的耦合结构，通过引入中心枝节线间的耦合，大大方便了双频滤波器的设计，一旦第一通带特性固定，第二通带的特性可以任意调节。

　　另外，对于图 4-127 中所有的 L_{11} 和 L_{22} 值，可实现的带宽比 Δ_1/Δ_2（Δ_1 和 Δ_2 分别表示第一和第二通带的带宽）的范围为 0.5～4.5。而一般利用 SIR 设计双频滤波器，由于耦合结构的限制，很难得到 $\Delta_1 \leqslant \Delta_2$ 的情况，而利用多枝节线加载谐振器，可以覆盖 $\Delta_1 > \Delta_2$ 或 $\Delta_1 \leqslant \Delta_2$ 的区域，故利用多枝节加载谐振器设计双频滤波器可以获得更大范围的带宽比。

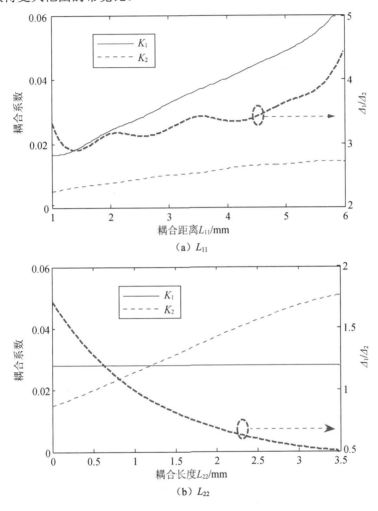

（a）L_{11}

（b）L_{22}

图 4-127　不同耦合距离下的仿真耦合系数

　　为了验证上述分析，给出了不同 L_{22} 下滤波器的仿真曲线，如图 4-128 所示。当 L_{22} 从 0.2mm 增加到 2mm 时（其他参数保持不变），第二通带的带宽明显增加（0.015→0.057），而第一通带的带宽完全不变。图 4-129 给出不同通带频率下的电流分布图，在低频点（2.4GHz）处，中心枝节线间的耦合很弱，故第一通带带宽主要靠边缘枝节线间耦合实现，而在高频点（5.2GHz）处，中心枝节线间耦合和边缘枝节线间耦合都很强，故第二通带带宽与中心枝节线和边缘枝节线都有关系，这与前面的分析完全一致。

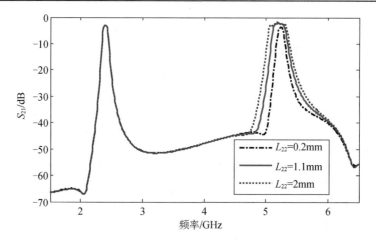

图 4-128　不同耦合距离 L_{22} 下的双频滤波器的 S_{21} 仿真曲线

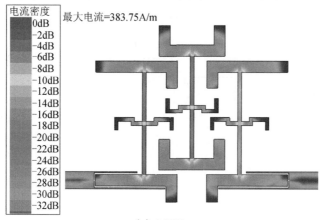

（a）2.4GHz

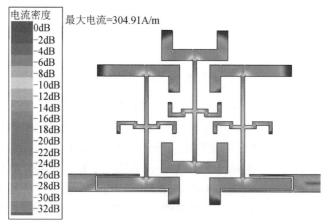

（b）5.2GHz

图 4-129　三阶滤波器的电流分布图

　　在本节的双频滤波器设计中，继续采用双指耦合结构来实现端耦合，相比其他端耦合结构（抽头等），这种结构有更多的设计自由度。为了获得不同的外部品质因数，可以调节 4 个结构参数（图 4-125 中的 L_{f1}、L_{f2}、W_3、S_1）。图 4-130 给出不同耦合线长度下的 Q_e 设计曲线，其中 W_3 固定为 0.2mm，S_1 固定为 0.2mm，Q_{e1} 和 Q_{e2} 分别表示第一和第二通带的外部品质因数。为了获得所需的 Q_e 值，可以选取恰当的耦合线长度。从图 4-130 可以看出，Q_{e1} 和 Q_{e2} 的调节范围相对有限，不过可以选取不同的 L_{f1}、L_{f2}、W_3、S_1 组合来获得更多的设计数据。

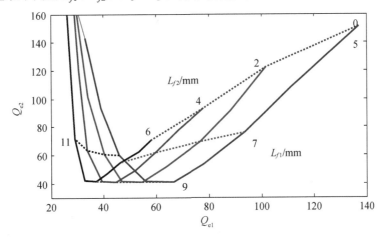

图 4-130　通带外部 Q 值的设计曲线

　　当然，也可以用抽头方式实现端耦合。根据相关文献提供的方法，一旦 Δ_1/Δ_2 确定，抽头的位置也就确定。图 4-131（a）和（b）分别给出用抽头实现的滤波器结构与仿真结果。与双指耦合方式类似，滤波器也可以得到理想的特性。

　　根据前面的讨论，利用多枝节加载谐振器设计双频滤波器的设计步骤可总结如下：

（1）根据频率比 f_2/f_1 选择合适的导纳比和长度比（R, α）；

（2）调整边缘枝节线间的耦合来满足第一通带的带宽要求；

（3）调整中心枝节线间的耦合来满足第二通带的带宽要求；

（4）选择合适的交指耦合线结构来满足各通带的 Q_e。

　　基于此设计步骤，后面将设计几个不同频率比、不同带宽比的双频滤波器。

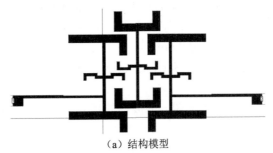

（a）结构模型

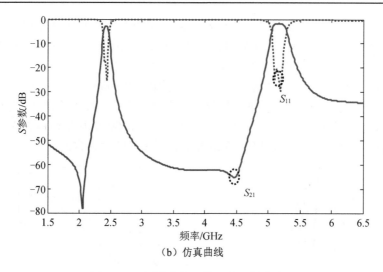

（b）仿真曲线

图 4-131　用抽头实现的三阶双频滤波器

4.5.3　实例设计

为了验证多枝节加载谐振器在双频滤波器中的应用，本节将设计 3 个性能各异的双频滤波器。在实例 1 中，将设计一个 $f_2/f_1>2$，$\Delta_1/\Delta_2=1$ 的 3 阶双频滤波器。在实例 2 中设计一个 4 阶 $f_2/f_1<2$，$\Delta_1/\Delta_2>1$ 的双频滤波器。在实例 3 中设计一个 6 阶 $f_2/f_1<2$，$\Delta_1/\Delta_2>1$ 的双频滤波器。

1.　实例 1

双频滤波器的设计指标如下。

通带频率：2.4GHz、5.2GHz。

低通原型：3 阶 Chebyshev，0.1dB 波纹。

通带带宽：0.03、0.03。

根据上述指标，可以得到滤波器的耦合系数和 Q_e 分别为 $K_{112}=K_{212}=0.02757$，$Q_{e1}=Q_{e2}=34.38$。其中，K_{112} 为在 f_1 下，第一个和第二个谐振器间的耦合系数，K_{212} 为在 f_2 下，第一个和第二个谐振器间的耦合系数。

在 4.5.2 节已经得到了该谐振器的基本参数，现在只需要确定耦合结构参数，而这些参数可以通过耦合系数和 Q_e 值得到。边缘谐振器间的耦合距离可以根据 K_{112} 确定：$L_{11}=2.5\mathrm{mm}$（S 固定为 0.6mm）。中心谐振器间的耦合距离可以根据 K_{212} 确定：$L_{22}=1.1\mathrm{mm}$。然后根据 Q_{e1} 和 Q_{e2} 选取合适的端口耦合线参数：$L_{f1}=9.7\mathrm{mm}$，$L_{f2}=5.9\mathrm{mm}$。

图 4-132 给出滤波器的实物图，滤波器的尺寸大约为 33mm×24mm，近似为 $0.38\,\lambda_{\mathrm{g}} \times 0.28\,\lambda_{\mathrm{g}}$，其中 λ_{g} 为在第一通带频率下的波导波长。

图 4-133 给出滤波器的仿真和测试参数曲线，可以发现，两者之间吻合良好，

两通带测量的 3dB 带宽分别为 2.33～2.42GHz、5.12～5.33GHz，测量的插损分别为 2.9dB、3.4dB。在频率 f<2.23GHz 和 2.77GHz<f<4.74GHz 时，衰减大于 40dB。

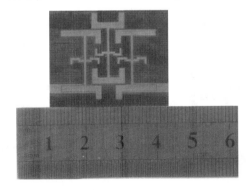

图 4-132 三阶双频滤波器的实物图

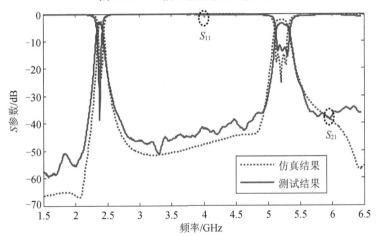

图 4-133 三阶双频滤波器仿真、测试结果

2. 实例 2

双频滤波器的设计指标如下。

通带频率：2.4GHz、3.5GHz。

低通原型：4 阶 Chebyshev，0.1dB 波纹。

通带带宽：0.055、0.035。

根据上述指标，可以得到滤波器的耦合系数和 Q_e 分别为 $K_{112}=K_{134}=0.046$，$K_{123}=0.036$，$Q_{e1}=20.16$，$K_{212}=K_{234}=0.029$，$K_{223}=0.023$，$Q_{e2}=31.68$，其中 K_{134}、K_{234} 与前面的定义类似。

图 4-134 为 4 阶滤波器的结构模型，L_{11}^1、L_{11}^2 为边缘枝节间的耦合长度，分别由 K_{112}、K_{123} 决定，L_{22}^1、L_{22}^2 为中心枝节间的耦合长度，分别由 K_{212}、K_{223} 决定。

根据滤波器指标，可以很快得到结构参数：L_{11}^1 =4.78mm，L_{11}^2 =3.6mm，L_{22}^1 =0.9mm，L_{22}^2 =0.44mm。

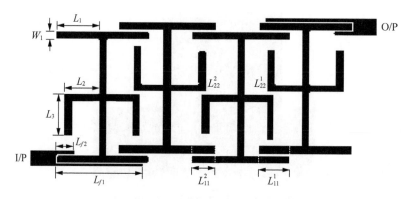

图 4-134　4 阶滤波器结构图

图 4-135 给出滤波器的实物图，滤波器的尺寸大约为 56.4mm×23.8mm，近似为 $0.64\lambda_g \times 0.27\lambda_g$，其中 λ_g 为在第一通带频率下的波导波长。图 4-136 给出滤波器的仿真和测试参数曲线，可以发现，两者之间吻合良好，两通带测量的 3dB 带宽分别为 2.36～2.51GHz、3.43～3.58GHz，测量的插损分别为 2.83dB、3.28dB。在频率 f<2.20GHz 和 2.83GHz<f<3.28GHz 时，衰减大于 50dB。

图 4-135　4 阶滤波器实物图

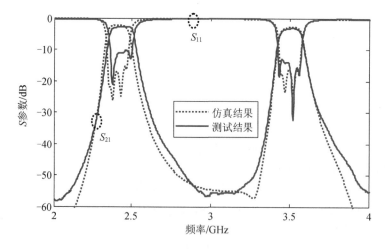

图 4-136　4 阶滤波器仿真、测试结果

3. 实例 3

双频滤波器的设计指标如下。

通带频率：2.4GHz、3.5GHz。

低通原型：6 阶 Chebyshev，0.1dB 波纹。

通带带宽：0.075、0.045。

根据上述指标，可以得到滤波器的耦合系数和 Q_e 分别为 $K_{112}= 0.059$，$K_{123} = 0.044$，$K_{134}=0.042$，$Q_{e1}=15.57$，$K_{212}= 0.035$，$K_{223}=0.026$，$K_{234}=0.025$，$Q_{e2}=25.95$,，其中 K_{123}、K_{134}、K_{223}、K_{234} 与前面 K_{112}、K_{212} 的定义类似。

图 4-137 为滤波器的结构模型，按照前面的步骤，可以得到谐振器的结构参数和耦合结构参数为：L_1=7.9mm，L_2=5.5mm，L_3=3.75mm，L_4=2.6mm，W=1mm，L_{11}^1 =6.5mm，L_{11}^2 =5.2mm，L_{11}^3 =5mm，L_{22}^1 =1mm，L_{22}^2 =0.8mm，L_{22}^3 =0.8mm，L_{f1}=15.6mm，L_{f2}=5mm，枝节线间的耦合间隙为 0.6mm，端口耦合线与谐振器间的耦合间隙为 0.2mm。

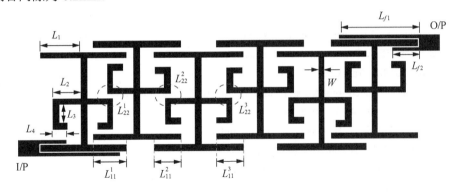

图 4-137　6 阶双频滤波器的结构图

图 4-138 给出滤波器的实物图，尺寸大约为 80mm×22mm，近似为 0.93 λ_g×0.26λ_g。图 4-139 给出滤波器的仿真和测试参数曲线，可以发现，两者之间吻合较好，两通带测量的 3dB 带宽分别为 2.36～2.56GHz、3.43～3.61GHz，测量的插损分别为 2.8dB、4.5dB，这些损耗主要是由介质和导体损耗引起的。在频率 f<2.24GHz 和 2.71GHz<f<3.34GHz 时，衰减大于 50dB。

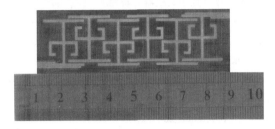

图 4-138　6 阶双频滤波器的实物图

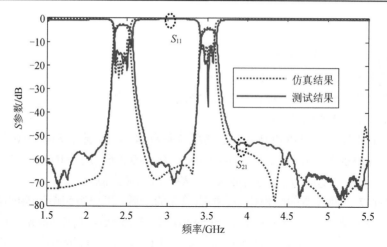

图 4-139　6 阶双频滤波器仿真、测试结果

参 考 文 献

[1] Makimoto M, Yamashita S. Bandpass filter using parallel coupled stripline stepped impedance resonators. IEEE Transactions on Microwave Theory and Techniques,1980, 28(12): 1413-1417.

[2] Makimoto M, Yamashita S. Geometrical structures and fundamental characteristics of microwave stepped-impedance resonators. IEEE Transactions on Microwave Theory and Techniques, 1997, 45(7): 1078-1085.

[3] Chang S F, Jeng Y H, Chen J L. Dual-band step-impedance bandpass filter for multimode wireless LANs. Electronics Letters, 2004, 40(1): 38-39.

[4] Sun S, Zhu L. Compact dual-band microstrip bandpass filter without external feeds. IEEE Microwave and Wireless Components Letters, 2005, 15(10): 644-646.

[5] Zhang X Y, Chen J X, Xue Q. Dual-band bandpass filter using stub-loaded resonators. IEEE Microwave and Wireless Components Letters, 2007, 17(8): 583-585.

[6] 马威. 阶梯阻抗双频滤波器的设计.西安:西安电子科技大学硕士学位论文,2005.

[7] 官雪辉. 无线通信微波双频带通滤波器研究.上海:上海大学博士学位论文,2006.

[8] 林学明. 小型三频滤波器设计.广州:华南理工大学硕士学位论文,2008.

[9] 陈付昌. 新型平面多频带通滤波器研究.广州:华南理工大学博士学位论文,2010.

[10] 吴小虎. 新型平高性能多频及宽带滤波器的研究.广州:华南理工大学博士学位论文,2013.

[11] Chu Q X, Chen F C. A compact dual-band bandpass filter using meandering stepped impedance resonators. IEEE Microwave and Wireless Components Letters, 2008, 18(5): 320-322.

[12] Chu Q X, Chen F C. A novel dual-band bandpass filter using stepped impedance resonators with transmission zeros. Microwave and Optical Technology Letters, 2008, 50(6): 1466-1468.

[13] Ma W, Chu Q X. A novel dual-band step-impedance filter with tunable transmission zeros. Asia-Pacific Microwave Conference, 2005: 2833-2835.

[14] Chen F C, Chu Q X. A compact dual-band filter using S-shaped stepped impedance resonators.

International Conference Microwave Millimeter Wave Technology, 2008: 1255-1257.

[15]　Chen F C, Qiu J M, Wong S W, et al. Dual-band coaxial cavity bandpass filter with helical feeding structure and mixed coupling. IEEE Microwave and Wireless Components Letters, 2015, 25(1):31-33.

[16]　Chu Q X, Lin X M. Advanced triple-band bandpass filter using tri-section SIR. Electronics Letters, 2008, 44(4): 295-296.

[17]　Chen F C, Chu Q X. Compact triple-band bandpass filter using pseudo-interdigital tri-section stepped impedance resonators. Microwave and Optical Technology Letters, 2008, 50(9): 2462-2465.

[18]　Lin X M, Chu Q X. Design of triple-band bandpass filter using tri-section stepped-impedance resonators. International Conference Microwave Millimeter Wave Technology, 2007:798-800.

[19]　Lin X M, Chu Q X. A novel triple-band filter with transmission zeros using tri-section SIRs. International Conference on Microwave and Millimeter Wave Technology, 2008: 1261-1263.

[20]　Chen F C, Chu Q X, Tu Z H. Design of compact dual- and tri-band bandpass filters using $\lambda/4$ and $\lambda/2$ resonators. Microwave and Optical Technology Letters, 2009, 51(3): 638-641.

[21]　叶亮华,褚庆昕,陈付昌. 双频滤波器的小型化设计.华南理工大学学报(自然科学版),2010,38(6): 8-10.

[22]　Chen F C, Chu Q X. Design of compact tri-band bandpass filters using assembled resonators. IEEE Transactions on Microwave Theory and Techniques, 2009, 57(1): 165-171.

[23]　Chu Q X, Wu X H, Chen F C. Novel compact tri-band bandpass filter with controllable bandwidths. IEEE Microwave and Wireless Components Letters, 2011, 21(12):655-658.

[24]　陈付昌,褚庆昕.基于组合多通带谐振器的三频滤波器设计.华南理工大学学报(自然科学版),2009,37(1):10-14.

[25]　Chen F C, Chu Q X. Design of quad-band bandpass filter using assembled resonators. Microwave and Optical Technology Letters, 2011, 53(6):1305-1308.

[26]　Chen F C, Chu Q X. Tri-band bandpass filter using assembled multiband resonators. Asia-Pacific Microwave Conference, 2008: 1-4.

[27]　Chen F C, Chu Q X, Tu Z H. Design of compact dual-band bandpass filter using short stub loaded resonator. Microwave and Optical Technology Letters, 2009, 51(4): 959-963.

[28]　Wu X H, Chu Q X, Chen F C. Dual-band bandpass filter with controllable bandwidth and good selectivity by using stub-loaded resonators. Microwave and Optical Technology Letters,2012, 54(6):1525-1528.

[29]　Wu X H, Chu Q X, Tian X K. Dual-band bandpass filter using novel side-stub-loaded resonator. Microwave and Optical Technology Letters, 2012, 54(2):362-364.

[30]　Chen F C, Chu Q X, Li Z H, et al. Compact dual-band bandpass filter with controllable bandwidths using stub-loaded multiple-mode resonator. IET Microwaves, Antennas & Propagation, 2012, 6(10):1172-1178.

[31]　褚庆昕, 陈付昌. Multiband bandpass filter technologies.华南理工大学学报(自然科学

版),2012, 40(10):219-226.

[32] Chu Q X, Li Z H. Dual-band filter using asymmetrical stub-loaded resonator with independently controllable frequencies and bandwidths. IET Microwaves, Antennas & Propagation, 2013, 7: 729-734.

[33] Wang H, Chu Q X. A compact dual-band filter with adjustable transmission zeros. European Microwave Conference, 2009:117-120.

[34] Chu Q X, Chen F C, Tu Z H, et al. A novel crossed resonator and its applications to bandpass filters. IEEE Transactions on Microwave Theory and Techniques, 2009, 57(7): 1753-1759.

[35] Chen F C, Chu Q X, Tu Z H. Tri-band bandpass filter using stub loaded resonators. Electronics Letters, 2008, 44(12): 747-748.

[36] Chen F C, Qiu J M, Chu Q X. Design of compact tri-band bandpass filter using centrally loaded resonators. Microwave and Optical Technology Letters, 2013, 55(11):2695-2699.

[37] Chen F C, Qiu J M, Hu H T,et al. Triband bandpass filter using asymmetrically loaded resonators. Microwave and Optical Technology Letters, 2014, 56(8):1862-1865.

[38] Zhang Z C, Chu Q X, Chen F C. Novel quad-band filter with high frequency ratio and controllable bandwidths using SLHSIRS and SLQSIRs. Microwave and Optical Technology Letters, 2014, 56(12):2845-2848.

[39] Chen F C, Chu Q X. Novel multi-stub loaded resonator and its application to high-order dual-band filters. IEEE Transactions on Microwave Theory and Techniques, 2010, 58(6): 1551-1556.

第 5 章　超宽带滤波器的设计

5.1　引　　言

超宽带频带的开放极大地刺激了超宽带系统和器件的发展，其中，超宽带滤波器作为超宽带系统中的关键器件，得到了国内外学者的广泛关注和研究[1-11]。正如第 1 章所述，目前超宽带滤波器的设计实现方法主要有三种：第一种是基于短路枝节加载传输线结构；第二种是基于高通、低通滤波器的级联结构；第三种是基于多模谐振器结构。

通信环境的日益复杂，对于超宽带滤波器来说，其评价指标已不再局限于其超宽带通带内的传输特性。滤波器的通带选择性及带外抑制特性也越来越受到学者的关注。通过将源负载耦合结构与第一种超宽带滤波器设计方法结合，可以在滤波器通带两侧各引入一个传输零点，从而改善通带的选择性；此外，电磁带隙结构（EBG）和低通滤波器也被内嵌到超宽带滤波器设计中，改善其通带的上阻带抑制特性，但是这些结构的引入将会增加滤波器设计和调试的难度，例如，在内嵌 EBG 结构的多模超宽带滤波器中，内嵌 EBG 使得多模谐振器结构更加复杂，模式难以控制。此外，针对多模谐振器结构类型的超宽带滤波器，各种枝节加载型多模谐振器结构被提出来并改善滤波器的通带选择性或者阻带效果。

本章基于多模谐振器结构，首先提出基于中间非对称阶跃阻抗枝节加载的多模谐振器。多模谐振器在超宽带频带内具有 5 个均匀分布的谐振模式，保证通带内良好的传输特性。此外，通过加载枝节的设计可以在通带上下两侧各引入一个传输零点，改善通带选择性，实现具有高选择性的超宽带滤波器设计。

接着在上述工作基础上，本章提出了多种多枝节加载多模谐振器，其减小了滤波器的整体尺寸，实现了高通带选择性和超高阻带抑制效果的超宽带滤波器设计[12-22]。

此外，为了避免超宽带通信中与已有窄带通信标准的干扰，本章最后研究了具有陷波特性的超宽带特性，提出了两种实现超宽带陷波特性的方法[23, 24]，并通过仿真和实测验证了设计方法的可行性。

5.2　基于枝节加载的超宽带滤波器设计

本节从多模谐振器的角度出发，提出多种多枝节加载多模谐振器，分析其谐振特性，设计具有高的通带选择性和带外抑制效果的超宽带滤波器。

5.2.1　基于中间非对称阶跃阻抗枝节加载的超宽带滤波器设计

非对称阶跃阻抗加载多模谐振器的物理结构如图 5-1（a）所示。该结构在水

平方向为一个 SIR 谐振器，其阶跃阻抗比及电长度比分别定义为

$$R_h = \frac{Z(W_1)}{Z(W_2)}, \qquad u_h = \frac{\theta(L_1)}{\theta(L_1 + L_2)} \qquad (5\text{-}1)$$

式中，Z 为阻抗；θ 为电长度。垂直方向中间位置非对称的阶跃阻抗枝节分别位于横向 SIR 的上下两侧，分别记为阶跃阻抗枝节 1 和阶跃阻抗枝节 2。非对称阶跃阻抗加载的阻抗比及电长度比定义如下：

$$R_{v1} = \frac{Z(W_4)}{Z(W_3)}, \qquad u_{v1} = \frac{\theta(L_4)}{\theta(L_3 + L_4)}$$

$$R_{v2} = \frac{Z(W_6)}{Z(W_5)}, \qquad u_{v2} = \frac{\theta(L_6)}{\theta(L_5 + L_6)} \qquad (5\text{-}2)$$

该多模谐振器具有左右对称结构，应用奇偶模分析方法，其奇偶模等效电路分别如图 5-1（b）、（c）所示。奇模时，水平横向 SIR 中间短路，通过水平横向 SIR 的 R_h 及 u_h 可以控制该多模谐振器的两个奇模 f_{od1} 和 f_{od2}。偶模时，对称面开路，阶跃阻抗枝节 1 和阶跃阻抗枝节 2 作为偶模电路的一部分工作。通过纵向非对称加载阻抗比 R_{v1}、R_{v2} 以及电长度比 u_1、u_2 可以在不影响奇模模式频率的情况下，独立控制多模谐振器的偶模频率。

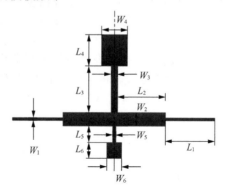

（a）中间非对称阶跃阻抗枝节加载谐振器

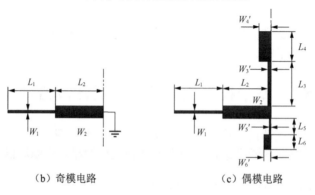

（b）奇模电路 　　　　　　　　　　（c）偶模电路

图 5-1　多模谐振器模式分析

　　将该多模谐振器与 50Ω 输入输出端口线进行弱耦合，并仿真其衰减响应$|S_{21}|$，可以观察到多模谐振器的模式分布。图 5-2 为在弱耦合激励下，阶跃阻抗加载 1 对多模谐振器的影响。可以看到，在超宽带频率范围（3.1～10.6GHz）内，该多模谐振器存在 5 个模式，其中两个为奇模模式f_{od1}、f_{od2}，3 个为偶模模式f_{ev1}、f_{ev2} 及f_{ev3}。当阶跃阻抗中心加载 1 的线宽 W_4 从 2.8mm 变化到 4.8mm 时，如图 5-2 所示，第一偶模 f_{ev1}、第三偶模 f_{ev3} 向高频移动，第二偶模 f_{ev2}、第四偶模 f_{ev4} 保持不变；而当加载 1 的线长 L_3 变化时，由图 5-3 可以看到，f_{ev1}、f_{ev3}、f_{ev4} 发生显著变化，而 f_{ev2} 变化很小。另外可以看到，阶跃阻抗加载 1 在 2.7GHz、11.1GHz 处各产生一个传输零点，当加载 1 的阻抗比 R_{v1}、u_{v1} 变化时，两个零点也会随之变化，这对于超宽带滤波器通带选择性的控制具有很大的意义。

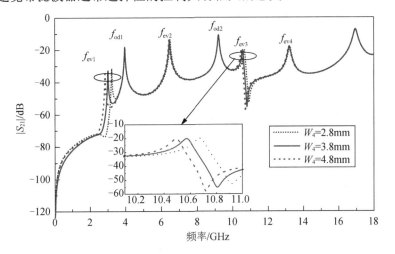

图 5-2　不同 W_4 下谐振器弱耦合激励下响应

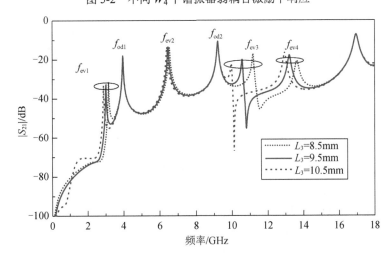

图 5-3　不同 L_3 下谐振器弱耦合激励下响应

同样，在弱耦合激励下，可以观察阶跃阻抗加载 2 对多模谐振器的影响。如图 5-4 和图 5-5 所示，当加载 2 的加载线宽及线长变化时，f_{ev2}、f_{ev4} 随之变化，而两个奇模 f_{od1}、f_{od2} 以及偶模 f_{ev1}、f_{ev3} 保持不变。因此，通过调节中间非对称加载枝节阻抗比 R_{v1}、R_{v2} 以及电长度比 u_{v1}、u_{v2}，可以在不改变该多模谐振器奇模分布下，控制该多模谐振器的前 4 个偶模模式，并且加载枝节 1 主要控制第一、第三、第四偶模，而加载枝节 2 对第一、第三偶模没有影响，只控制第二、第四偶模。

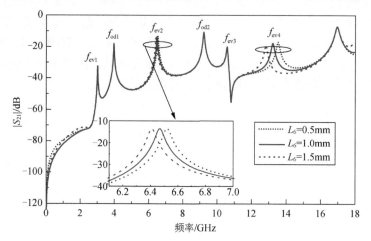

图 5-4　不同 L_6 下谐振器弱耦合激励下的响应

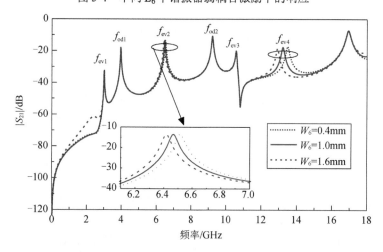

图 5-5　不同 W_6 下谐振器弱耦合激励下的响应

因此，对于该多模谐振器，通过横向 SIR 设计，可以控制两个奇模模式 f_{od1} 和 f_{od2} 的分布，通过中间纵向位置的阶跃阻抗枝节可以控制 3 个带内偶模模式 f_{ev1}、f_{ev2}、f_{ev3} 及一个带外模式 f_{ev4} 的分布。

通过前面的分析可以发现，增加的阶跃阻抗枝节 2 可以有效控制 f_{ev2} 和 f_{ev4} 的分布，而不影响 f_{ev1} 和 f_{ev3} 的分布。这对于滤波器设计、通带范围内模式的分布控制和带外模式的分布控制是更加方便的。

　　利用该多模谐振器设计了如图 5-6 所示的超宽带滤波器,馈电结构采用四分之一波长三线平行耦合线结构,此外,由于考虑到加工精度的限制问题,在耦合线正下方使用了缺陷地结构增加耦合强度。

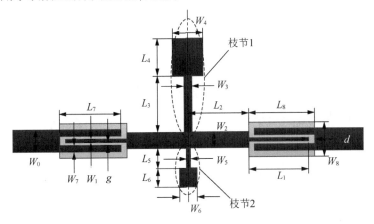

图 5-6　超宽带滤波器 1 的结构

　　滤波器具体设计实现时,如图 5-7 所示,首先根据前面的参数分析,设计多模谐振器,使其前 5 个谐振模式 (f_{ev1}、f_{od1}、f_{ev2}、f_{od2}、f_{ev3}) 近似均匀分布在超宽带频率范围内 (3.1～10.6GHz);然后设计具有缺陷地结构的三线耦合馈电结构,该馈电结构的耦合带宽需要覆盖整个 UWB 频段;最后通过电磁软件仿真优化,即可得到强耦合时的滤波器特性。

　　图 5-7 为该超宽带滤波器的响应特性分析。在弱耦合激励下,在 UWB 频带范围内具有 5 个谐振模式,在 UWB 频带外 13.3GHz 处存在一个谐振模式,这个模式的存在会影响滤波器的阻带特性。但是,端耦合结构会引入两个传输零点:一个位于直流频率 0GHz 处,另外一个位于 13.6GHz 处,刚好可以抑制附近的谐振模式,从而使该滤波器响应具有一个比较好的阻带效果。

　　通过电磁仿真软件 IE3D 的优化仿真设计,得到优化后的滤波器尺寸为 W_0=2.2mm,L_1=8.0mm,W_1=0.3mm,L_2=7.7mm,W_2=1.3mm,L_3=9.5mm,W_3=0.6mm,L_4=3.45mm,W_4=3.8mm,L_5=0.4mm,W_5=0.4mm,L_6=1.0mm,W_6=1.0mm,L_7=7.8mm,W_7=0.74mm,L_8=8.3mm,W_8=3.6mm,d=0.3mm,g=0.21mm。

　　图 5-8 是该超宽带滤波器的仿真和实验测试结果。由实验结果可以知道,基于非对称加载多模谐振器的超宽带滤波器在带宽 2.9～11.0GHz 的频率范围内插损小于 1.6dB,回波损耗大于 7.8dB,时延变化范围小于 0.68ns。另外,由于中间加载枝节 1,通带上侧、下侧分别有一个传输零点,位于 2.7GHz、11.7GHz 处,因此所设计的超宽带滤波器具有非常好的通带选择性。仿真结果在 11.1～15.5GHz 范围内,带外衰减大于 20dB。图 5-9 为其加工后的实物图。滤波器尺寸为 32.0mm×15.65mm,大约为 $1.0\lambda_g \times 0.49\lambda_g$,$\lambda_g$ 为中心频率 6.85GHz 处的波导波长。

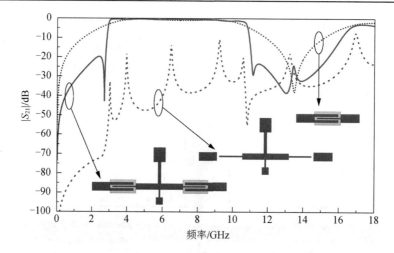

图 5-7　超宽带滤波器 1 响应特性分析

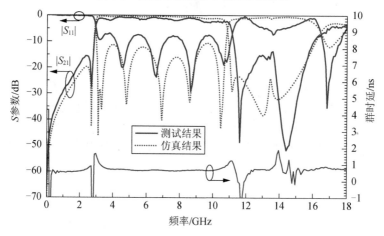

图 5-8　超宽带滤波器仿真、测试结果

图 5-9　超宽带滤波器 1 的实物图

5.2.2　基于双枝节加载型谐振器的超宽带滤波器

前面的分析着重介绍了几种从谐振器角度出发来设计小型化滤波器的方法以及实例。本节围绕这个课题，进一步深入了解这一设计思想理念。2007 年，学者 Zhu 提出了一种基于多枝节加载型谐振器的超宽带滤波器，它利用多枝节加载结构的多个谐振模式耦合成超宽带。2009 年以后，又有学者提出短路枝节和开路枝节同时加载的结构，同样能实现很宽的带宽。上述设计都达到了 UWB 的性能，也减小了电路的尺寸，但仍有很多不足之处需要改进。

本章首先提出了一种双枝节加载型谐振器，然后对其谐振规律进行了分析。基于其各谐振模式，设计了一款小型化的超宽带滤波器。该结构具有以下优点：此设计中将前两个奇模与前两个偶模耦合在通带内，故前 4 个模式可由双枝节自由控制，设计的自由度非常大，换言之此结构的带宽可以自由调节；通带的矩形度明显改善，因为低频和高频处都引入了一个传输零点，它们分别是由短路枝节和开路枝节产生的；加载枝节采用了弯折的方法，整个电路尺寸很小。

1. 双枝节加载型谐振器特性分析

图 5-10 所示为本节提出的双枝节加载型谐振器结构，它由两端中心频率处四分之一波长的传输线、两个短路枝节、两个开路枝节以及一段电长度较短的传输线组成。四分之一波长传输线的 $\theta_c=90°$，导纳为 Y_c，两端短路枝节与开路枝节的电长度与导纳分别为 Y_2、Y_3、θ_2、θ_3，中间相连接的传输线导纳为 Y_1、电长度为 $2\theta_1$。由于此结构为对称结构，为了分析它的谐振特性，这里用奇偶模法来分析。

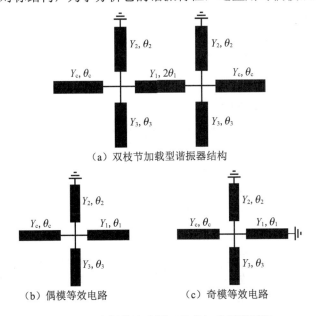

（a）双枝节加载型谐振器结构

（b）偶模等效电路　　　　　　　　（c）奇模等效电路

图 5-10　奇偶模法分析双枝节加载型谐振器

如图 5-10（b）所示，双枝节加载型谐振器的偶模电路输入导纳 $Y_{\mathrm{in,ev}}$ 可以表示为

$$Y_{\mathrm{in,ev}} = Y_{\mathrm{c}} \frac{(\mathrm{j}Y_1 \tan\theta_1 - \mathrm{j}Y_2 \cot\theta_2 + \mathrm{j}Y_3 \tan\theta_3) + \mathrm{j}Y_{\mathrm{c}} \tan\theta_{\mathrm{c}}}{Y_{\mathrm{c}} + \mathrm{j}(\mathrm{j}Y_1 \tan\theta_1 - \mathrm{j}Y_2 \cot\theta_2 + \mathrm{j}Y_3 \tan\theta_3) \tan\theta_{\mathrm{c}}} \qquad (5\text{-}3)$$

由偶模谐振条件 $Y_{\mathrm{in,ev}}$=0 可以得出当偶模模式谐振时，有

$$(\mathrm{j}Y_1 \tan\theta_1 - \mathrm{j}Y_2 \cot\theta_2 + \mathrm{j}Y_3 \tan\theta_3) + \mathrm{j}Y_{\mathrm{c}} \tan\theta_{\mathrm{c}} = 0 \qquad (5\text{-}4)$$

为了简化计算，令 Y_1=Y_2=Y_3=Y_{c}，于是式（5-4）可以简化成

$$\tan\theta_1 - \cot\theta_2 + \tan\theta_3 + \tan\theta_{\mathrm{c}} = 0 \qquad (5\text{-}5)$$

采用同样的方法，由图 5-10（c）得出奇模电路输入导纳 $Y_{\mathrm{in,od}}$ 的表达式为

$$Y_{\mathrm{in,od}} = Y_{\mathrm{c}} \frac{(-\mathrm{j}Y_1 \cot\theta_1 - \mathrm{j}Y_2 \cot\theta_2 + \mathrm{j}Y_3 \tan\theta_3) + \mathrm{j}Y_{\mathrm{c}} \tan\theta_{\mathrm{c}}}{Y_{\mathrm{c}} + \mathrm{j}(-\mathrm{j}Y_1 \cot\theta_1 - \mathrm{j}Y_2 \cot\theta_2 + \mathrm{j}Y_3 \tan\theta_3) \tan\theta_{\mathrm{c}}} \qquad (5\text{-}6)$$

同样，由奇模谐振条件 $Y_{\mathrm{in,od}}$=0 可以得出当奇模模式谐振时，其表达式是

$$(-\mathrm{j}Y_1 \cot\theta_1 - \mathrm{j}Y_2 \cot\theta_2 + \mathrm{j}Y_3 \tan\theta_3) + \mathrm{j}Y_{\mathrm{c}} \tan\theta_{\mathrm{c}} = 0 \qquad (5\text{-}7)$$

将上述简化条件 Y_1=Y_2=Y_3=Y_{c} 代入式（5-7）后可以简化为

$$-\cot\theta_1 - \cot\theta_2 + \tan\theta_3 + \tan\theta_{\mathrm{c}} = 0 \qquad (5\text{-}8)$$

最终，给出了确定谐振模式的方法以及公式。由式（5-1）～式（5-6）可以计算出此模型的所有奇次模式以及偶次模式。在接下来的设计中，要用到此模型的前 4 个模式，即前两个奇模以及前两个偶模，将它们的位置设计在 3.1～10.6GHz 范围内，然后通过引入适当的耦合将这些模式耦合成统一的通带。接下来给出前两个偶模模式 f_{ev1} 和 f_{ev2} 以及两个奇模模式 f_{od1} 和 f_{od2} 与中心频率的关系，由此来确定这 4 个模式与短路枝节、开路枝节之间的关系。

图 5-11 给出的是前两个偶模模式之比 $f_{\mathrm{ev2}}/f_{\mathrm{ev1}}$ 以及前两个奇模模式之比 $f_{\mathrm{od2}}/f_{\mathrm{od1}}$ 的变化曲线。首先，若在开路枝节 θ_3 不变的情况下，随着短路枝节 θ_2 的不断增大，$f_{\mathrm{ev2}}/f_{\mathrm{ev1}}$ 与 $f_{\mathrm{od2}}/f_{\mathrm{od1}}$ 的值均变小，即两个模式会彼此更靠近些；相反，随着短路枝节 θ_2 的不断减小，$f_{\mathrm{ev2}}/f_{\mathrm{ev1}}$ 与 $f_{\mathrm{od2}}/f_{\mathrm{od1}}$ 的值均变大。其次，在短路枝节 θ_2 不变的情况下，θ_3 变大时，奇模模式比 $f_{\mathrm{od2}}/f_{\mathrm{od1}}$ 几乎没有变化，而偶模模式比 $f_{\mathrm{ev2}}/f_{\mathrm{ev1}}$ 会明显变大。有了这个规律，掌握了这 4 个谐振模式的某些变化规律，但无法由短路枝节以及开路枝节的长度具体确定 4 个谐振模式的值。于是给出了下面的谐振模式变化图。

图 5-12 给出了 θ_2 与 θ_3 在不同取值下，偶次模式、奇次模式分别与中心频率之比的变化曲线图，这里认定 θ_1 为固定值 18°，θ_{c} 的值固定为 90°。由图 5-12（a）可以得出偶模谐振频率具有以下结论：当 θ_2 与 θ_3 的长度由 1° 逐渐变大到 90° 时，前两个偶模模式与中心频率之比 f_{ev2}/f_0 与 f_{ev1}/f_0 会减小；此外，当 θ_2 的值逐渐接近 0 时，f_{ev1}/f_0 的值也接近常数 1；而当 θ_3 的值逐渐接近 90° 时，f_{ev2}/f_0 的值也接近常数 1。这说明第一个偶模频率 f_{ev1} 主要与短路枝节有关，而第二个偶模频率 f_{ev2} 主

要与开路枝节有关。同理，由图 5-12（b）可以得出奇模谐振模式具有以下结论：当 θ_2 与 θ_3 的长度由 1°逐渐变大到 90°时，前两个偶模模式与中心频率之比 f_{od2}/f_0 与 f_{od1}/f_0 会减小；此外，当 θ_2 的值逐渐接近 0 时，f_{od1}/f_0 的值也接近常数 1；而当 θ_3 的值逐渐接近 90°时，f_{od2}/f_0 的值也接近于常数 1。这说明第一个奇模频率 f_{od1} 主要与短路枝节有关，而第二个奇模频率 f_{od2} 主要与开路枝节有关。这样，4 个谐振模式的范围就可以由图 5-12 完全确定，为下一步设计超宽带滤波器提供了条件：第一个和第二个归一化偶模谐振频率的范围分别是 0.4~1、1~3，第一个和第二个归一化奇模谐振频率的范围分别是 0.75~1、1~3，正好可以设计在归一化频率为 0.45~1.55 的超宽带频段中。后面就提出并验证了这种设计方法的可行性和有效性。

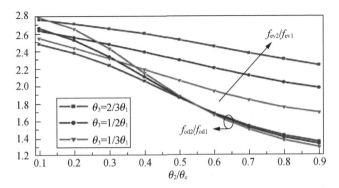

图 5-11　偶次模式之比与奇次模式之比随枝节长度变化的图形

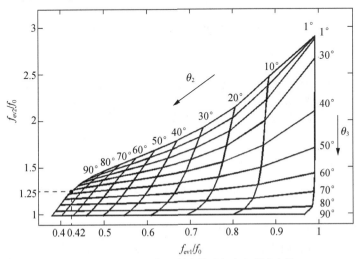

（a）θ_2 与 θ_3 不同取值下偶次模式与中心频率之比

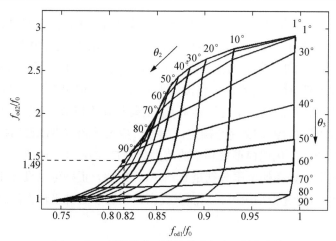

（b）θ_2 与 θ_3 不同取值下奇次模式与中心频率之比

图 5-12　谐振模式与双枝节加载型谐振器的关系曲线

2. 基于双枝节加载型谐振器的超宽带滤波器设计

根据上述对新型双枝节加载谐振器的分析，提出了一种基于它的超宽带滤波器，如图 5-13 所示。其谐振器部分为本节提出的双枝节加载型谐振器，并用四分之一波长耦合线对其进行耦合。为加强耦合强度，在 PCB 板本面耦合线的位置开了两个槽。首先在电磁软件 **IE3D** 中对其进行了仿真，最后加工了实物测试，且测试结果与仿真结果非常吻合，验证了此设计的可行性。

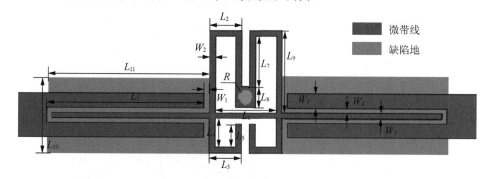

图 5-13　基于双枝节加载型谐振器的超宽带滤波器结构图

与之前的相关设计如单短路枝节与双短路枝节加载的结构相比，此设计中的双枝节结构可以将 4 个谐振模式耦合在通带内，且这 4 个模式均可以由短路枝节和开路枝节的长度自由控制，增加了带内模式，进而增大了设计的自由度，使模式更容易控制。由前面的分析可知，合理选择 θ_2 与 θ_3 的长度可以控制两个奇次模式与两个偶次模式的位置，这里选择 $f_{ev1}/f_0 \approx 0.42$，$f_{od1}/f_0 \approx 0.82$，$f_{ev2}/f_0 \approx 1.25$ 和 $f_{od2}/f_0 \approx 1.49$，即 4 个谐振模式的大小约为 2.9GHz、5.5GHz、8.5GHz 和 10.2GHz，如图 5-12 中的圆点所示。

　　图 5-14 给出的是弱耦合下（L_1=0.5mm），双枝节超宽带滤波器的谐振模式随短路/开路枝节长度的变化图。固定短路枝节（L_s）长度不变，使开路枝节（L_o）的长度由 0° 增大到 90° 时，4 个模式均向低频移动，尤其是第二个奇模模式（f_{od2}）和第二个偶模模式（f_{ev2}）变化非常明显。当开路枝节长度不变的情况下，分别令短路枝节的长度为 30°、60°、90°，4 个模式均由高频向低频移动，且两个奇次模式与第二个偶次模式变化明显，而第一个偶次模式几乎不变。

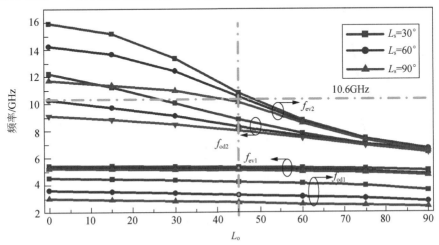

图 5-14　弱耦合下，双枝节超宽带滤波器的谐振模式随短路/开路枝节长度变化图

　　确定了短路枝节以及开路枝节的长度后，在电磁仿真软件 IE3D 中建立了模型并对它进行了仿真，得到的|S_{21}|曲线如图 5-15 中实线所示。可以看出，此结构实现了一个覆盖 3.1～10.6GHz 范围的通带，同时还有两个传输零点分别位于通带的两侧。上阻带处还有耦合线产生的传输零点存在，这使得上阻带的抑制水平在 -21.5dB 以下。为了证明双短路枝节与双开路枝节同时加载结构（情形 3）的优势，还分别对仅加载短路枝节（情形 1）与仅加载开路枝节的结构（情形 2）进行仿真比较，它的插入损耗分别如图 5-15 中的点状线与虚线所示。由图可以得出以下结论：情形 1 和情形 2 下通带带宽均比情形 3 小，原因是它们都是三模谐振，而情形 3 是四模谐振；情形 1 的低频处也有一个传输零点，但高频阻带处的矩形度较差，而情形 2 的高频处矩形度好，但低频处没有传输零点存在；情形 1 和情形 2 的上阻带抑制效果均不好。综上所述，情形 3 很好地结合了情形 1 和情形 2 的所有优点，得到了一个理想的滤波器效果。

　　传输零点是滤波器设计中的一个难题，也是关键所在。在本设计中，通过在谐振器上加载双开路枝节与双短路枝节，引入多个传输零点。图 5-16 给出的是短路枝节与开路枝节产生的传输零点与高次模的变化曲线。图 5-16（a）表示当短路枝节的长度变大时，谐振器的第 3 个偶次模 f_{ev3} 会变小，同时由短路枝节产生的传输零点 f_{zs} 也会相应地向低频移动。当 θ_2/θ_c=0.85 时，f_{ev3} 与 f_{zs} 重合，这时，高次模式会被很好地抑制。同理，图 5-16（b）表示当开路枝节的长度变大时，谐振器的第 3 个奇次模 f_{od3} 会变小，同时由开路枝节产生的传输零点 f_{zo} 也会相应地向低频移动。当 $\theta_3/\theta_c=0.55$ 时，f_{od3} 与 f_{zo} 重合，这时，高次模式会被很好地抑制。

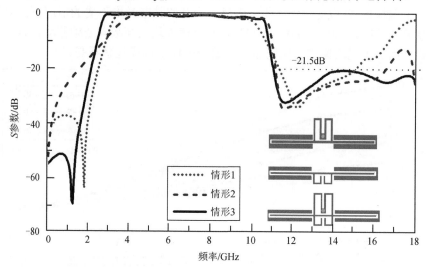

图 5-15　三种不同结构下的$|S_{21}|$比较图

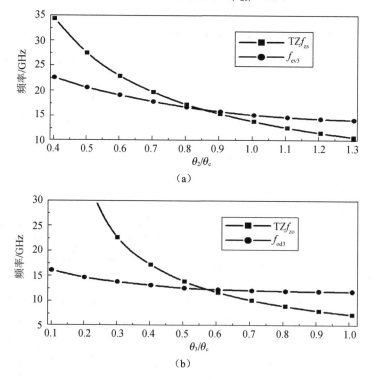

图 5-16　短路枝节与开路枝节产生的传输零点与高次模的变化曲线

通过上述分析，对此模型在电磁仿真软件 IE3D 中进行了仿真。通过优化可以确定基于双枝节加载型谐振器的超宽带滤波器的尺寸为 L_1=8.0mm，L_2=1.6mm，L_3=1.6mm，L_4=1.4mm，L_5=1.2mm，L_6=3.0mm，L_7=2.5mm，L_8=1.0mm，L_9=4.0mm，L_{10}=3.6mm，L_{11}=8.0mm，W_1=0.2mm，W_2=0.3mm，W_3=0.6mm，W_4=0.2mm，W_5=0.3mm。为了验证这个设计过程的准确性与可行性，对此结构进行了加工与测试。加工测试所用基板的介电常数为 2.55，厚度为 0.8mm。其实物如图 5-17 所示，尺寸大小为 15.4mm×10.5mm。

图 5-17　基于双枝节加载谐振器的超宽带滤波器实物图

图 5-18 给出的是基于双枝节加载型谐振器的超宽带滤波器的仿真结果与测试结果比较图。由测试结果可以看出，在高频处有多个传输零点存在，很好地抑制了上阻带的谐波，上阻带到 18GHz 的范围内插入损耗的抑制水平都低于−21.5dB。通带范围为 3～11GHz，很好地覆盖了超宽带的频段，带内插入损耗水平均大于−1.5dB，回波损耗低于−10dB，3dB 带宽约为 122%。由于通带两侧引入了传输零点，该滤波器具有很好的矩形度。该结构的大小为 $0.51\lambda_g \times 0.33\lambda_g$，是一款小尺寸的设计，符合小型化设计的原则。

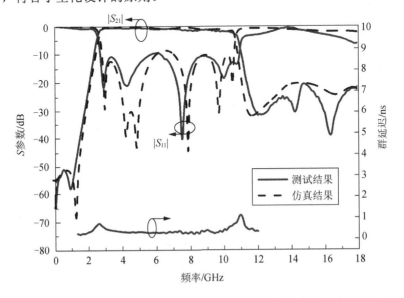

图 5-18　基于双枝节加载谐振器的超宽带滤波器的仿真、测试比较图

本节首先提出了一种新型的双枝节加载型的谐振器，它同时具有双短路枝节加载和双开路枝节加载。与传统的单枝节加载结构相比，双枝节加载具有更多模式、更好的带外抑制以及更大的设计自由度。通过对其等效传输线结构的分析，以及在 MATLAB 中的编程计算，可以得出此种谐振器在开路枝节以及短路枝节长度变化时，它的奇次模式与偶次模式的变化趋势图。基于此计算结果，可以根据所需的设计要求来设定加载枝节的长度，因此此设计有很大的自由度。另外，短路枝节和开路枝节可以引入多个传输零点，大大改善了此滤波器的带外抑制特性。

5.2.3 基于多枝节加载的高选择性超宽带滤波器设计

前面介绍的多模谐振器，其水平方向为普通的 SIR，滤波器水平横向尺寸为中心频率处的一个波导波长。本小节提出另一种由水平方向的均匀阻抗谐振器和加载枝节构成的多模谐振器。滤波器整体尺寸有所减小，性能上也保持了高的通带选择性和良好的带外抑制特性。

图 5-19（a）为枝节加载型多模谐振器，水平横向为均匀阻抗谐振器，垂直纵向为加载的开路枝节，包括中间对称位置加载的阶梯阻抗枝节和两边对称位置加载的均匀阻抗枝节。

谐振器单元的奇偶模电路分别如图 5-19（b）和（c）所示。奇模时，中间对称面短路接地，中间对称面的加载枝节将不会影响奇模谐振模式。偶模时，中间对称面开路，此时中间的加载枝节将会起作用，影响偶模模式分布。因此，利用中间加载的阶跃阻抗枝节，一方面，可以在不影响奇模谐振模式的前提下，独立地调节和控制偶模模式分布，另一方面，该阶跃阻抗枝节将会在通带的上下两侧各引入一个传输零点，保证高的通带选择性。

为了进一步说明该枝节加载多模谐振器的特性，这里利用 AWR Microwave Office 提取了多模谐振器在弱耦合激励下的模式、零点分布随加载参数变化的关系。如图 5-20 所示，当加载的均匀阻抗枝节长度 L_2 增大时，偶模 f_1 和奇模 f_2 几乎没有变化，偶模 f_3 逐渐向低频移动，而奇模 f_4 和偶模 f_5 变化幅度很大。可以看到，当 $L_2=0$，即图 5-19 中不存在均匀阻抗加载枝节而只有中间的阶跃阻抗加载枝节时，模式 f_4 和 f_5 分别位于 13.9GHz、12.4GHz 处，UWB 频带范围内只有 3 个谐振模式：f_1（3.6GHz）、f_2（4.7GHz）、f_3（8.3GHz）。当加载了均匀阻抗枝节（$L_2>0$）且 L_2 增大到 3mm 左右后，模式 f_4 和 f_5 降低并进入 UWB 频带范围，形成五模谐振器。为了增加可设计的自由度，均匀阻抗枝节宽度 W_2 及加载位置 L_5 也可以作为控制参数，使得多模谐振器的 5 个谐振模式在 UWB 频带内呈近似分布。另外，均匀阻抗加载枝节变化时，靠近 UWB 频带边沿的两个传输零点 f_{z1} 和 f_{z2} 几乎不变，这是因为这两个传输零点是由中间加载的阶跃阻抗枝节引入的，阶跃阻抗枝节的阻抗比和电长度比可以控制零点频率。

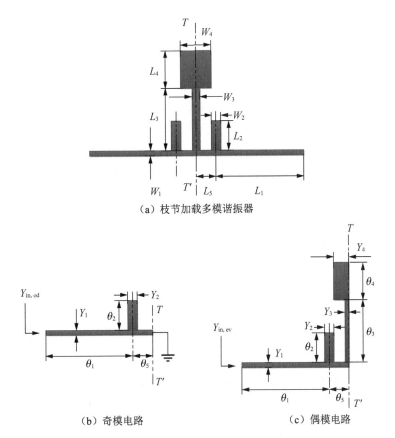

（a）枝节加载多模谐振器

（b）奇模电路　　　　　　　　　　（c）偶模电路

图 5-19　枝节加载多模谐振器模式分析

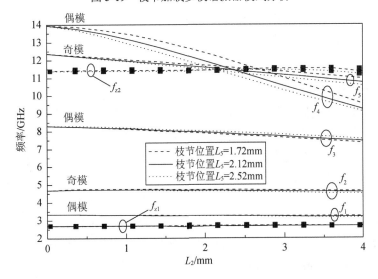

图 5-20　谐振器随枝节长度 L_2 和枝节位置 L_5 的模式及零点分布

中间加载的阶跃阻抗枝节，在不改变奇模模式的前提下可以独立控制偶模谐振模式，另外，从阶跃阻抗枝节加载点看进去，当阶跃阻抗枝节的输入阻抗为零时，将会引入传输零点。图 5-21 给出了谐振模式和零点频率随阶跃阻抗枝节参数变化的关系。当 W_4 从 1.0mm 增大到 6.5mm 时，偶模 f_1 和偶模 f_5 随之减小，而 f_3 几乎没有变化。同样，当 L_4 增大时，偶模 f_1 减小而偶模 f_5 向高频移动。不管 L_4 和 W_4 如何变化，两个奇模模式 f_2 和 f_4 始终不变，另外，零点 f_{z1}（f_{z2}）保持和模式 f_1（f_5）同样的变化趋势，因而可以保证 5 个谐振模式位于 UWB 频带内，而两个传输零点则位于 UWB 频带两侧，实现具有高通带选择的超宽带通带特性。

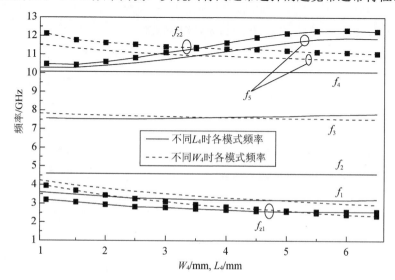

图 5-21　谐振器随阶跃阻抗枝节长度 L_4 和宽度 W_4 变化的模式及零点分布

利用枝节加载多模谐振器设计了如图 5-22 所示的超宽带滤波器。由图 5-20 及图 5-21 可知，所有加载枝节对模式 f_2 的影响均很小，设计实现超宽带滤波器时，可以先令水平横向 UIR 长度 2（L_1+L_5）在 f_2（4.61GHz）时为半个波导波长，然后通过两边加载的均匀阻抗枝节使得模式 f_4 和 f_5 进入超宽带频率范围，最后通过阶跃阻抗枝节的设计使得 5 个谐振模式在通带内呈近似均匀分布，如图 5-23 所示。然后通过带有缺陷地结构的平行三线耦合馈电结构，利用电磁仿真软件进行优化设计即可得到超宽带滤波器响应。

利用 IE3D 电磁仿真软件进行仿真优化可以得到超宽带滤波器的最终尺寸为：W_0=2.2mm，L_1=8.98mm，W_1=0.5mm，L_2=3.35mm，W_2=1.0mm，L_3=9.45mm，W_3=0.8mm，L_4=3.68mm，W_4=4.4mm，L_5=2.12mm，L_6=7.71mm，W_6=0.64mm，L_7=6.4mm，W_7=3.3mm，L_8=0.61mm，d=0.21mm，g=0.21mm。

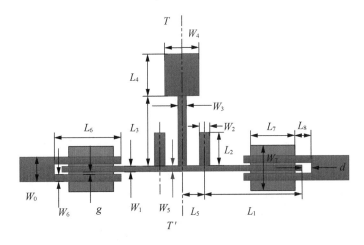

图 5-22　超宽带滤波器 2 的结构

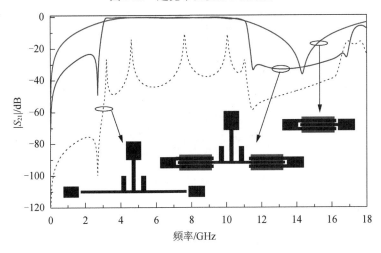

图 5-23　超宽带滤波器 2 响应特性分析

图 5-24 给出了滤波器的仿真和加工测试结果对比。通带内的最小插损为 0.78dB,3dB 带宽覆盖了 3.1～11.1GHz 的频率范围,通带内的回波损耗大于 10dB。-20dB 上阻带抑制效果拓展到 17.1GHz,带外特性良好。此外,通带内的群时延为 0.25～0.70ns,变化范围很小,显示了通带内良好的线性传输特性。

图 5-25 给出了滤波器的实物图。滤波器的整体尺寸为 21.7mm×13.2mm,大约为 $0.71\lambda_g×0.43\lambda_g$,$\lambda_g$ 为通带中心频率处的波导波长。

相对于文献中的工作,本工作具有更好的通带选择性。本节利用多枝节加载多模谐振器设计的超宽带滤波器具有高的通带选择性、超宽带特性及结构紧凑的优点。

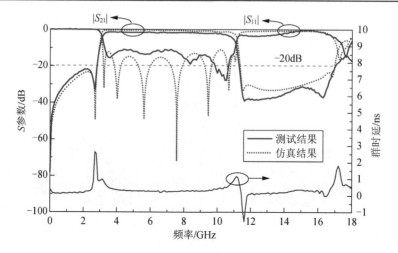

图 5-24　超宽带滤波器仿真和加工测试结果

图 5-25　超宽带滤波器实物图

5.2.4　基于多枝节加载的宽阻带超宽带滤波器设计

本小节将 5.2.1 节的非对称阶跃阻抗枝节加载和 5.2.3 节的多枝节加载技术结合，提出了新的多枝节加载多模谐振器，设计具有高选择性和超高阻带抑制效果的超宽带滤波器。

超宽带滤波器结构如图 5-26 所示，端耦合采用带缺陷地的平行三线耦合结构，多模谐振器水平方向为均匀阻抗谐振器，中间对称位置为非对称的阶跃阻抗加载枝节，此外，两侧还加载了两对均匀阻抗枝节。该多模谐振器是前面工作的结合，结构更加复杂。

为了说明该谐振器的特性，图 5-27 给出了谐振器在 0～40GHz 频率范围内的模式分布。在 UWB 频带范围内，即图中黑色阴影范围，存在 5 个谐振模式：f_{ev1}、f_{od1}、f_{ev2}、f_{od2}、f_{ev3}。在 UWB 频带外，即阻带范围内存在 f_{ev4}、f_{od3}、f_{ev5}、f_{ev6}、f_{od4}、f_{ev7}、f_{od5} 及 f_{ev8} 八个谐波模式。为了得到高阻带抑制特性，带外的谐波模式是需要被抑制掉的。

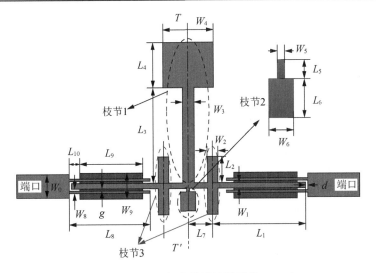

图 5-26 超宽带滤波器结构

对于该多模谐振器，当加载开路枝节为四分之一波长时，加载枝节将会在对应频率点引入传输零点，因此多枝节加载五模谐振器一方面实现了 UWB 频带范围内的五模谐振特性，另一方面，由多个加载枝节引入的传输零点可以被用来改善带外抑制特性。图 5-27 也给出了多模谐振器由加载枝节引入的零点分布特性。在所观测频带范围内，存在 7 个枝节加载产生的零点：f_{z1}、f_{z2}、f_{z3}、f_{z4}、f_{z5}、f_{z6} 及 f_{z7}。零点 f_{z1} 和 f_{z2} 是由加载的阶跃阻抗枝节 1 产生的，并且分别位于 UWB 频带的上下两侧，保证了滤波器通带的高选择特性，其倍频零点 f_{z4}、f_{z6} 及 f_{z7} 分别位于 19.4GHz、25.0GHz 及 33.8GHz。零点 f_{z3} 由加载枝节 3 产生，零点 f_{z5} 由阶跃阻抗枝节 2 产生。此外，为了说明阻带范围模式的抑制特性，由端口平行耦合线引入的零点也标记在图 5-27 中：f_{zq1}（14.4GHz）和 f_{zq2}（28.2GHz）。

在滤波器仿真优化的设计过程中，要结合前面的方法，合理设计中间的非对称阶跃阻抗枝节和两边的均匀阻抗枝节，使得多模谐振器的前 5 个模式在 UWB 频带范围内呈近似均匀分布，并且由加载开路枝节引入的传输零点位于各个高次谐波模式附近，便于高次谐波模式的抑制。以均匀阻抗枝节 3 的设计为例，如图 5-27 所示，当均匀阻抗枝节 3 的加载长度 L_2 变化时，UWB 频带内的模式 f_{od2} 及 f_{ev3} 变化明显。特别是 f_{od2}，随着 L_2 的增加，其下降趋势特别明显。对于带外的 8 个高次谐波模式，当 L_2 增加时也都有不同程度的变化。而对于传输零点，零点 f_{z3} 是由均匀阻抗加载枝节 3 产生的，因而随着 L_2 的增加，零点 f_{z3} 迅速向低频移动，而其余零点都保持不变。通过合理调节，如选择 L_2=2.45mm，此时前 5 个谐波模式在 UWB 频带范围内几乎均匀分布，而对于带外的 8 个谐波模式，模式 f_{ev4} 被端口平行耦合线零点 f_{zq1} 抑制，f_{od3} 及 f_{ev5} 被均匀阻抗枝节 3 的零点 f_{z3}、阶跃阻抗枝节 1 的倍频

零点 f_{z4} 和阶跃阻抗枝节 2 的零点 f_{z5} 抑制，模式 f_{ev6} 被阶跃阻抗枝节 1 的倍频零点 f_{z6} 抑制，模式 f_{od4} 和 f_{ev7} 则被端耦合零点 f_{zq2} 抑制，模式 f_{od5} 减小并靠近模式 f_{ev8}，二者一起被倍频零点 f_{z7} 抑制。因此，通过选择加载枝节参数，即多模谐振器的设计，一方面保证了 UWB 频带范围内 5 个谐振模式的均匀分布；另一方面，加载枝节引入的零点也可以贴近高次谐波模式，从而实现高次谐波模式的抑制，实现高阻带的抑制效果。

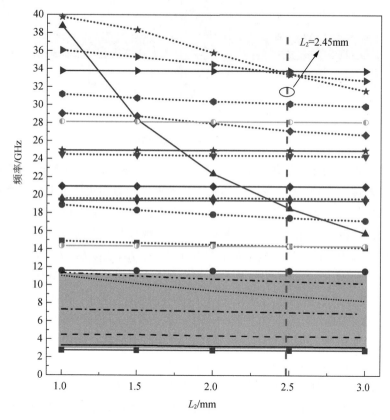

图 5-27　谐振器随加载枝节长度 L_2 变化时的模式及零点分布

　　该五模谐振器在弱耦合激励下的响应如图 5-28 所示。如前所述，在 UWB 频带范围内，具有 5 个谐振模式，且 UWB 频带的上下两侧都存在一个传输零点。此外，其带外高次模式除了 18.4GHz（f_{od3}）和 28.9GHz（f_{od4}）处的两个模式稍微明显外，其余高次谐波模式基本上已经被抑制。但是端口平行耦合线零点的引入，将会帮助抑制这两个谐振模式。因此，在最终的滤波器传输特性中，滤波器展示了很好的特性：具有高选择性的通带和超高抑制效果的阻带效果。

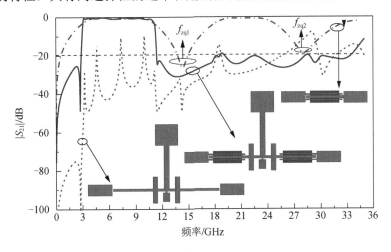

图 5-28　滤波器 3 响应特性分析

图 5-29 给出了滤波器的仿真和测试结果对比。从图 5-29（a）可以看到，超宽带滤波器测量的带内最小插损为 1.4dB，3dB 带宽覆盖了 3.1～11.1GHz 的频率范围，且整个通带内的回波损耗大于 11.1dB，显示了良好的通带传输和反射特性。两个传输零点分别位于 2.8GHz 和 11.4GHz 处，保证了滤波器通带的高选择性。此外，从图 5-29（b）所示的宽频带响应看，测量的 20dB 衰减抑制被拓展到了 29.7GHz，阻带抑制特性非常好。

图 5-30 给出了滤波器的实物图。滤波器的整体尺寸为 22.64mm×16.08mm，大约为 $0.74\lambda_g \times 0.53\lambda_g$，$\lambda_g$ 为通带中心频率处的波导波长。

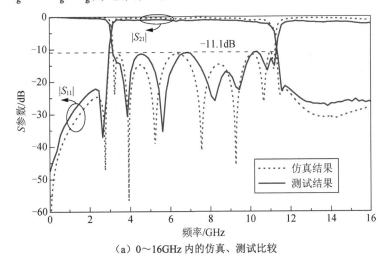

（a）0～16GHz 内的仿真、测试比较

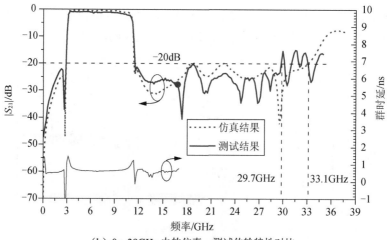

（b）0～39GHz 内的仿真、测试传输特性对比

图 5-29　滤波器仿真测试结果

图 5-30　超宽带滤波器实物图

　　本节基于多枝节加载设计的超宽带滤波器具有高的通带选择性和超高阻带抑制特性。据调查了解，本节所设计的多模超宽带滤波器，其通带传输特性、通带选择性及阻带抑制效果要优于已经报道的超宽带滤波器性能。

5.3　具有陷波特性的超宽带特性研究

　　在 FCC 所定义的超宽带频谱范围内已存在一些窄带通信系统，如 5GHz 的无线局域网频段（低频段：5.15～5.35GHz，高频段：5.725～5.850GHz）。为了避免与这些窄带通信系统的干扰，很有必要在超宽带频带内引入相应的窄带陷波特性。因此，设计具有陷波特性的超宽带器件具有重要的意义。目前的超宽带陷波特性实现方法主要是基于带阻滤波器方法，具体实现形式有内嵌开路枝节结构、非对称平行耦合线结构、耦合带阻谐振单元等。本节在不改变超宽带滤波器/天线本身尺寸及性能的基础上，通过内嵌谐振单元和级联带阻滤波器单元两种方法实现陷波特性设计。

5.3.1　基于弯折 T 形枝节加载谐振器的陷波超宽带滤波器

1. 基于弯折 T 形枝节加载谐振器特性的分析

图 5-31（a）所示是本章提出的基于弯折 T 形枝节加载谐振器结构。这个 T 形谐振器是由一个均匀阻抗的谐振器以及一个 T 形枝节组成。均匀阻抗谐振器的特性导纳为 Y_c，电长度为 $2\theta_c$。T 形高低阻抗枝节分为两部分，两部分的特性导纳和电长度分别为 Y_1、Y_2、θ_1、θ_2。由于该结构关于中心面左右对称，故可以用奇偶模法对其谐振特性进行分析。图 5-31（b）与（c）分别给出的是弯折 T 形枝节加载谐振器的奇模等效电路与偶模等效电路。

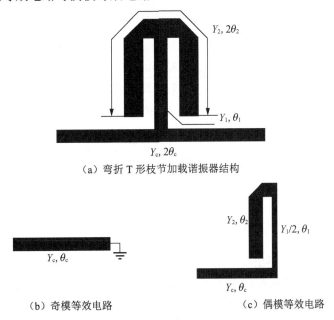

（a）弯折 T 形枝节加载谐振器结构

（b）奇模等效电路　　　　　　　　　（c）偶模等效电路

图 5-31　奇偶模法分析弯折 T 形枝节加载谐振器

奇模电路如图 5-31（b）所示，奇模谐振条件下，短路线谐振器的谐振状态可以由下式得到：

$$-\mathrm{j}Y_c \cot\theta_c = 0 \tag{5-9}$$

故奇模谐振条件下，谐振状态由式（5-9）决定。

由谐振条件 $Y_{\mathrm{in,od}} = 0$ 可以推出奇模谐振频率满足：

$$\cot \theta_c = 0 \tag{5-10}$$

显然，当 $\theta_c = (2n-1)\pi/2$ 时，符合谐振条件，则当 $n=1$ 时，谐振频率的表达式可以由式（5-10）求得，此时 $\theta_1 = \beta L_1$ 为中心频率处四分之一波长对应的电长度：

$$f_1 = \frac{c}{4L_1 \sqrt{\varepsilon_{\text{eff}}}} \tag{5-11}$$

偶模电路如图 5-31（c）所示，根据传输线理论可得

$$Y_{ev}^1 = jY_c \tan \theta_c \tag{5-12}$$

$$Y_{ev}^2 = j\frac{Y_1}{2} \cdot \frac{Y_2 \tan \theta_2 + Y_1 \tan \theta_1}{Y_1 - 2Y_2 \tan \theta_1 \tan \theta_2} \tag{5-13}$$

谐振条件下有 $Y_1 + Y_2 = 0$，故

$$jY_c \tan \theta_c + j\frac{Y_1}{2} \cdot \frac{Y_2 \tan \theta_2 + Y_1 \tan \theta_1}{Y_1 - 2Y_2 \tan \theta_1 \tan \theta_2} = 0 \tag{5-14}$$

为了计算简单，可以令 $\theta_c = \theta_1 = \theta_2 = \theta$，可得

$$Y_c \tan \theta + \frac{Y_1}{2} \cdot \frac{Y_2 \tan \theta + Y_1 \tan \theta}{Y_1 - 2Y_2 \tan^2 \theta} = 0 \tag{5-15}$$

为了求解这两个式子，令 $K_c = Z_c/Z_1$，$K_2 = Z_2/Z_1$，式（5-15）可以化简为

$$2K_c \tan \theta + \frac{2K_1 \tan \theta + \tan \theta}{1 - 2K_1 \tan^2 \theta} = 0 \tag{5-16}$$

当 $\theta = 0$ 或 $\theta = \pi$ 时满足谐振条件，此时 $\tan \theta = 0$，故可以解得此时两个偶模谐振频率为

$$\theta_{ev1} = \arctan \sqrt{\frac{2(K_c + K_1) + 1}{4K_c K_1}}$$

和

$$\theta_{ev2} = \pi - \arctan \sqrt{\frac{2(K_c + K_1) + 1}{4K_c K_1}}$$

由上述分析可以得出以下结论。T 形枝节加载型谐振器的奇次谐振模式由 θ_c 决定，而偶次模式谐振频率则由 K_c 和 K_1 共同决定。同时，通过观察还可以发现 T 形枝节加载谐振器有两个偶次模式，而这两个模式的位置的和为 π，且以 $\pi/2$ 为中心对称分布。如果令 θ 的长度为 $90°$，且对应的频率为超宽带覆盖频段的中心频率 6.85GHz，则 f_{od} 就位于 6.85GHz 处，f_{ev1} 与 f_{ev2} 以 6.85GHz 为中心对称分布。图 5-32 给出了偶次谐振模式的变化图。图中表明，当 K_1 与 K_c 变化时，偶次模式会随之改变，由此来控制偶次模式进而控制滤波器的带宽。当 K_c 的值变大时，f_{ev1} 与 f_{ev2} 会逐渐远离中心频率 6.85GHz，即 f_{ev1} 会变小，f_{ev2} 会变大；相反，当 K_c 的值变小时，f_{ev1} 与 f_{ev2} 会逐渐靠近中心频率 6.85GHz，即 f_{ev1} 会变大，f_{ev2} 会变小。同样，当 K_1 变大时，f_{ev1} 与 f_{ev2} 会逐渐远离中心频率 6.85GHz，而 K_1 变小时，f_{ev1}

与 f_{ev2} 会逐渐靠近中心频率 6.85GHz。由这个结论很容易控制谐振模式的位置，这一特性将为设计超宽带滤波器提供可行的实现方案。

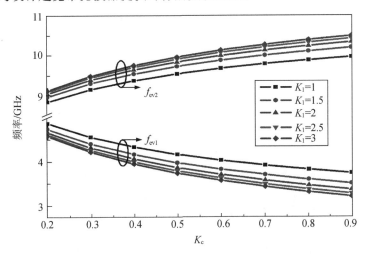

图 5-32 当 K_1 与 K_c 取值不同时偶次模式的变化趋势

2. 基于 T 形枝节加载三模谐振器的超宽带滤波器设计

通过前面的分析得知控制各段传输线的阻抗值可以控制谐振模式的位置，基于这个性质可以适当加以耦合的方式将几个模式耦合成一个统一的通带，从而覆盖 3.1～10.6GHz 的范围。本节提出了一种基于 T 形枝节加载型谐振器的超宽带滤波器的设计，并对它进行优化与仿真。

图 5-33 给出了提出的基于 T 形枝节加载三模谐振器的超宽带滤波器结构图。首先，确定了三段传输线 θ_c、θ_1、θ_2 在中心频率 6.85GHz 下的电长度都为 90°，即四分之一波长，这样就确定了奇模谐振频率的位置。然后通过图 3-2 所给出的变化趋势图来选择 K_c 和 K_1 的值，确定三段传输线的阻抗值。为了得到一个超宽带的传输特性，这里选取 K_c 和 K_1 的值分别为 0.8 和 2.5，于是两个偶次谐振模式分别为 3.4GHz 和 10.2GHz。通过引入四分之一波长的耦合线对它进行耦合，将 3 个模式耦合成统一的通带。这里在四分之一波长耦合线的背面引入缺陷地结构，缺陷地结构可以增强耦合，降低对平行耦合线间距的加工精度要求。引入强耦合后，3个谐振模式耦合成了统一的通带，如图 5-34 中实线所示。通带内有 5 个谐振点，且通带内的反射损耗都在-10dB 以下，如图 5-34 中点状线所示。

当对 T 形枝节加载谐振器进行弱耦合激励时，很容易看到 3 个谐振模式的分布情况，如图 5-34 中虚线所示。另外，通过观察可以看出在通带两侧有两个传输零点，传输零点的存在大大改善了通带的选择性。很明显，传输零点是由 T 形枝节产生的，这一点在文献中给出了解释，当 K_1 变化，即 T 形枝节的阻抗变化时，传输零点的位置也会随之改变，如图 5-35 所示。当 W_1 变大时，传输零点的位置向远离中心频率的方向移动，同时，带宽也会相应变大；相反，当 W_1 变小时，传输零点的位置向靠近中心频率的方向移动，带宽相应减小。

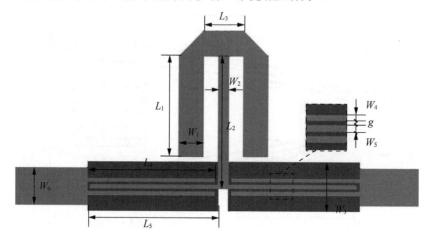

图 5-33　基于 T 形枝节加载三模谐振器的超宽带滤波器结构图

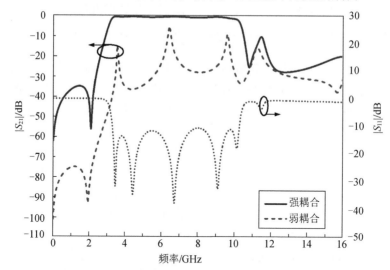

图 5-34　基于 T 形枝节加载三模谐振器的超宽带滤波器的 S 参数

利用 IE3D 软件对该结构进行建模分析，优化后得到的滤波器主要结构参数为 L_1=6.1mm，L_2=7.7mm，W_1=1.5mm，W_2=0.62mm，L_3=2.6mm，W_3=2.6mm，L_4=7.85mm，W_4=4.78mm，L_5=8.05mm，W_5=0.2mm，W_6=2.2mm，g=0.2mm。后面将在这个结构的基础上加入陷波结构，使通带内具有带阻特性，就像是一个凹陷，故称为陷波。这样可以使超宽带系统避免与其他通信系统（如 WLAN 的 5.15～5.35GHz、5.725～5.875GHz）的信号产生干扰。下面给出具体分析。

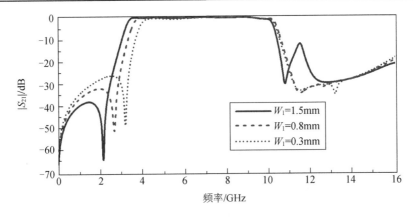

图 5-35 $|S_{21}|$ 随 W_1 的变化曲线图

3. 基于 T 形枝节加载谐振器的带陷波特性的超宽带滤波器设计

前面的设计得到了一个基于 T 形枝节加载谐振器的超宽带滤波器的结构。本节在此结构中引入陷波结构，使其具有一个带阻特性，从而避免了超宽带系统与其他通信系统的信号干扰。众所周知，引入陷波的方法有多种，如加载带阻谐振器、级联低通滤波器，加载枝节等。而在本设计中，在谐振器上开了一个槽，其长度为目标频率点下对应的半波长，这里设计的陷波位置为 5.8GHz，于是槽的长度为 5.8GHz 下所对应的 180° 的导波波长。基于 T 形枝节加载三模谐振器的带陷波超宽带滤波器结构图由图 5-36 给出。

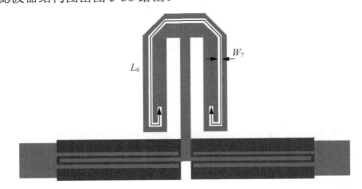

图 5-36 基于 T 形枝节加载三模谐振器的带陷波超宽带滤波器结构图

于是在电磁仿真软件 IE3D 中建立了此结构的模型，并对它进行了仿真。这里在三交指耦合线所在位置的介质板的背面地板上挖去了一块金属，这种结构叫做缺陷地结构，其目的是增强耦合线的耦合强度。图 5-37 给出了这两种基于 T 形枝节加载谐振器的带陷波结构与不带陷波结构的$|S_{21}|$比较图。通过观察可以发现，在 5.75GHz 左右的确出现了一个陷波，而通带内的其他频率点的响应没有任何变化，说明此带阻单元只作用于需要引入带阻响应的频点，而不会影响其他频点。同样

的结论还可以从电流分布情况看出，如图 5-38 所示。由频率 5.75GHz 处的电流分布图可以看出，电流主要集中在谐振器的槽线上，而另一个端口几乎没有电流通过，这表明该滤波器在 5.8GHz 处形成了一个陷波，这个频率的信号在槽的内部形成了谐振，无法传到另外一个端口。

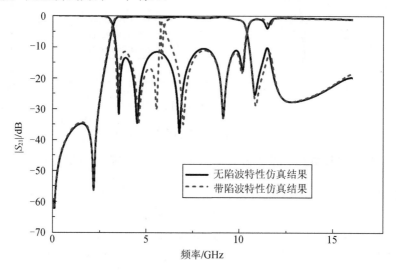

图 5-37　基于 T 形枝节加载谐振器的带陷波结构与不带陷波结构的 $|S_{21}|$ 比较图

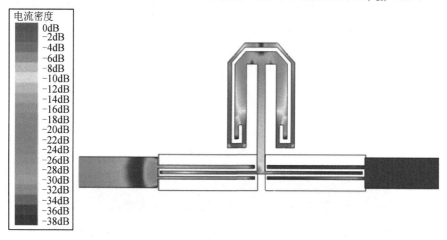

图 5-38　带陷波滤波器在 5.75GHz 处的电流分布

此外，通过改变槽的长度和宽度可以改变陷波的位置与耦合强度。图 5-39 给出了槽的长度 L_6 与宽度 W_7 和陷波特性的关系。由图 5-39（a）可以看出，当 L_6 的长度变大时，陷波的位置向低频处移动。这是由于物理长度越长对应的谐振频率越低；相反，当 L_6 的长度变小时，陷波位置向高频移动。由图 5-39（b）可以看出，当 W_7 变大时，陷波的深度越深，带宽越宽，而位置没有变化。说明槽的宽度越宽，更多的信号耦合到了槽里，而对应的谐振频率并没有变化。根据这个性质，可以由设计目标来确定陷波的频率以及陷波的带宽等。

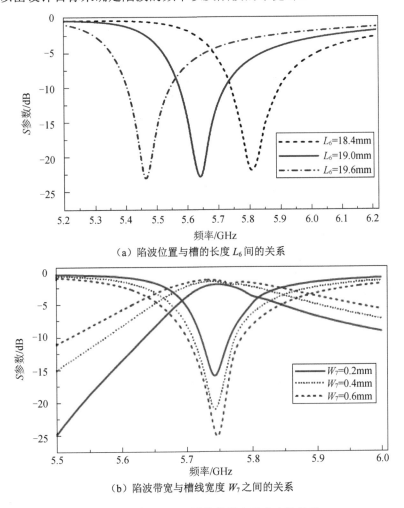

（a）陷波位置与槽的长度 L_6 间的关系

（b）陷波带宽与槽线宽度 W_7 之间的关系

图 5-39　陷波性能与槽线的长度及宽度的关系

有了以上分析，对此模型在电磁仿真软件 IE3D 中进行了仿真，通过优化可以确定基于 T 形枝节加载型谐振器的带陷波特性的超宽带滤波器的尺寸为：L_1=6.1mm，L_2=7.7mm，W_1=1.5mm，W_2=0.62mm，L_3=2.6mm，W_3=2.6mm，L_4=7.85mm，W_4=4.78mm，L_5=8.05mm，W_5=0.2mm，W_6=2.2mm，L_6=17.6mm，W_7=0.3mm，g=0.2mm。为了验证这个设计过程的准确性与可行性，对此结构进行了加工与测试。加工测试所用基板的介电常数为 2.55，厚度为 0.8mm。其实物图如图 5-40 所示，尺寸大小为 15.7mm×10.4mm。

图 5-40　具有陷波特性的 T 形枝节加载谐振器的超宽带滤波器实物图

图 5-41 所示为对带陷波的基于 T 形枝节谐振器的超宽带滤波器在软件仿真结果与测试结果的对比曲线。从曲线对比中可以看出，仿真结果与测试结果非常吻合。3dB 带宽可以很好地覆盖超宽带的 3.1～10.6GHz 范围，除了在 5.8GHz 处有一个陷波产生，陷波处的插入损耗在-20dB 以下，这样可以有效地避免 WLAN 信号的干扰。上阻带的谐波出现在 12GHz 左右。由于传输零点的存在，谐波被抑制在-15dB 以下。另外，在 2.4GHz 和 11.2GHz 处可以发现有两个传输零点存在，它们是由 T 形枝节所引入的，这样大大改善了通带的矩形度。测量的通带内群时延均小于 0.65ns，而且非常平稳。整个电路的物理尺寸仅为 $0.506\lambda_g \times 0.335\lambda_g$，是一个紧凑的结构，符合小型化设计的标准与要求。

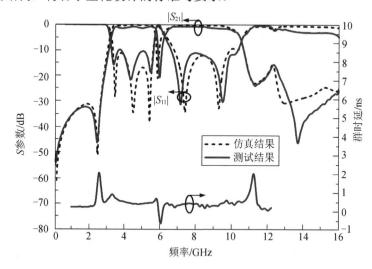

图 5-41　具有陷波特性的 T 形枝节加载谐振器的超宽带滤波器的仿真、测试比较图

5.3.2　基于内嵌谐振单元的超宽带滤波器陷波设计

超宽带滤波器结构如图 5-42 所示，滤波器由中间的枝节加载环形多模谐振器及两端的带有缺陷地结构的平行耦合线构成。对于该枝节加载环形谐振器，其奇偶模电路分别如图 5-43（b）和（c）所示。

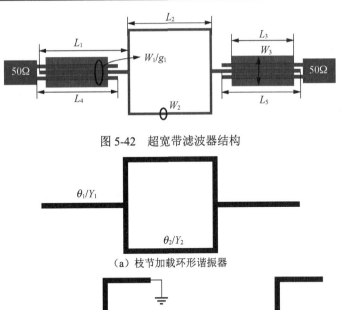

图 5-42 超宽带滤波器结构

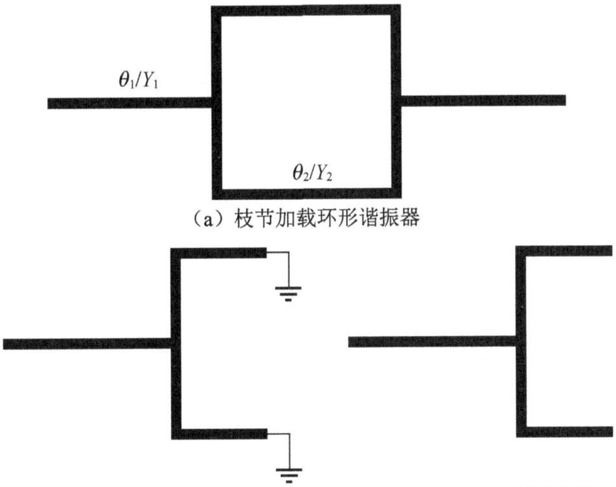

（a）枝节加载环形谐振器

（b）奇模电路 （c）偶模电路

图 5-43 谐振器的奇偶模分析

奇模输入导纳 $Y_{\text{in,od}}$ 为

$$Y_{\text{in,od}} = Y_1 \frac{2Y_2 - Y_1 \tan\theta_1 \tan\theta_2}{\text{j}Y_1 \tan\theta_2 + \text{j}2Y_2 \tan\theta_1} \tag{5-17}$$

奇模谐振时，奇模输入导纳 $Y_{\text{in,od}}=0$，可以得到奇模谐振方程为

$$\tan\theta_1 \tan\theta_2 = 2Y_2 / Y_1 \tag{5-18}$$

同样可以求得偶模输入导纳 $Y_{\text{in,ev}}$ 为

$$Y_{\text{in,ev}} = \text{j}Y_1 \frac{2Y_2 \tan\theta_2 + Y_1 \tan\theta_1}{Y_1 - 2Y_2 \tan\theta_1 \tan\theta_2} \tag{5-19}$$

偶模谐振时，偶模输入导纳 $Y_{\text{in,ev}}=0$，可以得到偶模谐振方程为

$$2Y_2 \tan\theta_2 + Y_1 \tan\theta_1 = 0 \tag{5-20}$$

通过对比可以发现，该枝节加载环形谐振器可以等效为一个传统的半波长 SIR 谐振器，且其靠近开路端的传输线导纳为 Y_1，电长度为 θ_1，中间传输线导纳为 $2Y_2$，电长度为 θ_2。因此，该枝节加载环形多模谐振器为三模谐振器，滤波器设计时，首先是枝节加载环形多模谐振器的设计，使其前 3 个谐振模式近似均匀分布在超宽带频带内，然后通过带有缺陷地结构的平行耦合线结构对其进行馈电，结合电

磁仿真软件进行优化即可得到良好的超宽带通带特性。

通过电磁仿真软件优化得到的滤波器尺寸参数为：L_1=8.0mm，W_1=0.3mm，L_2=7.7mm，W_2=0.2mm，L_3=5.6mm，W_3=2.7mm，L_4=7.33mm，L_5=7.1mm，g=0.23mm。图 5-44 是该超宽带滤波器的仿真、测试结果对比，图中同样给出了枝节加载环形三模谐振器在弱耦合激励下的传输特性，可以看到，谐振器在通带范围内存在 3 个谐振模式。滤波器 3dB 带宽覆盖了 3.1～11.5GHz 的频率范围，通带内的回波损耗大于 10dB。整个通带频率范围内的群时延变化范围为 0.53～0.70ns，显示了良好的线性传输特性。

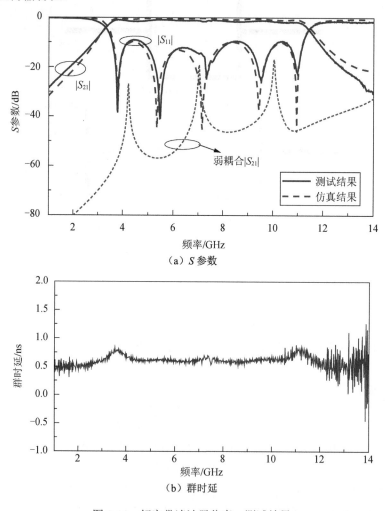

（a）S 参数

（b）群时延

图 5-44　超宽带滤波器仿真、测试结果

图 5-45 是超宽带滤波器的加工实物图，滤波器的整体尺寸为 24.16mm×7.7mm，大约为 $0.55\lambda_0 \times 0.18\lambda_0$，$\lambda_0$ 是自由空间中通带中心频率 6.85GHz 处的波长。

图 5-45　超宽带滤波器实物图

为了避免实际应用时与超宽带频率范围内的窄带信号干扰，在上述超宽带滤波器的基础上引入陷波结构，如图 5-46 所示，在该超宽带滤波器的环形谐振器内部内嵌谐振单元，内嵌谐振单元为四分之一波长短路谐振器，其开路末端被分裂成两段对称的开路线。

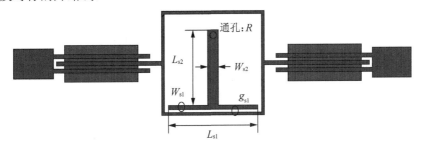

图 5-46　内嵌谐振单元的超宽带陷波滤波器

图 5-47 为陷波频率下的滤波器电流分布。可以看到，在陷波频率处，从端口 1 传播到端口 2 的信号（电流）非常弱，主要的电流集中分布在内嵌的谐振单元上，从而形成陷波。陷波频率位置可以通过设计内嵌谐振单元的尺寸得到，如增加 L_{s2}，将会降低谐振器的谐振频率，从而使得陷波频率往低频位置移动。而通过增强内嵌结构和环形谐振器之间的耦合大小，如减小缝隙宽度 g_{s1}，可以增加陷波的带宽。通过理论计算和电磁仿真优化，可以得到陷波结构的尺寸参数为 L_{s1}=6.7mm，L_{s2}=5.58mm，W_{s1}=0.3mm，W_{s2}=0.8mm，g_{s1}=0.22mm，R=0.3mm。

图 5-48 为该陷波结构滤波器的仿真、测试结果。通过内嵌谐振单元，实现了 5.29GHz 处的陷波特性，陷波位置的传输衰减抑制为 19dB，可以有效避免实际应用时与已有窄带信道的干扰。同时，超宽带频带内除了陷波频率外的传输和反射特性得以保持，因此，内嵌陷波单元既没有改变滤波器的整体尺寸，也没有改变陷波以外的通带传输特性。

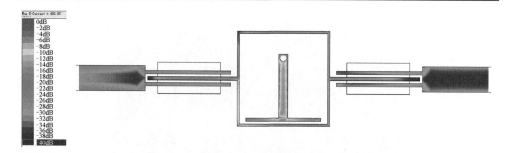

图 5-47　陷波频率下的滤波器电流分布

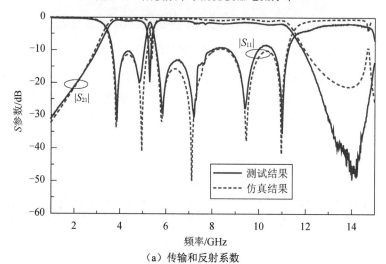

（a）传输和反射系数

（b）群时延特性

图 5-48　超宽带滤波器仿真、测试结果

　　图 5-49 为陷波结构滤波器的加工实物图。该滤波器具有和前一滤波器（图 5-45）实物同样的尺寸。

图 5-49　超宽带滤波器实物图

参 考 文 献

[1]　Federal Communications Commission. Revision of part 15 of the commission's rules regarding ultra-wideband transmission system first report and order. Tech. Rep. ET: FCC, 2002.

[2]　Aiello G R, Rogerson G D. Ultra-wideband wireless systems. IEEE Microwave Magazine, 2003, 4(2):36-47.

[3]　Fonta R. Recent system applications of short-pulse ultra-wideband (UWB) technology. IEEE Transactions on Microwave Theory and Techniques, 2004, 52(9):2087-2104.

[4]　蔡鹏. 超宽带带通滤波器的设计理论及其小型化研究.上海:上海大学博士学位论文, 2007.

[5]　Hong J S, Hussein S. An optimum ultra-wideband microstrip filter. Microwave and Optical Technology Letters, 2005, 47(3):230-233.

[6]　Tang C W, Chen M G. A microstrip ultra-wideband bandpass filter with cascaded broadband bandpass and bandstop filters. IEEE Transactions on Microwave Theory and Techniques, 2007,55(11):2412-2418 .

[7]　Zhu L, Sun S, Menzel W. Ultra-wideband (UWB) bandpass filters using multiple-mode resonator. IEEE Microwave and Wireless Components Letters, 2005,15(11):796-798.

[8]　Wang H, Zhu L, Menzel W. Ultra-wideband bandpass filter with hybrid microstrip/CPW structure. IEEE Microwave and Wireless Components Letters, 2005,15(12):844-846.

[9]　Sun S, Zhu L. Capacitive-ended interdigital coupled lines for UWB bandpass filters with improved out-of-band performances. IEEE Microwave and Wireless Components Letters, 2006,16(8):440-442.

[10]　Wong S W, Zhu L.EBG-embedded multiple-mode resonator for UWB bandpass filter with improved upper-stopband performance. IEEE Microwave and Wireless Components Letters, 2007,17(6):421-423.

[11]　Wong S W, Zhu L. Implementation of compact UWB bandpass filter with a notch-band. IEEE Microwave and Wireless Components Letters,2008, 18(1):10-12.

[12]　Chu Q X, Li S T. Compact UWB bandpass filter with improved upper-stopband performance.

Electronics Letters, 2008, 44(12): 742-743.

[13] Li S T, Chu Q X. A compact UWB bandpass filter with comb-shaped resonator. IEEE International Conference on Ultra-Wideband, 2009.

[14] Li S T, Chu Q X. A compact UWB bandpass filter with improved upper-stopband performance. International Conference Microwave Millimeter Wave Technology, 2008: 363-365.

[15] Ji M Z, Chu Q X, Chen F C. A compact UWB bandpass filter using pseudo-interdigital stepped impedance resonators. International Conference Microwave Millimeter Wave Technology, 2008: 344-346.

[16] Chu Q X, Tian X K. Design of UWB bandpass filter using stepped-impedance stub-loaded resonator. IEEE Microwave and Wireless Components Letters, 2010, 20(9): 501-503.

[17] Wu X H, Chu Q X, Tian X K, et al. Quintuple-mode UWB bandpass filter with sharp roll-off and super-wide upper stopband. IEEE Microwave and Wireless Components Letters, 2011, 21(12): 661-663.

[18] Chu Q X, Wu X H, Tian X K. Novel UWB bandpass filter using stub-loaded multiple-mode resonator. IEEE Microwave and Wireless Components Letters, 2011, 21(8):403-405.

[19] Zhu H, Chu Q X. Compact ultra-wideband (UWB) bandpass filter using dual-stub-loaded resonator (DSLR). IEEE Microwave Wireless Components Letters, 2013, 23(10):527-529.

[20] Wu X H, Chu Q X. Tri-mode wideband bandpass filter with controllable bandwidths using shunted short- and open-stub loaded resonators. Microwave and Optical Technology Letter, 2013, 55(12):2864-2866.

[21] Wu X H, Chu Q X. Compact differential ultra-wideband bandpass filter with common-mode suppression.IEEE Microwave Wireless Components Letters, 2012, 22(9):456-458.

[22] Wu X H, Chu Q X. Differential wideband bandpass filter with high-selectivity and common-mode suppression. IEEE Microwave Wireless Components Letters, 2013, 23(12): 643-646.

[23] Chu Q X, Tian X K. Design of an ultra-wideband bandpass filter with dual notched bands. Science China Information Sciences, 2012, 55(5):1-5.

[24] Zhu H, Chu Q X. Ultra-wideband bandpass filter with a notch-band using stub-loaded ring resonator. IEEE Microwave Wireless Components Letters, 2013, 23(7):341-343.